DIANLI XITONG JIDIAN BAOHU YUANLI JI DONGZUO JIEXI

电力系统继电保护原理

及动作解析

国网辽宁省电力有限公司电力科学研究院　组编

中国电力出版社
CHINA ELECTRIC POWER PRESS

内 容 提 要

本书共 12 章，系统介绍了继电保护的基础知识，电网继电保护装置的功能和实现，线路保护、母线保护、变压器保护和电抗器保护、断路器保护原理及配置，高压直流保护原理及分析，发电厂涉网保护原理及分析，继电保护装置动作信息解读，电网故障继电保护动作行为分析、安全稳定自动装置、特高压电网继电保护特点及配置等内容。

本书可供从事电网运行管理的调度人员、运行检修人员、变电运行人员以及各类发电厂运行人员学习参考。

图书在版编目（CIP）数据

电力系统继电保护原理及动作解析 / 国网辽宁省电力有限公司电力科学研究院组编. —北京：中国电力出版社，2020.9（2023.10 重印）
ISBN 978-7-5198-3631-3

Ⅰ. ①电… Ⅱ. ①国… Ⅲ. ①电力系统–继电保护–研究 Ⅳ. ①TM77

中国版本图书馆 CIP 数据核字（2019）第 189589 号

出版发行：中国电力出版社
地　　址：北京市东城区北京站西街 19 号（邮政编码 100005）
网　　址：http://www.cepp.sgcc.com.cn
责任编辑：刘丽平（010-63412342）
责任校对：王小鹏
装帧设计：张俊霞
责任印制：石　雷

印　　刷：北京天泽润科贸有限公司
版　　次：2020 年 9 月第一版
印　　次：2023 年 10 月北京第四次印刷
开　　本：787 毫米×1092 毫米　16 开本
印　　张：17.5
字　　数：389 千字
印　　数：2501—3000 册
定　　价：80.00 元

《电力系统继电保护原理及动作解析》

编 委 会

主　编　刘家庆

副主编　鲍　斌　阴宏民　刘　更　刘大鹏　贾松江　范卫东

参编人员　孙正伟　王开白　徐兴伟　原宇光　田景辅　董金星

　　　　　冯晓伟　彭　宇　范　凯　陶宇超　陶　冶　金　元

　　　　　金明成　郭振华　刘楚瑜　王立春　黄　未　闫振宏

　　　　　吴志琪　王　刚　王　同　孙　峰　张武洋　宋保泉

　　　　　孙俊杰

为提高电力系统调度、运行、检修等专业人员继电保护技术水平，准确分析继电保护装置动作、异常等情况，及时高效处理各类电网事故，提升驾驭大电网能力，由国网东北电力调控分中心组织，由国网辽宁省电力有限公司电力科学研究院具体负责，各有关单位继电保护方面的专家和工程技术人员参加编写了《电力系统继电保护原理及动作解析》一书。

本书内容涵盖了继电保护的基础知识和实际案例，不仅包括电网继电保护装置的原理、功能和配置，也包括智能变电站保护、特高压保护、直流保护、系统保护、新能源电站保护等内容，体现了与技术创新同步。本书由浅入深、内容丰富，并配以录波图分析和继电保护信息解读等非常实用的知识，特别适合从事电网管理的调度运行人员、运行检修人员、变电工作人员及各类发电厂电气运行人员作为在职培训的教材使用。

本书由具有较强的理论基础和丰富的现场实践经验的工程技术人员编写，内容生动详实，贴近生产实际，是本书的一大特色。本书的编写参阅了相关的文献资料、技术标准和技术说明书等。在编写过程中，得到国网东北分部、辽宁、吉林、黑龙江省电力公司和蒙东电力公司的大力支持，在此，对以上各单位及所有参与人员一并表示衷心的感谢！

本书自 2015 年启动编写，2020 年出版。期间作者们殚精竭虑，反复锤炼，数易其稿，力求体现近年来电网继电保护技术的发展和进步，并努力贴近电网生产运行实际，但由于水平有限，书中难免有遗漏和不完善的地方，欢迎广大读者批评指正。

编 者

2020 年 8 月

第一章 基础知识

第一节 继电保护基础知识

一、继电保护的概念

继电保护是当电力系统中的电力元件（如发电机、变压器和线路等）或电力系统本身发生了故障或危及其他安全运行的事件时，需要向运行人员及时发出告警信号，或者直接向所控制的断路器发出跳闸命令，以终止这些事件发展的一种自动化措施和设备。实现这种自动化措施的成套硬件设备分为继电保护装置和电力系统安全自动装置两大类。继电保护装置是保护电力元件安全运行的基本装备，任何电力元件不得在无继电保护的状态下运行。电力系统安全自动装置用以快速恢复电力系统的完整性，防止发生和中止已发生的足以引起电力系统长期大面积停电的重大系统事故，如失去电力系统稳定、频率崩溃或电压崩溃等。

继电保护装置主要包括线路、母线、变压器、发电机、电抗器和电容器等保护装置；电力系统安全自动装置主要包括自动重合闸、备用电源和备用设备自动投入、自动切负荷、自动低频减负荷、火电厂事故减出力、水电厂事故切机、电气制动、水轮发电机自动启动和调相机改发电、抽水蓄能机组由抽水改发电、自动解列及自动调节励磁等。

二、电力系统的故障

在电力系统运行过程中，可能会发生各种故障和不正常运行状态。最常见的也是最危险的是各种形式的短路故障。所谓短路是指相与相之间或相与地之间的短接，以及发电机或变压器同一相绕组不同线匝之间的短接。电力系统短路的基本形式有三相短路、两相短路、单相接地短路、两相接地短路及发电机或变压器同一相绕组不同线匝之间的短接（简称匝间短路）。

电力系统发生故障时可能产生的后果如下：

（1）故障点的电弧使故障设备损坏。

（2）短路电流使故障回路中的设备遭到损坏。短路电流一般比工作电流大很多，可达额定电流的几倍至几十倍，其热效应和电动力效应可能使短路回路中的设备受到损坏。

（3）短路时可能使电力系统的电压大幅度下降，使用户的正常工作遭到破坏，可能影响用户产品质量；严重时可能造成电网电压崩溃，引起大面积停电事故。

（4）破坏电力系统运行的稳定性，可能引起系统振荡，甚至造成电力系统瓦解。

（5）交流系统故障可能会引起直流输电的闭锁，引起系统功率的大幅波动。电力系统的正常工作遭到破坏，但未形成故障，称为不正常工作状态。如电气设备的过负荷、由于功率缺额引起的系统频率下降、发电机突然甩负荷产生的过电压以及系统振荡等，都属于不正常工作状态。

故障和不正常工作状态都可能引起事故，轻者造成小面积停电，重者造成人身伤亡和设备损坏甚至大面积的恶性停电事故。

三、继电保护和安全自动装置发展历程

继电保护与安全自动装置（以下简称保护装置）是保证电网安全运行、保护电气设备的主要装置，是电力系统不可缺少的重要组成部分。

继电保护技术是随着电力系统的发展而发展的，它与电力系统对运行可靠性要求的不断提高密切相关。熔断器就是最初的简单的过电流保护，时至今日仍广泛应用于低压线路和用电设备。随着电力系统的发展，用电设备的功率、发电机的容量不断增大，发电厂、变电站和供电网的接线不断复杂化，电力系统中正常的工作电流和短路电流都不断增大，熔断器已不能满足选择性和快速性的要求，于是出现了作用于断路器的过电流继电器。20世纪初，继电器才广泛应用于电力系统的保护。这个时期可认为是继电保护技术发展的开端。

自20世纪初第一代机电型感应式过电流继电器应用于电力系统以来，继电保护已经经历了一个世纪的发展。在最初的20多年里，各种新的继电保护原理相继出现，如差动保护、电流方向保护、距离保护、高频保护，这些保护原理都是通过测量故障发生后的稳态工频量来检测故障的。尽管之后的研究工作不断发展和完善了电力系统的保护，但是这些保护的基本原理并没有变，至今仍然在电力系统继电保护领域中起主导作用。经过近百年的发展，在继电保护原理完善的同时，构成继电保护装置的元件、材料等也发生了巨大的变革。继电保护装置经历了机电式、整流式、晶体管式、集成电路式、微处理机式等不同的发展阶段。

传统的继电保护都是反应模拟量的保护，保护的功能完全由硬件电路来实现。近30年来，由于数字电子计算机尤其是微型计算机技术的迅速发展，出现了反应数字量的微机型继电保护装置。

国内关于微机保护的研究开始于20世纪70年代末期，起步较晚，但发展很快。1984年我国第一套微机距离保护样机在试运行后通过鉴定并批量生产，以后每年都有新产品问世；1990年，多CPU微机线路保护装置正式投入运行。目前，高压输电线路、低压网络、各种主电气设备配置的几乎都是微机保护装置，特别是线路保护已形成系列产品，并得到广泛应用。

我国微机保护技术的研究历经了几个阶段：第一阶段微机保护装置是单CPU结构，几个印制电路板由总线连接成一个完整的计算机系统，总线暴露在印制电路板之外；第二阶段

微机保护是多 CPU 结构，每块印制电路板上以 CPU 为中心组成一个计算机系统，实现了"总线不出插件"；第三阶段保护技术的特点是：用一种特殊单片机将总线系统与 CPU 一起封装在一个集成电路块中，因此具有极强的抗干扰能力，即"总线不出芯片"。

近年来，数字信号处理器（Digital Signal Processing，DSP）在微机保护硬件系统中得到广泛应用。DSP 具有先进的内核结构、高速的运算能力以及与实时信号处理相适应的寻址方式等优良特性。以往由通用 CPU 难以实现的继电保护算法可以通过 DSP 轻松完成。以 DSP 为核心的微机保护装置已经是主流产品，随着计算机技术的发展，继电保护硬件水平不断提高，保护装置的功能和可靠性也同步提高。

智能变电站的保护与传统的微机保护相比，在保护原理、软件算法、核心硬件方面基本相同，但在模拟量采集、开关量输入/输出、对外通信接口方面有了全新的实现方式。智能变电站的保护是微机保护的一个新的发展阶段，智能变电站继电保护用的电压、电流量通过传统互感器或电子式互感器送到合并单元，由合并单元供给保护。跳合闸命令和联闭锁信息可通过直接电缆连接或 IEC 61850 标准中的 GOOSE 机制以光纤传输，由智能终端来完成有关命令的执行。

2013 年，有些制造单位已经研制出就地化小型化保护装置，并有了一些现场试运行经验。就地化小型化保护装置具有自防护能力（防水、防震、防尘、耐高温、抗寒、防外力破坏等），可在户外安装，配置标准化连接和通信接口，可实现现场免维护、更换式检修和远程操作等。就地化小型化保护装置的应用将有助于提高保护装置的智能化水平，减少维护工作量，使继电保护迈进一个新的时代。

第二节 继电保护装置的要求

电力系统中的电力设备和线路，应装设反应短路故障和异常运行的保护装置。继电保护装置应能快速切除短路故障和恢复供电。

一、继电保护装置的主要任务

为了减轻故障和不正常工作状态造成的影响，继电保护装置的任务是：

（1）电力系统出现故障时，继电保护装置应能快速、有选择地将故障元件从系统中切除，使故障元件免受损坏，从而保证系统的其他部分继续运行，确保电网稳定运行。

（2）当电力系统出现不正常工作状态时，继电保护装置能及时反应，通常发出信号，通知值班或监控人员予以处理，或按相关规定由相关装置按设定的逻辑执行减负荷、解列或跳闸等命令。

二、继电保护装置的要求

继电保护装置应满足可靠性、选择性、灵敏性和速动性的要求。可靠性由继电保护装置的合理配置、本身的技术性能和质量以及正常的运行维护来保证。速动性由配置的全线速动保护、相间和接地故障的速断保护以及电流速断保护来保证。通过继电保护运行整定，实现选择性和灵敏性的要求。

1. 可靠性

可靠性是指保护装置该动作时应动作，不该动作时不动作。为保证可靠性，宜选用性能满足要求、原理尽可能简单的保护方案，应采用由可靠的硬件和软件构成的装置，应具有必要的自动检测、闭锁、告警等措施，便于整定、调试和运行维护。

对于 220～750kV 电网的线路继电保护，一般采用近后备保护方式，即当故障元件的一套继电保护装置拒动时，由相互独立的另一套继电保护装置动作以切除故障。而当断路器拒动时，启动断路器失灵保护，断开与故障元件相连的所有其他连接电源的断路器。对于 220～750kV 电网的母线，母线差动保护是其主保护，变压器或线路后备保护是其后备保护。如果没有母线差动保护，则必须由对母线故障有灵敏度的变压器或线路后备保护切除母线故障。

2. 选择性

选择性是指首先由故障设备或线路本身的保护切除故障，当故障设备或线路本身的保护或断路器拒动时，才允许由相邻设备、线路的保护或断路器失灵保护切除故障。为保证选择性，对相邻设备和线路有配合要求的保护和同一保护内有配合要求的两元件（如启动与跳闸元件、闭锁与动作元件），其灵敏系数及动作时间应相互配合。当重合于本线路故障，或在非全相运行期间健全相又发生故障时，相邻元件的保护应保证选择性。在重合闸后加速的时间内以及单相重合过程中发生区外故障时，允许被加速的线路保护无选择。在某些条件下必须加速切除短路时，可使保护无选择动作，但必须采取补救措施，例如采用自动重合闸或备用电源自动投入来补救。发电机、变压器保护与系统保护有配合要求时，也应满足选择性要求。

上、下级（包括同级、上一级和下一级电力系统）继电保护之间的定值整定，应遵循逐级配合的原则，满足选择性要求：即当下一级线路或元件故障时，故障线路或元件的继电保护整定值必须在灵敏度和动作时间上均与上一级线路或元件的继电保护定值相互配合，以保证电网发生故障时有选择地切除故障。后备保护的配合关系优先考虑完全配合。在主保护双重化配置功能完整的前提下，后备保护允许不完全配合，如后备Ⅲ段允许在某些情况下和相邻元件后备灵敏段的时间配合，灵敏度不配合。当线路保护装置拒动时，一般情况只允许相邻上一级的线路保护越级动作，切除故障；当断路器拒动（只考虑一相断路器拒动），且断路器失灵保护动作时，应保留一组母线运行（双母线接线）或允许多失去一个元件（3/2 断路器接线）。为此，保护第Ⅱ段的动作时间应比断路器拒动时的全部故障切除时间多 0.2～0.3s。

3. 灵敏性

灵敏性是指在设备或线路被保护范围内发生故障时，保护装置具有的正确动作能力的裕度，一般以灵敏系数来描述。灵敏系数应根据不利正常（含正常检修）运行方式和不利故障类型（仅考虑金属性短路和接地故障）计算。

流电源均应取自与同一蓄电池组相连的直流母线，避免因一组站用直流电源异常对两套保护功能同时产生影响而导致的保护拒动。

3）220kV 及以上电压等级断路器的压力闭锁继电器应双重化配置，防止其中一组操作电源失去时，另一套保护和操作箱或智能终端无法跳闸出口。

4）两套保护装置与其他保护、设备配合的回路应遵循相互独立的原则，应保证每一套保护装置与其他相关装置（如通道、失灵保护）联络关系的正确性，防止因交叉停用而导致保护功能缺失。

5）220kV 及以上电压等级线路按双重化配置的两套保护装置的通道应遵循相互独立的原则，采用双通道方式的保护装置，其两个通道也应相互独立。保护装置及通信设备电源配置时应注意防止单组直流电源系统异常导致双重化快速保护同时失去作用的问题。

6）为防止装置家族性缺陷可能导致的双重化配置的两套继电保护装置同时拒动，双重化配置的线路、变压器、母线、高压电抗器等保护装置应采用不同生产厂家的产品。

（3）220kV 及以上电压等级的线路保护应满足以下要求：

1）每套保护均能对全线路内发生的各种类型故障快速动作切除。对于要求实现单相重合闸的线路，在线路发生单相经高阻接地故障时，应能正确选相跳闸。

2）对于远距离、重负荷线路及事故过负荷等情况，继电保护装置应采取有效措施，防止相间、接地距离保护在系统发生较大的潮流转移时误动作。

3）引入两组及以上电流互感器构成和电流的保护装置，各组电流互感器应分别引入保护装置，不应通过装置外部回路形成和电流。

4）应采取措施，防止由于零序功率方向元件的电压死区导致零序功率方向纵联保护拒动，但不应采用过分降低零序动作电压的方法。

（4）断路器失灵保护中用于判断断路器主触头状态的电流判别元件应保证其动作和返回的快速性，动作和返回时间均不宜大于 20ms，其返回系数也不宜低于 0.9。

（5）当变压器、电抗器的非电量保护采用就地跳闸方式时，应向监控系统发送动作信号。未采用就地跳闸方式的非电量保护应设置独立的电源回路（包括直流空气开关及其直流电源监视回路）和出口跳闸回路，且必须与电气量保护完全分开。220kV 及以上电压等级变压器、电抗器的非电量保护应同时作用于断路器的两个跳闸线圈。

（6）变压器的高压侧宜设置长延时后备保护。在保护不失配的前提下，尽量缩短变压器后备保护的整定时间。

（7）变压器过励磁保护的启动、反时限和定时限元件应根据变压器的过励磁特性曲线分别进行整定，其返回系数不应低于 0.96。

（8）为提高切除变压器低压侧母线故障的可靠性，宜在变压器的低压侧设置取自不同电流回路的两套电流保护功能。当短路电流大于变压器热稳定电流时，变压器保护切除故障的时间不宜大于 2s。

（9）110（66）kV 及以上电压等级的母联、分段断路器应按断路器配置专用的、具备瞬时和延时跳闸功能的过电流保护装置。

（10）220kV 及以上电压等级变压器、发电机变压器组的断路器失灵保护应满足以下要求：

1）当接线形式为线路—变压器或线路—发电机变压器组时，线路和主设备的电气量保护均应启动断路器失灵保护。当本侧断路器无法切除故障时，应采取启动远方跳闸等后备措施加以解决。

2）变压器的电气量保护应启动断路器失灵保护，断路器失灵保护动作除应跳开失灵断路器相邻的全部断路器外，还应跳开本变压器连接其他电源侧的断路器。

（11）防跳继电器动作时间应与断路器动作时间配合，断路器三相位置不一致保护的动作时间应与相关保护、重合闸时间相配合。

三、基建调试及验收应注意的问题

（1）应从保证设计、调试和验收质量的要求出发，合理确定新建、扩建、技改工程工期。

（2）基建验收应满足以下要求：

1）验收方应根据有关规程、规定及反事故措施要求制定详细的验收标准。

2）应保证合理的设备验收时间，确保验收质量。

3）必须进行所有保护整组检查，模拟故障检查保护与硬（软）压板的唯一对应关系，避免有寄生回路存在。

4）对于新投设备，做整组试验时，应按规程要求把被保护设备的各套保护装置串接在一起进行；应按相关规程要求，检验同一间隔内所有保护之间的相互配合关系；线路纵联保护还应与对侧线路保护进行一一对应的联动试验。

5）应认真检查继电保护和安全自动装置、站端后台、调度端的各种保护动作、异常等相关信号是否齐全、准确、一致，是否符合设计和装置原理。

6）应保证继电保护装置、安全自动装置以及故障录波器等二次设备与一次设备同期投入。

（3）新设备投产时应认真编写继电保护启动方案，做好事故预想，确保启动调试设备故障能够可靠切除。

四、运行管理应注意的问题

（1）现场作业应严格执行继电保护现场标准化作业指导书，规范现场安全措施，防止继电保护"三误"事故。

（2）加强继电保护和安全自动装置运行维护工作，配置足够的备品、备件，缩短缺陷处理时间。

（3）所有保护用电流回路在投入运行前，除应在负荷电流满足电流互感器精度和测量表计精度的条件下测定变比、极性以及电流和电压回路相位关系正确外，还必须测量各中性线的不平衡电流（或电压），以保证保护装置和二次回路接线的正确性。

（4）原则上 220kV 及以上电压等级母线不允许无母线保护运行。110kV 母线保护停用期间，应采取相应措施，严格限制变电站母线侧隔离开关的倒闸操作，以保证系统安全。

（5）建立和完善二次设备在线监视与分析系统，确保继电保护信息、故障录波等可靠上送。

（6）在保证安全的前提下，可开放保护装置远方投退压板、远方切换定值区功能。远方投退保护和远方切换定值区操作应具备保证安全的验证机制，防止保护误投和误整定的发生。

（7）继电保护专业和通信专业应密切配合。注意校核继电保护通信设备（光纤、微波、载波）传输信号的可靠性和冗余度及通道传输时间，检查是否设定了 不必要的收、发信环节的延时或展宽时间，防止因通信问题引起保护不正确动作。

（8）利用载波作为纵联保护通道时，应建立阻波器、结合滤波器等高频通道加工设备的定期检修制度，定期检查线路高频阻波器、结合滤波器等设备运行状态。对已退役的高频阻波器、结合滤波器和分频滤过器等设备，应及时采取安全隔离措施。

（9）相关专业人员在继电保护回路工作时，必须遵守继电保护的有关规定。

五、定值管理应注意的问题

（1）依据电网结构和继电保护配置情况，按相关规定进行继电保护的整定计算。

（2）当灵敏性与选择性难以兼顾时，应首先考虑以保灵敏度为主，防止保护拒动。

（3）宜设置不经任何闭锁的、长延时的线路后备保护。

（4）中、低压侧为 110kV 及以下电压等级且中、低压侧并列运行的变压器，中、低压侧后备保护应第一时限跳开母联或分段断路器，缩小故障范围。

（5）对发电厂继电保护整定计算的要求如下：

1）发电厂应按相关规定进行继电保护整定计算，并认真校核与系统保护的配合关系。

2）发电厂应加强厂用电系统的继电保护整定计算与管理，防止因厂用电系统保护不正确动作，扩大事故范围。

3）发电厂应根据调控机构下发的等值参数、定值限额及配合要求等定期（至少每年）对所辖设备的整定值进行全面复算和校核。

六、二次回路应注意的问题

（1）严格执行有关规程、规定及反事故措施，防止二次寄生回路的形成。

（2）为提高继电保护装置的抗干扰能力，应采取以下措施：

1）在保护室屏柜下层的电缆室（或电缆沟道）内，沿屏柜布置的方向逐排敷设截面积不小于 100mm^2 的铜排（缆），将铜排（缆）的首端、末端分别连接，形成保护室内的等电位地网。该等电位地网应与变电站主地网一点相连，连接点设置在保护室的电缆沟道入口处。

为保证连接可靠，等电位地网与主地网的连接应使用 4 根及以上、每根截面积不小于 50mm² 的铜排（缆）。

2）分散布置保护小室（含集装箱式保护小室）的变电站，每个小室均应参照要求设置与主地网一点相连的等电位地网。小室之间若存在相互连接的二次电缆，则小室的等电位地网之间应使用截面积不小于 100mm² 的铜排（缆）可靠连接，连接点应设在小室等电位地网与变电站主接地网连接处。保护小室等电位地网与控制室、通信室等的地网之间亦应按上述要求进行连接。

3）微机保护和控制装置的屏柜下部应设有截面积不小于 100mm² 的铜排（不要求与保护屏绝缘），屏柜内所有装置、电缆屏蔽层、屏柜门体的接地端应用截面积不小于 4mm² 的多股铜线与其相连，铜排应用截面不小于 50mm² 的铜缆接至保护室内的等电位接地网。

4）直流电源系统绝缘监测装置的平衡桥和检测桥的接地端以及微机型继电保护装置柜屏内的交流供电电源（照明、打印机和调制解调器）的中性线（零线）不应接入保护专用的等电位接地网。

5）微机型继电保护装置之间、保护装置至开关场就地端子箱之间以及保护屏至监控设备之间所有二次回路的电缆均应使用屏蔽电缆，电缆的屏蔽层两端接地，严禁使用电缆内的备用芯线替代屏蔽层接地。

6）为防止地网中的大电流流经电缆屏蔽层，应在开关场二次电缆沟道内 沿二次电缆敷设截面积不小于 100mm² 的专用铜排（缆）；专用铜排（缆）的一端在开关场的每个就地端子箱处与主地网相连，另一端在保护室的电缆沟道入口处与主地网相连，铜排不要求与电缆支架绝缘。

7）接有二次电缆的开关场就地端子箱内（汇控柜、智能控制柜）应设有铜排（不要求与端子箱外壳绝缘），二次电缆屏蔽层、保护装置及辅助装置接地端子、屏柜本体通过铜排接地。铜排截面积应不小于 100mm²，一般设置在端子箱下部，通过截面积不小于 100mm² 的铜缆与电缆沟内不小于 100mm² 的专用铜排（缆）及变电站主地网相连。

8）由一次设备（如变压器、断路器、隔离开关和电流/电压互感器等）直接引出的二次电缆的屏蔽层应使用截面不小于 4mm² 多股铜质软导线仅在就地端子箱处一点接地，在一次设备的接线盒（箱）处不接地，二次电缆经金属管从一次设备的接线盒（箱）引至电缆沟，并将金属管的上端与一次设备的底座或金属外壳良好焊接，金属管的另一端应在距一次设备 3～5m 处与主接地网焊接。

9）由纵联保护用高频结合滤波器至电缆主沟施放一根截面积不小于 50mm² 的分支铜导线，该铜导线在电缆沟的一侧焊至沿电缆沟敷设的截面积不小于 100mm² 专用铜排（缆）上；另一侧在距耦合电容器接地点约 3～5m 处与变电站主地网连通，接地后将延伸至保护用结合滤波器处。

10）结合滤波器中与高频电缆相连的变送器的一、二次线圈间应无直接连线，一次线圈接地端与结合滤波器外壳及主地网直接相连；二次线圈与高频电缆屏蔽层在变送器端子处相复到规定的范围内而进行的充电称为均衡充电。

（二）充电设备

为补偿蓄电池运行中的功率损耗，维持电源电压及增大短路容量，需要经常对蓄电池进行充电。充电设备通常采用将三相交流进行整流、滤波及稳压的交直流变换装置，常用的有高频开关电源模块型充电装置和相控式充电装置。

充电设备输出电压和输出电流的调节范围应满足蓄电池组各种充电方式的需要，110V的直流系统充电设备输出电压调节范围应为90～160V，220V的直流系统充电设备输出电压调节范围应为180～310V；充电设备的额定电流应能承受正常运行时直流系统的负荷电流和蓄电池的自放电电流。

在充电装置的直流输出端始终并联着蓄电池和负载，以恒压充电方式工作，正常运行时充电装置在承受经常性负荷的同时向蓄电池补充充电，以补偿蓄电池的自放电，使蓄电池组以满容量的状态处于备用，该充电方式叫浮充。浮充方式分全浮充和半浮充：当部分时间（负载较重时）进行浮充供电，而另外部分时间（负载较轻时）由蓄电池组单独供电的工作方式，称为半浮充；全部时间均由电源线路与蓄电池组并联浮充供电，则称为全浮充。

三、直流电源的设计要求

（1）在正常运行情况下，直流母线电压应为直流电源标称电压的105%；均衡充电时，直流母线电压一般不应高于标称电压的110%；事故放电末期，蓄电池出口端电压不应低于标称电压的87.5%。

（2）110kV及以下变电站宜装设1组蓄电池（见图2-2），对于重要的110kV变电站可装设2组蓄电池；220～750kV变电站应装设2组蓄电池；1000kV变电站宜按直流负荷相对集中配置两套直流电源系统，每套直流电源系统装设两组蓄电池；直流换流站宜按极或阀组和公用设备分别配置直流电源系统，每套直流电源系统装设两组蓄电池；背靠背换流站宜按背靠背换流单元和公用设备分别配置直流电源系统，每套直流电源系统装设两组蓄电池。

（3）220kV及以上变电站每套直流电源系统配置2段直流母线、2组蓄电池、3台充电装置的供电方式（见图2-3），每组蓄电池容量应能满足同时带两段直流母线负荷运行的要求，每台充电装置应有两路交流输入（分别来自站用系统不同母线上的出线）且互为备用。

（4）充电设备因故停运时，蓄电池的容量应能维持继电保护装置和控制回路的正常运行。有人值班变电站蓄电池放电容量不低于1h，无人值班变电站蓄电池放电容量不低于2h。

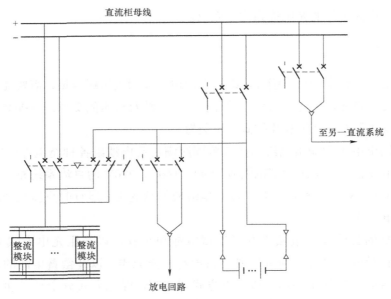

图 2-2 1 组蓄电池和 1 组充电装置典型接线示意图

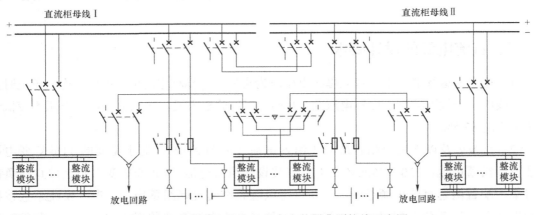

图 2-3 2 组蓄电池和 2 组充电装置典型接线示意图

（5）蓄电池组总出口熔断器应配置熔断告警接点，信号应可靠上传至调控部门。

（6）直流总输出回路、直流分段母线的输出回路宜按逐级配合的原则设置熔断器，保护屏柜的直流电源进线应使用自动开关，上下级间应有选择性地配合。

（7）220kV 及以上电压等级双重化配置的两套保护装置的直流电源应取自不同蓄电池组供电的直流母线段；两组跳闸线圈的断路器的每一跳闸回路应分别由专用的直流熔断器或自动开关供电，且与对应的保护装置直流电源取自同一直流母线段。

（8）直流系统应按每组蓄电池装设 1 套绝缘监测装置。该装置应能实时监测直流母线电压、绝缘电阻，具有监测各种接地故障并检测各支路绝缘电阻的功能，并具有交流串电报警并选出串电支路的功能。

（9）直流电源系统宜按每组蓄电池装设 1 套微机监控装置。该装置具有监测直流各段母线电压、充电装置输出电压和电流及蓄电池组电压和电流的功能，具有直流系统异常和故障报警、蓄电池组出口熔断器监测、自诊断报警功能，并具有对充电装置开机、停机和运行方式切换等监控功能。

（10）每组蓄电池宜设置蓄电池自动巡检装置。该装置宜监测全部单体蓄电池电压、蓄电池组温度，并将信息上送直流电源系统微机监控装置。

四、异常处理

发电厂及变电站的直流系统分布广，回路繁多，容易发生故障或异常。其中，比较常见的异常有直流系统接地、直流熔断器熔断或自动开关跳开。具体处理方法如下：

（1）当同一直流母线段同时两点接地时，应立即采取措施消除，避免由于直流同一母线两点接地，造成继电保护装置或开关误动故障。当出现直流系统一点接地时，应及时消除。

（2）禁止在两组蓄电池组的直流系统都存在接地故障的情况下进行切换。

（3）直流熔断器熔断、自动开关跳开时，应立即将直流消失后容易误动的保护（例如发电机的误上电保护、启停机保护等）退出运行。如果被断开的直流回路中有线路纵联保护装置时（例如高频保护等），应立即退出线路两侧的纵联保护；退出保护后，须将故障支路隔离或经检查确认无问题后方可恢复直流供电。

（4）直流系统发生一点接地后，如果采用微机型绝缘监察装置，可直接确定接地点所在的直流馈线回路，由运行人员配合维护人员查找接地点，及时消除故障；如果采用常规绝缘监察装置，则不能直接确定接地点所在的直流馈线回路，运行人员应首先缩小接地点可能的范围，可采用"拉路法"来查找，即依次、分别、短时切断直流系统中各直流馈线来确定接地点所在的馈线回路。例如，发现直流系统接地后，先断开某一直流馈线，观察接地现象是否消失。若消失，说明接地点在被拉馈线回路中；若未消失，立即恢复对该馈线的供电，再断开另一条馈线检查，直至查出接地点所在馈线。用拉路法确定接地点所在馈线时，应注意：

1）应根据运行方式、天气状况及操作情况，判断接地点可能的范围，以便在尽量少的拉路情况下能迅速确定接地点位置。

2）拉路顺序的原则是先拉信号回路及照明，最后拉操作回路；先拉室外馈线回路，后拉室内馈线回路。

3）断开每一馈线的时间不应超过 3s，不论接地是否在被拉馈线上，应尽快恢复供电。

4）当被拉回路中接有继电保护装置时，在拉路之前应将直流消失后容易误动的保护（例如发电机的误上电保护、启停机保护等）退出运行。

5）当被拉回路中接有线路纵联保护装置时（例如高频保护等），在拉路之前应退出线路两侧的纵联保护。

第二节　常规变电站的继电保护装置

电力系统的一次电压很高、电流很大，用以对一次系统进行测量、控制的继电保护和安全自动装置无法直接接入一次系统。一次系统的大电流需要使用电流互感器进行隔离，使继电保护和安全自动装置能够安全准确地获取电气一次回路的电流信息量。电压互感器是隔离高电压，供继电保护和安全自动装置获取一次电压信息的传感器。

一、继电保护用电流互感器和电压互感器

（一）电流、电压互感器及其配置

电流互感器（current transformer）是将一次回路的大电流成正比地变换为二次小电流以供给测量仪表、继电保护及其他类似电器。电流互感器在电网中的工作状态见图2-4。

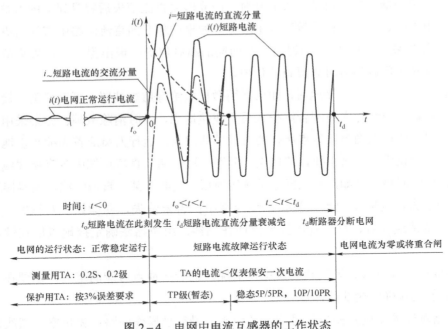

图2-4　电网中电流互感器的工作状态

电流互感器是一种特殊形式的变换器，它的二次电流正比于一次电流。因为其二次回路的负载阻抗很小，一般只有几个欧姆，所以二次工作电压也很低。当二次回路阻抗大时，二次工作电压 $U=IZ$ 也变得很大。当二次回路开路时，二次工作电压将上升到危险的幅值，不但影响电流传变的准确度，甚至会破坏二次回路绝缘，烧损电流互感器铁芯，所以电流互感器二次侧不允许开路。

与电流互感器相同，电压互感器是隔离高电压，供继电保护、自动装置和测量仪表获取

一次电压信息的传感器。电压互感器有电磁式、电容式与电子式三种。下面介绍电磁式电压互感器。

电压互感器是一种特殊形式的变换器，它的二次电压正比于一次电压。电压互感器的二次负载阻抗一般比较大，其二次电流为 $I = U/Z$。在二次电压一定的情况下，阻抗越小则电流越大。当电压互感器二次回路短路时，二次回路的阻抗接近为 0，二次电流 I 将变得非常大。如果没有保护措施，将会烧坏电压互感器，所以电压互感器的二次回路不允许短路。

（二）电流互感器的主要参数

1. 额定一次电压标准值

额定一次电压的选择主要是满足对应电网运行电压的要求，其绝缘水平能够承受电网电压长期运行，并可承受可能出现的短时雷电过电压、操作过电压及异常运行方式下的电压。

2. 额定一次电流标准值

额定一次电流一般应大于所在回路可能出现的最大负荷电流，并适当考虑负荷增长。当最大负荷无法确定时，可以取与断路器、隔离开关等设备的额定电流一致，并能满足短时热稳定、动稳定电流的要求。一般情况下，电流互感器的额定一次电流越大，所能承受的短时热稳定和动稳定电流值也越大。

3. 额定二次电流标准值

额定二次电流标准值为 1A 和 5A。

变电站电流互感器额定二次电流采用 1A 还是 5A，主要取决于技术经济比较。在相同的额定一次电流和输出容量情况下，电流互感器额定二次电流采用 5A 时，体积小，价格便宜，但其电缆及接入同样阻抗的二次设备时，二次负载是额定二次电流 1A 时的 25 倍。所以，在 220kV 及以下变电站中 220kV 设备不多，10～110kV 设备较多，电缆长度短，额定二次电流值一般采用 5A；在 330kV 及以上变电站，220kV 及以上设备较多，电流回路电缆较长，电流互感器额定二次电流值多采用 1A。

4. 额定电流比

额定电流比是指额定一次电流与额定二次电流之比。通常用不约分的分数表示。

5. 额定输出容量标准值

电流互感器的额定输出容量是指在满足额定一次电流、额定变比条件下，在保证所标称准确度时二次回路能承受的最大负载值，一般用伏安表示。额定输出容量标准值为 5、10、15、20、25、30、40、50、60、80、100VA。

6. 电流互感器的准确等级

电流互感器变换电流存在一定的误差，根据电流互感器在额定工作条件下所产生的变比误差规定了准确等级。在 GB 1208—2006《电流互感器》规定，测量用电流互感器的准确度等级分为 0.1、0.2、0.5、1、3、5 六个标准。

继电保护用电流互感器的准确度级要求一般没有测量用的高，但其不仅要求在额定一次电流下误差不超过规定值，还要求在故障大电流时有较好的传变特性，所以在一定短路电流倍数时误差不超过规定值。

（三）电压互感器的主要参数

1. 额定一次电压标准值

额定一次电压的选择主要是满足对应电网运行电压的要求，其绝缘水平能够承受电网电压长期运行，并可承受可能出现的短时雷电过电压、操作过电压及异常运行方式下的电压。

对于三相电压互感器和用于单相系统或三相系统的单相互感器，其额定一次电压一般为规定的某一标称电压，即 6、10、15、20、35、60、110、220、330、500、750、1000kV。对于接在三相系统相与地之间或中性点与地之间的单相电压互感器，其额定一次电压为上述额定电压的 $1/\sqrt{3}$。

2. 额定二次电压标准值

对接于三相系统相间的单相电压互感器，其二次额定电压为 100V。对接在三相系统相与地间的单相电压互感器，当其额定一次电压为某一数值除以 $\sqrt{3}$ 时，其额定二次电压必须为 $100/\sqrt{3}$ V，以保持额定电压比不变。

接成开口三角的剩余电压绕组额定电压与系统中性点接地方式有关。大接地电流系统的接地电压互感器的额定二次电压为 100V，小接地电流系统的接地电压互感器的额定二次电压为 100/3V。

电压互感器的额定变比等于一次额定电压与二次额定电压之比。

3. 额定输出容量标准值

电压互感器额定的二次绕组及剩余电压绕组容量输出的标准值是 10、15、25、30、50、75、100、200、300、500VA。对于三相式电压互感器，其额定输出容量是指每相的额定输出。

4. 电压互感器的误差

电磁式电压互感器由于存在励磁电流、绕组的电阻和电抗，当电流流过一次绕组和二次绕组时要产生电压降和相位偏移，使电压互感器产生电压比误差（比差）和相位误差（相位差）。

电压互感器电压比差和相位差的限值大小取决于电压互感器的准确度级。保护用电压互感器的准确度级有 3P 和 6P 两个等级。保护用电压互感器在 5%额定电压下的误差限值如表 2-1 所示。

表 2-1 　　　　　　　　　　保护用电压互感器的误差限值

准确级	电压比误差±（%）	相位差	
		±（′）	±（crad）
3P	3.0	120	3.5
6P	6.0	240	7.0

（四）电流互感器的极性、误差、接线方式及其基本特性

1. 电流互感器极性

电流互感器的一次和二次侧都有两个引出端子。任何一侧的引出端子用错，都会使二次电流的相位变化 180°，影响测量仪表和继电保护装置的正确工作，因此必须标记引出端子的极性，防止接线错误。

电流互感器一次和二次侧引出端子上一般均标有"*"或"+"或"·"符号。一次和二次侧引出端子上符号相同则为同极性端子。极性标志有加极性和减极性，常用的电流互感器一般都是减极性，即当一次电流自 L1 端流向 L2 时，二次电流自 K1 端流出经外部回路到 K2。L1 和 K1、L2 和 K2 分别为同极性端，如图 2-5 所示。

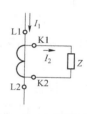

图 2-5 电流互感器端子标志说明

2. 电流互感器测量误差

电流互感器测量误差就是电流互感器的二次输出量 I_2 与其归算到二次侧的一次输入量 I_1' 的大小不相等、角度不相同所造成的差值，因此测量误差分为数值（变比）误差和相位（角度）误差两种。

产生测量误差的原因有电流互感器本身造成的，也有运行和使用条件造成的。

电流互感器本身造成的测量误差是由于电流互感器有励磁电流 I_e 存在，而 I_e 是输入电流的一部分，它不传变到二次侧，故形成了变比误差。I_e 除在铁芯中产生磁通外，还产生铁芯损耗，包括涡流损失和磁滞损失。I_e 所流经的励磁支路是一个电感性的支路，I_e 与 I_2 相位不同，这是造成角度误差的主要原因。

3. 电流互感器的主要接线方式

在继电保护装置中电流互感器的接线方主要有三相完全星形接线、两相两继电器不完全星形接线、单相接线、三角形接线四种。

（1）三相完全星形接线方式。这种接线方式可以准确反映三相中每一相的真实电流，该方式应用在大电流接地系统中，保护线路的三相短路、两相短路和单相接地短路。

采用三相完全星形接线方式的电流保护装置在各种故障（如三相短路、两相短路、两相短路并地、单相接地短路）下都能使保护装置启动，满足切除故障的要求，而且具有相同的灵敏度，如图 2-6 所示。

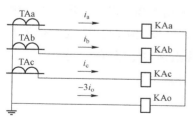

图 2-6 三相完全星形接线方式的电流保护装置

当发生三相短路时，各相都有短路电流即 $\dot{I}_{DA}$，$\dot{I}_{DB}$、$\dot{I}_{DC}$，反应到电流互感器二次侧的短路电流分别为 $\dot{I}_a$、$\dot{I}_b$、$\dot{I}_c$，它们分别流经 A、B、C 相继电器的线圈，使 3 只继电器（如图 2-5 中的 KAa、KAb、KAc）动作。

当发生 A、B 两相短路时，A、B 两相分别有短路电流 $\dot{I}_{DA}$、$\dot{I}_{DB}$，它们流经电流互感器后，反应到其二次侧分别为 $\dot{I}_a$、$\dot{I}_b$，又分别将电流继电器 KAa、KAb 启动，去切除故障。

当发生单相接地故障（以 A 相为例）时，A 相继电器 KAa 启动，切除故障。

电流互感器接成三相完全星形接线方式，适用于大电流接地系统的线路继电保护装置及变压器的保护装置。

（2）两相不完全星形接线方式。又称两相两继电器不完全星形接线，可以准确反映两相的真实电流。该方式应用在 6～10kV 中性点不接地的小电流接地系统中，保护线路的三相短路和两相短路。如图 2-7 所示，此种接线是用两只电流互感器与两只电流继电器在 A、C 两相上对应连接起来。此种接线方式对各种相间短路故障均能满足继电保护装置的要求，但是不能反应 B 相接地短路电流（因 B 相未装电流互感器和继电器），所以对 B 相起不到保护作用，故只适用小电流接地系统。此种接线方式较三相完全星形接线方式少了三分之一的设备，节约了投资。

（3）单相式接线。在三相电流平衡时，该种接线方式可以用单相电流反映三相电流值，主要用于测量回路，如图 2-8 所示。该种接线方式电流线圈通过的电流，反应一次电路相应相的电流。通常用于负荷平衡的三相电路如低压动力线路中，满足测量电流、电能或接过负荷保护装置的需用。

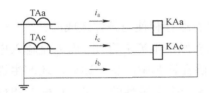

图 2-7　两相不完全星形接线方式的电流保护装置

图 2-8　单相式接线的电流保护装置

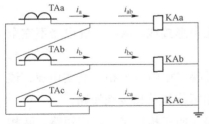

图 2-9　三角形接线的电流保护装置

（4）三角形接线。这种接线将三相电流互感器的二次绕组按极性首尾相连，像三角形，如图 2-9 所示。主要用于保护二次回路的转角或滤除短路电流中的零序分量。例如，YNd11 组别的变压器配置差动保护时，由于主变压器的高压侧为星形接线，系统接地故障时有零序电流，而低压侧的三相绕组接为三角形，线电流的角度滞后高压侧 30°。系统发生接地故障时，零序电流在低压侧三角形接线中形成环路，无法流出，所以在低压侧的线电流中不含零序分量。如果高、低压侧的电流互感器二次接线均接成星形，正常运行时两侧测量到的负荷电流相差 30° 形成差流，当发生接地故障时，由于低压侧不反映零序电流也会产生差流，这样在区外故障时会造成差动保护误动。所以，必须将高压侧的电流互感器二次接成三角形，接线组别与低压侧一次接线相同，这样就将高压侧电流向后转角 30°，同样可滤除电流中的零序分量。需要特别注意的是，三角形接线的组别不能接错。

4. 电流互感器接线系数

通过继电器的电流与电流互感器二次电流的比值称为电流互感器的接线系数。它是继电

适宜于存放定值，既无须担心在失电后定值丢失，必要时又可方便地改写定值。由于它可以在线改写数据，所以它的安全性不如 EPROM。此外，EEPROM 写入数据的速度较慢，所以也不宜代替 RAM 存放需要快速交换的临时数据。还有一种与 EEPROM 有类似功能的器件称作快闪（快擦写）存储器（Flash Memory），它的存储容量更大，读写更方便。使用 Flash Memory 存放程序时，在软件中要采取措施以确保在运行中程序不会被擦写。

3. 数据采集系统

数据采集系统的作用是将从电压、电流互感器输入的连续的电压、电流模拟信号转换成离散的数字量并供给微机主系统进行微机保护计算。下面先对若干名词做一些解释。

（1）采样。在给定的时刻对连续的模拟信号进行测量称作采样。每隔相同的时刻对模拟信号测量一次称作理想采样。微机保护采用的都是理想采样。

（2）采样频率 f_s。每秒采样的次数称作采样频率。采样频率越高，对模拟信号的测量越正确。但采样频率越高，对计算机的运算速度要求也越高，计算机必须在相邻两个采样时刻之间完成其运算工作，否则将造成数据堆积而导致运算紊乱。在目前的技术条件下，微机保护装置中使用的采样频率有 600Hz、1000Hz、1200Hz 三种。

（3）采样周期 T_s。相邻的两个采样点之间的时间称作采样同期。显然采样同期与采样频率互为倒数，$T_s = 1/f_s$。当采样频率为 600Hz、1000Hz、1200Hz 时相应的采样周期分别为 1.666ms、1ms、0.833ms。

（4）每周波采样次数 N。采样频率相对于工频频率（50Hz）的倍数表示了每周波的采样次数 N。采样频率为 600Hz、1000Hz、1200Hz 时相应的 N 值为 12、20、24。

（5）采样定理。采样定理是指采样频率必须大于输入信号中最高次频率的 2 倍，即 $f_s > 2f_{max}$。不满足采样定理将产生频率混叠现象。

4. 由逐次逼近式原理的模数转换器（A/D）构成的数据采集系统

这是目前应用最为广泛的一种数据采集系统，图 2-11 为该数据采集系统的原理框图。各种保护根据需要有若干个模拟信号需要采样，例如线路保护采样 8 个量：、u_a、u_b、u_c、i_a、i_b、i_c、$3i_0$ 以及线路电压 u_x。而 $3u_0$ 电压不从 TV 的开口三角处采样，而用三个相电压相加的自产 $3u_0$ 方法获得。各个模拟量有各个独立的采样通道，通过多路转换开关，若干个模拟量用一个 A/D 转换成数字量。下面对图 2-11 所示原理框图中的各个环节加以说明。

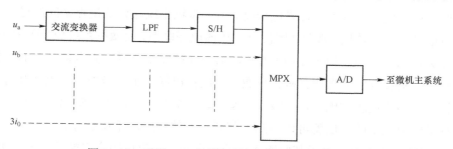

图 2-11 采用 A/D 变换器的数据采集系统原理框图

（1）交流变换器。它的作用有两个：① 将从 TV、TA 来的高电压、大电流变换成保护装置内部电子电路所需要和允许的小电压信号。② 电气隔离和屏蔽作用。从 TV、TA 来的电气量经过很长电缆接到保护装置，也引入了大量的共模干扰。交流变换器一方面提供一个电气隔离，另一方面在一、二次绕组中增加了一个接地的屏蔽层，使共模干扰经一次绕组和屏蔽层之间的分布电容而接地，可以有效抑制共模干扰。

（2）LPF 模拟低通滤波器。它的作用是滤除高次谐波。一方面是为了在采样时满足采样定理，另一方面是为了减少算法的误差。因为有些算法是基于工频正弦量得到的，谐波分量将加大算法的误差。为满足采样定理应将输入信号中的大于 $f_s/2$ 频率的高次谐波滤除。

（3）S/H 采样保持器。采样保持器的作用是：① 能快速地对模拟量的输入电压进行采样，并将该电压保持住。② 由于各个模拟量采样通道中的采样保持器是同时接收到采样脉冲的，所以各个模拟量是同时采样的。在同一个采样周期内模数转换后的各个数字量反应的是采样脉冲到来的同一瞬间各个模拟量的瞬时值，使各个模拟量的数值和相位关系保持不变。各个模拟量的同时采样保证了反应两个及两个以上电气量的继电器，例如方向继电器、阻抗继电器、相序分量继电器计算的正确性。

（4）MPX 模拟量的多路转换开关。MPX 是一种多路输入、单路输出的电子切换开关。通过编码控制，电子开关分时逐路接通。将由 S/H 送来的多路模拟量分时接到 A/D 的输入端，用一个 A/D 对若干个模拟量进行模数转换。

（5）逐次逼近式原理的模数转换器。它的作用是把模拟量转换为数字量。将由多路转换开关送来的由各路 S/H 采样保持器采样的模拟信号的瞬时值转换成相应的数字值。由于模拟信号的瞬时值是离散的，所以相应的数字值也是离散的。这些离散的数字量由微机主系统中的 CPU 读取并存放在循环存储器中供微机保护计算时使用。

5. 开关量的输入输出系统

微机保护有很多开关量（接点）的输入，例如有些保护的投退接点、重合闸方式接点、跳闸位置继电器接点、收信机的收信接点、断路器的合闸压力闭锁接点以及对时接点等。微机保护也有很多开关量（接点）的输出，例如跳合闸接点、中央信号接点、收发信机的发信接点以及遥信接点等。其中，有些开关量是经过很长的电缆才引到保护装置，因而也给保护装置引入了很多干扰。为了避免这些干扰影响微机系统的工作，在微机系统与外界所有接点之间都要经过光电耦合器件进行光电隔离。由于微机系统与外部接点之间经过了电信号→光信号→电信号的光电转换，两者之间没有直接的电磁联系，使微机系统免受外界干扰影响。

（1）开关量输入系统。如图 2-12 所示，当外部接点闭合时，光电耦合器的二极管内流过驱动电流，二极管发出的光使三极管导通，因此输出低电平。当外部接点断开时，光电耦合器的二极管内不流过驱动电流，二极管不发光，三极管截止，因此输出高电平。微机保护系统只要测量输出电平的高低就可以得知外部开关量的状态。开入专用电源一般使用装置内电源输出的 24V 直流电源。对于某些距离远的接点必要时也可用变电站的 220/110V 直流电源，装置提供强电的光电耦合电路。

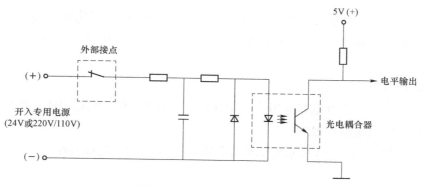

图 2-12　开关量输入系统

（2）开关量输出系统。如图 2-13 所示，当保护装置欲使输出开关量接点闭合时，只要在控制端输入一个低电平使光电耦合器的二极管内流过驱动电流，二极管发出的光使三极管导通，从而使继电器 J 动作，其闭合的接点作为开关量输出。

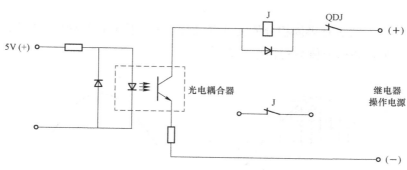

图 2-13　开关量输出系统

（二）微机保护装置的软件系统

1. 保护继电器的算法

在微机保护装置中各个继电器都是由其相应的算法实现的，例如：工频变化量（有时称作突变量）的电气量（电流、电压）的计算，基波或某次谐波分量电气量幅值的计算，相序分量电气量幅值的计算，两电气量相角差的计算，相位比较动作方程的算法等等。

（1）工频变化量电气量的计算。

在有些保护装置中用了很多工频变化量的继电器。在实现这些继电器时先要计算出工频变化量的电流 (Δi) 和电压 (Δu) 值。以电流值为例，计算方法为：

$$\Delta i = i(n) - i(n - N) \tag{2-1}$$

式中　n——当前时刻采样的次数；

N——每工频周波采样的次数。

该式表示，工频电流的变化量（瞬时值）等于当前时刻的电流瞬时值减去上一个采样的电流瞬时值。如果输入的工频电流没有变化，则工频电流的变化量为零。如果在 n 和 $n-N$ 之间系统发生短路了，由于短路后电流发生了变化，于是工频电流的变化量不再是零。

（2）半周积分算法。

有些保护装置中有些继电器是用半周积分算法实现的，例如两相电流差的突变量启动元件、工频变化量的阻抗继电器等。

假如输入信号是图2-14所示的工频正弦电流信号，$i(t)=I_{\mathrm{m}}\sin(\omega_1 t+\alpha)$。该电流信号绝对值的半周积分值为：

$$|S|=\int_0^{\frac{T}{2}}\left|I_{\mathrm{m}}\sin(\omega_1 t+\alpha)\right|\mathrm{d}t=\left|-\frac{I_{\mathrm{m}}}{\omega_1}\cos\omega t\Big|_0^{\pi/\omega_1}\right|=\frac{2I_{\mathrm{m}}}{\omega_1}=\frac{2\sqrt{2}I}{\omega_1} \qquad (2-2)$$

则该电流信号的有效值 I 为：

$$I=\frac{|S|\omega_1}{2\sqrt{2}} \qquad (2-3)$$

对输入信号绝对值进行半周积分的物理含义是求输入信号在半周内的面积绝对值之和。由（2-2）式可见，该积分值与初相角 α 无关。

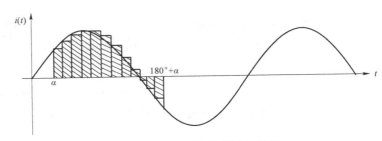

图2-14 半周积分算法示意图

（3）全周傅氏算法。

目前在微机保护中应用最广泛的是全周傅里叶（傅氏）算法，它的理论基础是傅里叶级数。假设输入信号 $i(t)$ 为一个周期性函数，它由基波分量、直流分量和各整次谐波分量构成。$i(t)$ 可表示为：

$$i(t)=I_0+\sum_{k=1}^{\infty}I_{k\mathrm{m}}\cos(k\omega_1 t+\alpha_k) \qquad (2-4)$$

式中　　　　　I_0——直流分量；

　　　　　　　ω_1——基频分量的角频率，$\omega_1=2\pi f_1$；

$I_{k\mathrm{m}}$、α_k、$k\omega_1$——第 k 次谐波分量的幅值、初相角和角频率，k 为正整数。

按复相量的表示方法，在初相角为 α_k 时的第 k 次谐波分量 $\dot{I}_k$ 可表示为：

$$\dot{I}_k=I_{k\mathrm{m}}\mathrm{e}^{j\alpha_k}=I_{k\mathrm{m}}(\cos\alpha_k+j\sin\alpha_k)=I_{Rk}+jI_{Ik} \qquad (2-5)$$

式中，$\dot{I}_k$ 的实部 I_{Rk} 和虚部 I_{Ik} 分别为：

$$I_{Rk} = I_{km} \cos \alpha_k \qquad (2-6)$$

$$I_{Ik} = I_{km} \sin \alpha_k \qquad (2-7)$$

将式（2-4）展开并考虑到式（2-6）和式（2-7）的关系可得到：

$$i(t) = I_0 + \sum_{k=1}^{\infty} [I_{km} \cos(k\omega_1 t) \cos \alpha_k - I_{km} \sin(k\omega_1 t) \sin \alpha_k]$$
$$= I_0 + \sum_{k=1}^{\infty} [I_{Rk} \cos(k\omega_1 t) - I_{Ik} \sin(k\omega_1 t)] \qquad (2-8)$$

根据三角函数在一个工频周期 T_1 内的正交性，可求得第 k 次谐波分量的实部和虚部的计算公式：

$$I_{Rk} = \frac{2}{T_1} \int_0^{T_1} i(t) \cos(k\omega_1 t) \, \mathrm{d}t \qquad (2-9)$$

$$I_{Ik} = -\frac{2}{T_1} \int_0^{T_1} i(t) \sin(k\omega_1 t) \mathrm{d}t \qquad (2-10)$$

式（2-9）中 $i(t) \cos(k\omega_1 t)$ 在 $[0, T_1]$ 期间的积分值是 $i(t) \cos(k\omega_1 t)$ 的函数波形在 $[0, T_1]$ 期间的面积。利用梯形法，该面积可用 $i(t)$ 与基准余弦函数 $\cos(k\omega_1 t)$ 在 $[0, T_1]$ 期间的采样值之乘积求和再乘以采样周期后的矩形面积和来代替。考虑到在一个工频周期 2π 内，基准余弦函数 $\cos(k\omega_1 t)$ 的采样值为 $\cos(kn2\pi / N)$，式（2-9）变为：

$$I_{Rk} = \frac{2}{T_1} \sum_{n=0}^{N-1} i(n) \cos\left(kn \frac{2\pi}{N}\right) T_s \qquad (2-11)$$

将采样周期 $T_s = T_1/N$ 的关系代入式（2-11），可得第 k 次谐波分量的实部为：

$$I_{Rk} = \frac{2}{T_1} \sum_{n=0}^{N-1} i(n) \cos\left(kn \frac{2\pi}{N}\right) \frac{T_1}{N} = \frac{2}{N} \sum_{n=0}^{N-1} i(n) \cos\left(kn \frac{2\pi}{N}\right) \qquad (2-12)$$

同理，可得第 k 次谐波分量的虚部为：

$$I_{Ik} = -\frac{2}{N} \sum_{n=0}^{N-1} i(n) \sin\left(kn \frac{2\pi}{N}\right) \qquad (2-13)$$

得知第 k 次谐波分量的实部和虚部以后，根据式（2-5）可求得 k 次谐波分量的有效值和初相角为：

$$\left. \begin{array}{l} I_k = \sqrt{I_{Rk}^2 + I_{Ik}^2} \Big/ \sqrt{2} \\ \alpha_k = \arctan\left(I_{Ik}/I_{Rk}\right) \end{array} \right\} \qquad (2-14)$$

一般的继电保护原理是反应工频电气量的，所以关心的是基波分量。这时只要将式（2-12）~式（2-14）中取 $k=1$，即可求得基波分量的实部、虚部、有效值和初相角：

$$I_{R1} = \frac{2}{N} \sum_{n=0}^{N-1} i(n) \cos\left(n \frac{2\pi}{N}\right) \qquad (2-15)$$

$$I_{I1} = -\frac{2}{N}\sum_{n=0}^{N-1}i(n)\sin\left(n\frac{2\pi}{N}\right) \tag{2-16}$$

$$\left.\begin{array}{l} I_1 = \sqrt{I_{R1}^2 + I_{I1}^2}\Big/\sqrt{2} \\[2mm] \alpha_1 = \arctan\left(I_{I1}/I_{R1}\right) \end{array}\right\} \tag{2-17}$$

考虑到式（2-15）中标准基波余弦函数的采样值 $\cos(n2\pi/N)$ 在 $n=0$ 时其值为 1，同时考虑到对一个周期性函数 $i(n)$ 有 $i(0) = i(0)/2 + i(N)/2$ 的关系后，式（2-15）有时也可用下式求得：

$$I_{R1} = \frac{2}{N}\left[\frac{1}{2}i(0) + \sum_{n=1}^{N-1}i(n)\cos\left(n\frac{2\pi}{N}\right) + \frac{1}{2}i(N)\right] \tag{2-18}$$

同理，用全周傅氏算法也可以求得任意整数次谐波分量的幅值和相位。所以，在继电保护中根据保护的原理也经常用这种算法求得二次、三次、五次谐波分量的幅值。从上述原理推导中还可知，这种算法在求某个整数次谐波分量幅值时并不受其他各个整数次谐波分量的影响。也就是说这种算法有很强的滤波功能，其幅频特性为在所求的频率上输出的幅值最大，在其他整数次的谐波频率（包括直流）上幅值为零。

（4）基于傅氏算法的滤序算法。

A、B、C 坐标与 1、2、0 坐标有一个互换关系。众所周知，已知 A、B、C 相的相电压求正、负、零序电压的方法为：

$$\left.\begin{array}{l} \dot{U}_1 = \frac{1}{3}(\dot{U}_A + a\dot{U}_B + a^2\dot{U}_C) \\[3mm] \dot{U}_2 = \frac{1}{3}(\dot{U}_A + a^2\dot{U}_B + a\dot{U}_C) \\[3mm] \dot{U}_0 = \frac{1}{3}(\dot{U}_A + \dot{U}_B + \dot{U}_C) \end{array}\right\} \tag{2-19}$$

式中：a 为算子，$a^2 = e^{j240°} = -\frac{1}{2} - j\frac{\sqrt{3}}{2}$，$a^2 = e^{j240°} = -\frac{1}{2} - j\frac{\sqrt{3}}{2}$。

$\dot{U}_A$、$\dot{U}_B$、$\dot{U}_C$ 三相电压用复相量表达，即用各相电压的实部和虚部表达为：

$$\left.\begin{array}{l} \dot{U}_A = U_{CA} + jU_{SA} \\[2mm] \dot{U}_B = U_{CB} + jU_{SB} \\[2mm] \dot{U}_C = U_{CC} + jU_{SC} \end{array}\right\} \tag{2-20}$$

将式（2-20）以及算子表达式代入式（2-19）中的 $\dot{U}_1$ 式，即用各相电压的实部和虚部来表达正序电压为：

$$\begin{aligned} \dot{U}_1 &= \frac{1}{3}(\dot{U}_A + a\dot{U}_B + a^2\dot{U}_C) \\[2mm] &= \frac{1}{3}\left[(U_{CA} + jU_{SA}) + \left(-\frac{1}{2} + j\frac{\sqrt{3}}{2}\right)(U_{CB} + jU_{SB}) + \left(-\frac{1}{2} - j\frac{\sqrt{3}}{2}\right)(U_{CC} + jU_{SC})\right] \\[2mm] &= U_{C1} + jU_{S1} \end{aligned} \tag{2-21}$$

式中，U_{C1}、U_{S1} 分别为正序电压 $\dot{U}_1$ 的实部与虚部，它们为：

$$\left.\begin{array}{l} U_{C1} = \dfrac{1}{3}\left(U_{CA} - \dfrac{1}{2}U_{CB} - \dfrac{\sqrt{3}}{2}U_{SB} - \dfrac{1}{2}U_{CC} + \dfrac{\sqrt{3}}{2}U_{SC}\right) \\[3mm] U_{S1} = \dfrac{1}{3}\left(U_{SA} + \dfrac{\sqrt{3}}{2}U_{CB} - \dfrac{1}{2}U_{SB} - \dfrac{\sqrt{3}}{2}U_{CC} - \dfrac{1}{2}U_{SC}\right) \end{array}\right\} \qquad (2\text{-}22)$$

用全周傅氏算法求出各相电压的实部虚部后代入式（2-22），求出正序电压的实部和虚部。再根据式（2-21）求出正序电压的有效值和初相角为：

$$\left.\begin{array}{l} U_1 = \sqrt{U_{C1}^2 + U_{S1}^2}\big/\sqrt{2} \\[2mm] \alpha_1 = \arctan\left(U_{S1}/U_{C1}\right) \end{array}\right\} \qquad (2\text{-}23)$$

同理，负序电压的算式为：

$$\left.\begin{array}{l} \dot{U}_2 = U_{C2} + jU_{S2} \\[2mm] U_{C2} = \dfrac{1}{3}\left(U_{CA} - \dfrac{1}{2}U_{CB} + \dfrac{\sqrt{3}}{2}U_{SB} - \dfrac{1}{2}U_{CC} - \dfrac{\sqrt{3}}{2}U_{SC}\right) \\[3mm] U_{S2} = \dfrac{1}{3}\left(U_{SA} - \dfrac{\sqrt{3}}{2}U_{CB} - \dfrac{1}{2}U_{SB} + \dfrac{\sqrt{3}}{2}U_{CC} - \dfrac{1}{2}U_{SC}\right) \\[3mm] U_2 = \sqrt{U_{C2}^2 + U_{S2}^2}\big/\sqrt{2} \\[2mm] \alpha_2 = \arctan\left(U_{S2}/U_{C2}\right) \end{array}\right\} \qquad (2\text{-}24)$$

零序电压的算式为：

$$\left.\begin{array}{l} \dot{U}_0 = U_{C0} + jU_{S0} \\[2mm] U_{C0} = \dfrac{1}{3}\left(U_{CA} + U_{CB} + U_{CC}\right) \\[3mm] U_{S0} = \dfrac{1}{3}\left(U_{SA} + U_{SB} + U_{SC}\right) \\[3mm] U_0 = \sqrt{U_{C0}^2 + U_{S0}^2}\big/\sqrt{2} \\[2mm] \alpha_0 = \arctan\left(U_{S0}/U_{C0}\right) \end{array}\right\} \qquad (2\text{-}25)$$

这种算法由于用全周傅氏算法计算实部和虚部，所以滤波性能好。但数据窗为 N，数据窗较长。

（三）微机保护的电流与电压回路

1. 电流回路

电流二次回路如图 2-15 所示，一次电流流过电流互感器，在二次绕组产生电流并流入保护装置，形成保护用电流回路。

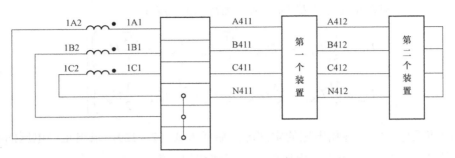

图 2-15　电流二次回路示意图

2. 电压回路

母线电压回路的星形接线采用单相二次额定电压 57V 的绕组，星形接线也叫作中性点接地电压接线。以变电站高压侧母线电压接线为例，如图 2-16 所示。

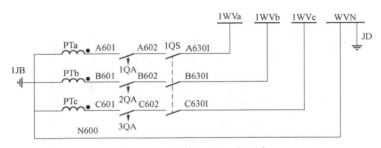

图 2-16　母线电压二次回路

（1）为了保证 TV 二次回路在末端发生短路时也能迅速将故障切除，采用了快速动作自动开关 1QA 替代保险。

（2）采用了 TV 刀闸辅助接点 1QS 来切换电压。当 TV 停用时 1QS 打开，自动断开电压回路，防止 TV 停用时由二次侧向一次侧反馈电压造成人身和设备事故。N600 不经过 1QA 和 1QS 切换，是为了 N600 有永久接地点，防止 TV 运行时因为 1QA 或者 1QS 接触不良，TV 二次侧失去接地点。

（3）1JB 是击穿保险，击穿保险实际上是一个放电间隙，正常时不放电，当加在其上的电压超过一定数值后，放电间隙被击穿而接地，起到保护接地的作用。这样万一中性点接地不良，高电压侵入二次回路也有保护接地点。

（4）因母线 TV 是接在同一母线上所有元件公用的，为了减少电缆联系，设计了电压小母线 1WVa、1WVb、1WVc、WVN（前面数值"1"代表 I 母 TV）。TV 的中性点接地 JD 选在主控制室小母线引入处。

（5）在 220kV 变电站，TV 二次电压回路并不是直接由刀闸辅助触点 QS 来切换，而是由 QS 去启动一个中间继电器，通过这个中间继电器的动合触点来同时切换三相电压。该中间继电器起重动作用，装设在主控制室的辅助继电器屏上。

（四）微机保护的操作回路

继电保护操作回路是二次回路的基本回路，110kV 操作回路构成该回路的基本结构，220kV 操作回路也是在该回路上发展而来。同时，保护的微机化也是将传统保护的电气量、开关量进行逻辑计算后交由操作回路，因此微机保护仅仅是将传统的操作回路小型化、板块化。下面讲解 110kV 操作回路（见图 2-17）。

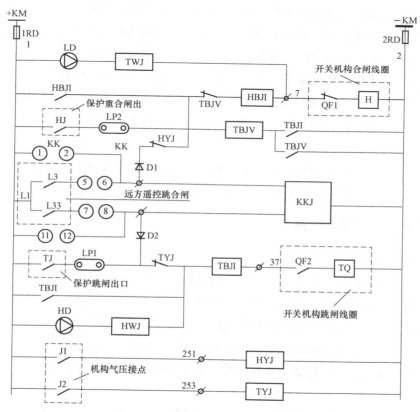

图 2-17　断路器二次操作回路图

LD—绿灯，表示分闸状态；HD—红灯，表示合闸状态；TWJ—跳闸位置继电器；HWJ—合闸位置继电器；
HBJI—合闸保持继电器，电流线圈启动；TBJI—跳闸保持继电器，电流线圈启动；TBJV—跳闸保持继电器，电压线圈保持；
KK—手动跳合闸把手开关；QF1—断路器辅助动合接点；QF2—断路器辅助动开接点

（1）当开关运行时，QF1 断开，QF2 闭合。HD、HWJ、TBJI 线圈、TQ 构成回路，HD 亮，HWJ 动作。但是由于各个线圈有较大阻值，使得 TQ 上分的电压不至于让其动作，保护跳闸出口时，TJ、TYJ、TBJI 线圈、TQ 直接连通，TQ 上分到较大电压而动作。同时，TBJI 接点动作自保持，TBJI 线圈一直将断路器断开才返回（即 QF2 断开）。

（2）合闸回路原理与跳闸回路相同。

（3）在合闸线圈上并联了 TBJV 线圈回路，这个回路是为了防止在跳闸过程中又有合闸命令而损坏机构。例如，合闸后合闸接点 HJ 或者 KK 的 5、8 粘连，开关在跳闸过程中 TBJI 闭合，HJ、TBJV 线圈、TBJI 连通，TBJV 动作时 TBJV 线圈自保持，相当于将合闸线圈短接了（同时 TBJV 动断接点断开，合闸线圈被隔离）。此回路叫作防跳回路，即防止开关跳跃的意思，简称防跳。

（4）KKJ 是合后继电器，通过 D1、D2 两个二极管的单相导通性能来保证只有手动合闸才能让其动作，手动跳闸才能让其复归。KKJ 是磁保持继电器，动作后不自动返回。KKJ 又称手合继电器，其接点可以用于"备自投""重合闸""不对应"等。

（5）HYJ 与 TYJ 是合闸和跳闸压力继电器，接入断路器机构的气压接点。在以 SF$_6$ 为灭弧绝缘介质的开关中，如果 SF$_6$ 气体有泄漏，则当气体压力降至危及灭弧时该接点 J1 和 J2 导通，将操作回路断开，禁止操作。这里应该意，当气压低闭锁电气操作时，不应该在现场用机械方式断开开关，气压低闭锁是因为气压已不能灭弧，此时任何将开关断开的方法性质是一样的，容易让灭弧室炸裂。正确的方法是先把该断路器的负荷去掉之后，再手动断开开关。

（6）位置继电器 HWJ、TWJ 的作用有两个：一是显示当前开关位置，二是监视跳、合线圈。例如，在运行时只有 TQ 完好，TWJ 才动作。

（五）微机保护的信号回路

1. 信号回路的分类

变电站中必须安装有完善可靠的信号装置，以供监控、运维人员经常监视站内各种电器设备和系统的运行状态。这些信号装置按其告警的性质一般可分为以下几种：

（1）事故信号：表示设备或系统发生故障，造成断路器事故跳闸的信号。

（2）预告信号：表示系统或一、二次设备偏离正常运行状态的信号。

（3）位置信号：表示断路器、隔离开关、变压器的有载调压开关等开关设备触头位置的信号。

（4）继电保护及自动装置的启动、动作、呼唤等信号。中央信号系统由事故信号与预告信号两部分组成。事故信号除了上面的灯光信号外，还必须要有音响信号，事故信号用电笛；预告信号分瞬时预告信号和延时预告信号，预告信号用电铃。音响信号要有自动复归重复动作的功能。

2. 事故信号解析

图 2-18 中 KK 开关的 1、3 和 19、17 是合后状态。

冲击继电器 1XMJ 在线圈 ZC 突然通过电流，或者电流突然变化时，ZC 动作；当电流稳定时，ZC 返回。

在不对应瞬间 ZC 线圈通过突变电流，ZC 启动 ZJ 线圈，ZJ 的一个接点自保持 ZJ 线圈（因为 ZC 马上就会返回，以备下一次启动），一个接点去启动电笛 DD，还有一个接点去启动时间继电器 1SJ。1SJ 开接点延时启动 1ZJ 线圈，1ZJ 闭接点断开让 ZJ 返回，停止电笛。

此回路的作用是：

（1）启动回路 ZC 与音响回路 ZJ 装置分开，以保证音响装置一经启动即与原来不对应回路无关，ZC 马上返回达到重复动作的目的。

（2）时间继电器 1SJ 很快能将音响信号解除（同时灯光信号保留），以免干扰处理事故。

2TA 是手动实验按钮，可以每天检查音响回路。YJA 是手动解除音响按钮。2TA、YJA 装设在中央信号控制屏上。1JJ 可以监视 XM 电压。

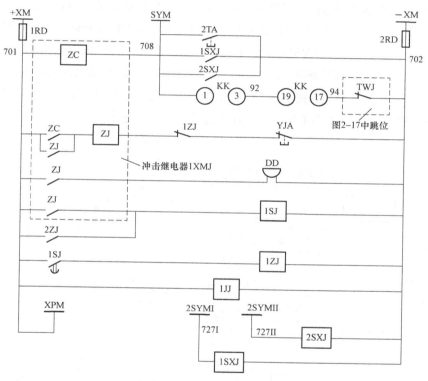

图 2-18 事故信号回路图

第三节 智能变电站继电保护装置

近年来，一次设备智能化、二次设备网络化已成为变电站发展的趋势。作为变电站二次系统重要组成部分的继电保护装置也发生了较大的变化，由数字化的继电保护和安全自动装置、合并单元、智能终端、交换机、光纤通道等二次回路等构成，采用 GOOSE、SV 通信技术，通过网络数据接口进行数据传输，实现信息采集、功能输出的全过程数字化、网络化、智能化的智能变电站继电保护系统应运而生。

一、互感器及合并单元

常规保护装置是通过电缆直接接入常规互感器的二次电流和电压，智能变电站保护装置是经通信接口接收合并单元（MU）送来的数字电流和电压。

（一）电子式互感器

电子式互感器是国际电工委员会（IEC）对各种新型的非常规或半常规、光电转换原理或电磁感应原理的电流互感器或电压互感器的统称。根据高压传感部分是否需要电源供电，电子式互感器可分为无源式和有源式两种。有源式包括采用罗戈夫斯基（Rogowski）线圈（简称罗氏线圈）或低功率线圈（LPCT）检测一次电流的电子式电流互感器（ECT），采用电容分压、电阻分压检测一次高电压的电子式电压互感器（EVT）等；无源式包括采用法拉第磁光效应测量的磁光玻璃、全光纤型的电子式电流互感器，根据普克尔斯电光效应、逆压电效应测量电压的电子式电压互感器等。电子式互感器原理框图和单相电子式互感器通用结构框图分别如图 2-19 和图 2-20 所示。

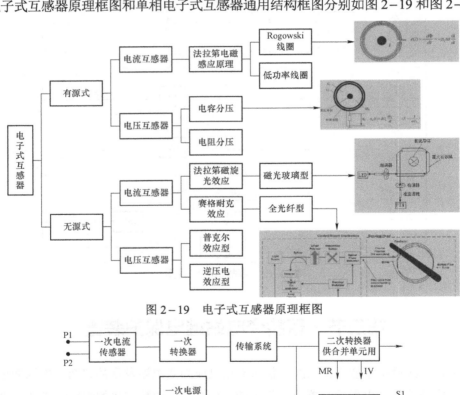

图 2-19　电子式互感器原理框图

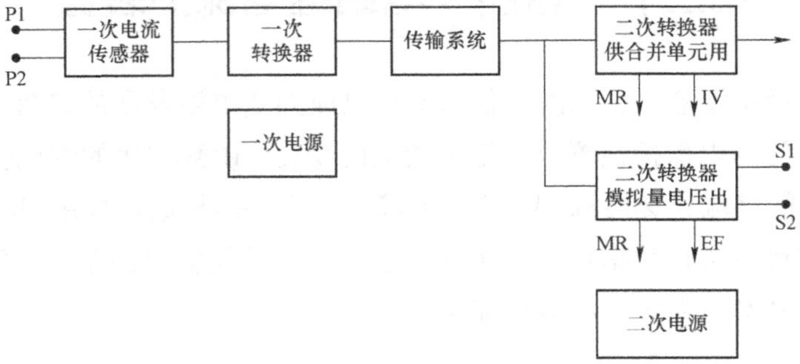

图 2-20　单相电子式互感器通用结构框图

与常规互感器相比，电子式互感器具有以下优点：

（1）不含铁芯的电子式互感器，消除了磁饱和、铁磁谐振等问题。

（2）动态范围大，测量精度高，频率响应范围宽，响应速度快。

（3）绝缘性能优良，绝缘结构简单，造价低，一般不采用油绝缘，避免了易燃、易爆问题。

（4）电子式电流互感器一次和二次之间只存在光纤联系，抗电磁干扰性能好，且不存在低压侧开路时产生的高电压风险。

（5）电子式互感器的输出数字接口可与智能电子设备直接连接，实现数据源的统一和信息共享。

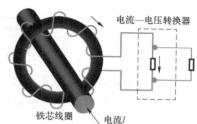

图 2－21　低功率线圈电流互感器结构示意图

（6）体积小、重量轻。

现在工程应用比较多的有罗氏线圈、低功率线圈、全光纤型的电子式电流互感器（ECT）和采用电容分压、电阻分压的电子式电压互感器。

1. 低功率线圈电流互感器（LPCT）

低功率线圈电流互感器（见图 2－21）实际上是一种具有低功率输出特性的电磁式电流互感器，因其输出一般直接提供给电子电路，所以二次负载比较小。其铁芯采用微晶合金等高导磁材料，不易饱和，在较小的铁芯截面下就能满足测量准确度的要求，但其抗干扰能力不强，一般用于计量和测量。

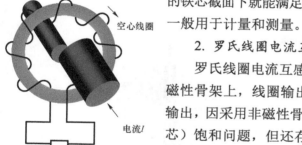

图 2－22　罗氏线圈电流互感器结构示意图

2. 罗氏线圈电流互感器

罗氏线圈电流互感器（见图 2－22）均匀缠绕在一个圆环形非磁性骨架上，线圈输出信号经积分后实现了与一次电流相同波形输出，因采用非磁性骨架，所以基本上不存在电磁式互感器的（铁芯）饱和问题，但还存在抗电子干扰能力不强、受环境因素影响大等问题，一般用于保护。

3. 全光纤型电流互感器

全光纤型电流互感器的结构如图 2－23 所示，其工作原理是：光源发出的连续光经耦合器到达起偏器后被转为线偏振光，以 45°角进入相位调制器，分解为两束正交的线偏振光。随后，两束受到调制的光进入光纤线圈，在电流产生的磁场作用下产生正比于载体电流的相位角，经反射镜反射后返回相位调制器，到达起偏器后发生干涉。干涉光信号经耦合器进入光电探测器，经解调后输出。当一次导体没有电流时，两束光相位差为 0，解调输出也为 0；当一次导体有电流流过时，两束光产生一个相位差，通过解调，可得到被测电流数值并输出。

全光纤型电流互感器无分离元件，结构简单，抗振动能力强，长期稳定性好，但也存在原理复杂、造价较高、测量小电流时输出波形白噪声较大等问题。

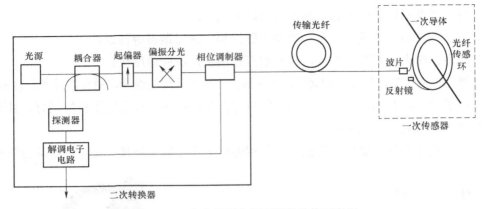

图 2-23　全光纤型电流互感器结构示意图

4. 磁光玻璃型电流互感器

磁光玻璃型电流互感器是根据法拉第磁光效应，将线偏振光的偏振面角度变化信息转变为光强变化信息，然后通过光电探测器将光信号转变为电信号进行放大处理，以反映最初的电流信息。

磁光玻璃型电流互感器原理简单，结构如图 2-24 所示，造价相对便宜，但存在系统由分离元件组成、结构复杂、抗振动能力差、长期运行稳定性较差等缺点。

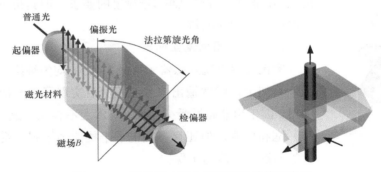

图 2-24　磁光玻璃型电流互感器结构示意图

5. 电阻、电容分压的电压互感器

电阻分压电压互感器（见图 2-25）工作原理为电阻分压原理，结构简单，不存在铁磁谐振、铁芯饱和等问题，短路开路都允许，可同时满足保护和测量需要。但由于大地及周围物体与分压器的电场产生相互影响，分压器存在对地杂散电容，使得分压器上各点的电流不同，电压分布不均，从而产生幅值和相角误差，因而一般只应用于较低电压等级。

电容分压电压互感器（见图 2-26）工作原理与传统 CVT 工作原理类似，通过电容串并联组合，对高电压进行分压。经过多年的发展和应用，技术较为成熟，但当温度变化较大时会影响电容分压器的分压比，影响测量精度，一般应用于高电压等级。

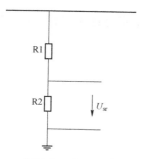

图 2-25　电阻分压电压互感器原理图

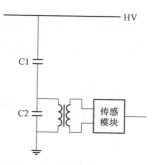

图 2-26　电容分压电压互感器原理图

6. 组合式电流电压互感器

组合式电流电压互感器分为有源电子式组合互感器和无源电子式组合互感器。有源电子式互感器又可分为封闭式气体绝缘组合电器（GIS）式和独立式，其中 GIS 式电子式互感器一般为电流电压组合式，其采集模块安装在 GIS 的接地外壳上，由于绝缘由 GIS 解决，远端采集模块在地电位上，可直接采用变电站 220V 直流电源供电。独立式电子式组合互感器的采集单元安装在绝缘磁柱上，因绝缘要求，采集单元的供电电源有激光、小电流互感器、分压器、光电池供电等多种方式，工程中一般采用激光供电，如图 2-27 所示。

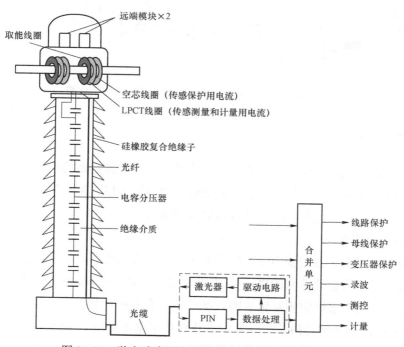

图 2-27　独立式有源电子式组合互感器结构示意图

无源式电子互感器传感头部分不需要复杂的供电装置，整个系统的线性度比较好。独立式无源电子式组合互感器（见图 2-28）采用全光纤电流互感器和电容分压器组合方式，利用光纤传输一次电流、电压的传感信号，至主控室或保护小室进行调制和解调，输出数字信号至 MU，供保护、测控、计量使用。

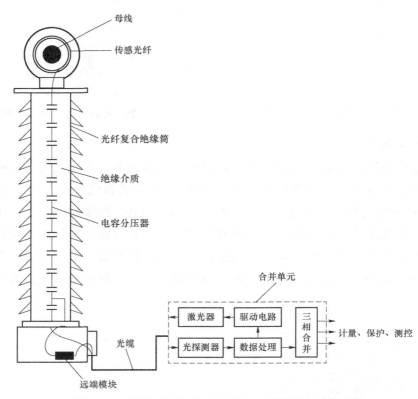

图 2-28　独立式无源电子式组合互感器结构示意图

（二）合并单元

合并单元（Merging Unit，MU）是一种用以对来自二次转换器的电流和电压数据进行时间相关组合的物理单元。合并单元属于智能变电站中的过程层，是实现电子式互感器或常规互感器与保护、测控及录波等二次设备接口的关键装置。

1. 合并单元的作用

（1）采用电子式互感器的变电站，合并单元对电子式互感器通过采集器输出的数字量及其他合并单元输出至该合并单元的电压/电流数字量进行合并处理，供继电保护、计量、故障录波及测控装置使用。采用常规互感器的智能变电站合并单元装置，一方面将常规互感器的输出进行 A/D 转化和光电转换，另一方面将其他数字输入的电压/电流量与转换后的电流电压信息进行合并处理，并以规范格式传输给继电保护、计量、故障录波及测控装置。

（2）合并单元具有规约转换功能，能够将电子式互感器的电流、电压采集器或其他合并单元送来的 FT3 通信规约数据转换成标准的 IEC 61850 规约，便于不同厂家的二次设备与其接口。

（3）合并单元具有电压切换及并列功能，根据一次设备的运行方式，灵活切换或并列二次电压。

（4）合并单元具有数据扩展作用，能够将一组电流或电压数据扩展成多组输出，以供给不同的二次设备使用。

（5）合并单元具有数据同步功能，能将不同相别、不同型号的电子互感器或其他合并单元输入的电流、电压数字量，利用采样延时的调整来进行同步，以保障二次设备采样的正确性。

（6）合并单元具有通道监测功能，能够对收信通道的设备及其运行状态和数据完好性进行监测并给出异常告警。

2. 合并单元的对外接口（见图2-29）

（1）合并单元与电子互感器连接，通常采用光纤串口传输数字量信号，协议视不同厂家而定，Q/GDW 1808—2012《智能变电站继电保护通用技术条件》中推荐使用 IEC 60044-8 标准中 FT3 帧格式的同步串行接口。输出模拟量小信号的电子式互感器（如 LPCT），使用特种屏蔽电缆及专用接口送给合并单元，但不推荐使用这种方式。

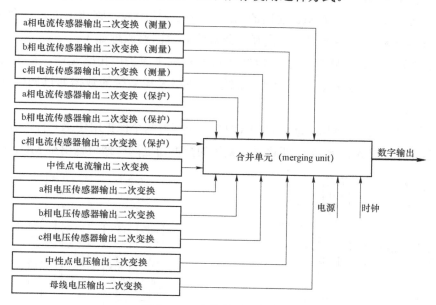

图2-29　合并单元对外接口

（2）合并单元与常规互感器连接，采用二次电缆接入，电流额定值为1A 或 5A，电压额定值为57.7V（相）或100V（线）。

（3）合并单元的数字量输出接口采用 Q/GDW 441—2010《智能变电站继电保护技术规范》规定的两种接口，一是支持通道可配置的扩展 IEC 60044-8 协议帧格式（简称 IEC 60044-8 扩展协议接口），二是 IEC 61850-9-2 标准接口。

（4）合并单元对时接口形式有三种，即 1PPS 或 1PPM 对时接口，IRIG-B 码同步对时接口，在 IEC 61850－9－2 组网网口上完成的 IEE 1588 协议对时功能。

3．安装位置

合并单元一般安装于户外一次设备附近的智能控制柜中，也可安装于控制室或保护室的保护屏柜中。

（三）继电保护对电子互感器的要求

（1）双重化配置的保护所采用的电子式电流互感器及合并单元应双重化配置。

（2）对 3/2 接线形式，其线路电压互感器应置于线路侧。

（3）母差保护、变压器差动保护、高压并联电抗器差动保护用电子式电流互感器的相关特性宜相同。

（4）配置母线电压合并单元。每个母线电压合并单元至少可接收 2 组电压互感器的数据，并支持向其他合并单元提供母线电压数据，根据需要提供电压并列功能。各间隔合并单元所需的母线电压量通过母线电压合并单元转发。

（5）电子式互感器内应由两路独立的采样回路进行采集，每路采样系统应采用双 A/D 系统接入合并单元（MU），每个 MU 输出的两路数字采样值由同一路通道进入一套保护装置，以满足保护双重化要求。各类型电子式互感器双路采集回路原理如下：

1）罗氏线圈电子式互感器。每套 ECT 内应配置两个保护用传感元件，每个传感元件由两路独立的采样系统进行采集（双 A/D 系统），两路采样系统的数据通过同一通道输出至MU，见图 2－30。

2）磁光玻璃电子式互感器。每套 OCT/OVT 内应配置两个保护用传感元件，由两路独立的采样系统进行采集（双 A/D 系统），两路采样系统的数据通过同一通道输出至 MU，见图 2－31。

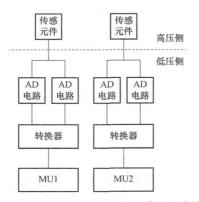

图 2－30 罗氏线圈电子式互感器示意图

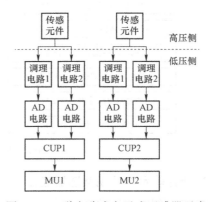

图 2－31 磁光玻璃电子式互感器示意图

3）全光纤电流互感器。每套 FOCT 内宜配置 4 个保护用传感元件，由 4 路独立的采样系统进行采集（单 A/D 系统），每两路采样系统的数据通过各自通道输出至同一 MU，见图 2－32。

4）每套 EVT 内应由两路独立的采样系统进行采集（双 A/D 系统），两路采样系统的数据通过同一通道输出数据至 MU，见图 2－33。

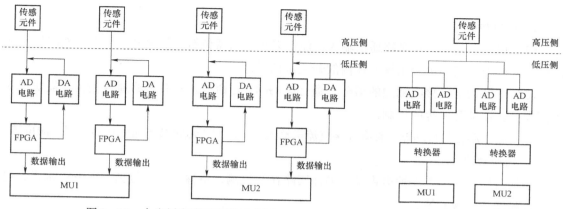

| 图2-32　全光纤电流互感器示意图 | 图2-33　电子式电压互感器示意图 |

5）每个MU对应一个传感元件（对应FOCT宜为两个传感元件），每个MU输出的两路数字采样值由同一通道进入对应的保护装置。

6）每套ECVT内应同时满足上述要求。

二、智能终端

智能终端装置是智能变电站所特有的智能装置，它是继电保护装置、测控装置、故障录波装置等二次设备实现对一次设备（如：开关、刀闸、变压器等）信息采集、控制、调节的关键设备，是联系一次设备与网络化的二次设备的桥梁和纽带。智能终端与一次设备采用电缆连接，与保护、测控等二次设备用光纤连接。

（一）断路器智能终端

智能变电站中，保护装置本体仅保留了交流采样及保护逻辑功能，相当于常规微机保护中的开入开出功能，将原操作箱功能放到智能终端。断路器智能终端按其配合的断路器操作方式不同分为单相操作型、三相操作型、单跳闸线圈型、双跳闸线圈型等。断路器智能终端一般安装于户外一次设备附近的智能控制柜中，也可安装于控制室或保护室的保护屏柜中。断路器智能终端与双重化配置的保护装置配合时，智能终端也应双重化配置。

典型的断路器智能终端功能配置如下：

1. 断路器操作功能

（1）接收保护的跳闸（不分相或分相、三跳）、重合闸等GOOSE命令。

（2）具备三跳硬接点输入接口。

（3）至少提供两组分相跳闸接点和一组合闸接点。

（4）具有跳合闸自保持功能。

（5）具有跳合闸压力监视与闭锁功能。

（6）具有控制回路断线监视功能。

（7）不设置防跳功能，防跳功能由断路器本体实现。

2．测控功能

（1）遥信功能。具有多路遥信输入，能够采集断路器位置、隔离开关位置、断路器本体信号（含压力低闭锁重合闸等）在内的开关量信号。

（2）遥控功能。接收测控的遥分、遥合等 GOOSE 命令，具有多路遥控输出，能实现对隔离开关、接地开关等的控制。

（3）温、湿度测量功能。具有 6 路直流量输入接口，用于测量装置所处环境的温、湿度等。

3．辅助功能

包括自检功能、直流掉电告警、硬件回路在线检测、事件记录（包括开入变位报告、自检报告和操作报告）等。

4．对时功能

可支持多种对时方式，如 IRIG－B 码同步对时、IEC 61588 对时等。

5．通信功能

具备 3～12 个过程层以太网接口，支持 GOOSE 通信和 IEC 61588 对时，每个 GOOSE 口有独立的 MAC 地址。

（二）变压器（电抗器）本体智能终端

变压器本体智能终端配置变压器本体测控功能，具备非电量保护功能等，电抗器智能终端的功能配置与变压器大致相同。典型变压器本体智能终端功能配置如下：

1．测控功能

（1）遥信功能。具有多路遥信输入，能够采集包括非电量信号、挡位以及中性点隔离开关位置在内的开关量信号。

（2）遥控功能。具有多路遥控输出，能实现变压器挡位调节和中性点开关的控制。

（3）温、湿度测量功能。具有 6 路直流量输入接口，用于测量主变压器油温以及装置所处环境的温、湿度等。

2．非电量保护功能

（1）装置设有多路非电量信号接口，均经大功率抗干扰继电器重动，可以实现变压器本体和调压设备的非电量保护。

（2）装置提供闭锁调压、启动风冷和启动充氮灭火的输出触点，可以与变压器保护装置配合使用。

3．辅助功能

包括自检功能、直流掉电告警、硬件回路在线检测、事件记录（包括开入变位报告、自检报告和操作报告）等。

4．对时功能

可支持多种对时方式，如 IRIG－B 码同步对时、IEC 61588 对时等。

5. 通信功能

具备 3～12 个过程层以太网接口，支持 GOOSE 通信和 IEC 61588 对时，每个 GOOSE 口有独立的 MAC 地址。

三、继电保护组网方式

作为智能化继电保护系统的载体，智能变电站采用 IEC 61850 标准，将变电站一、二次系统设备按功能分为三层，即过程层、间隔层和站控层。过程层设备包括一次设备及其所属的智能组件、独立智能电子装置，继电保护系统中的合并单元、智能终端是其重要组成部分。间隔层设备一般指保护装置、测控装置、状态监测 IED 等二次设备，主要功能是采集本间隔一次设备的信号，操作控制一次设备，将相关信息上送给站控层设备并接收站控层设备的命令，实现其使用一个间隔数据并作用于该间隔一次设备的功能。站控层设备包括监控主机、远动工作站、操作员工作站、对时系统等，实现面向全站设备的监视、控制、告警及信息交互功能。由此可见，保护装置的功能被拆分为间隔层和过程层两部分实现。

（一）智能变电站网络结构

智能变电站网络结构如图 2－34 所示。变电站网络在逻辑上由站控层网络、间隔层网络、过程层网络组成：站控层网络是间隔层设备和站控层设备之间的网络，实现站控层内部以及站控层与间隔层之间的数据传输；过程层网络是间隔层设备和过程层设备之间的网络，实现间隔层设备与过程层设备之间的数据传输。间隔层设备之间的通信，物理上可以映射到站控层网络，也可以映射到过程层网络，目前主要通过过程层网络实现间隔层设备之间的数据传输。

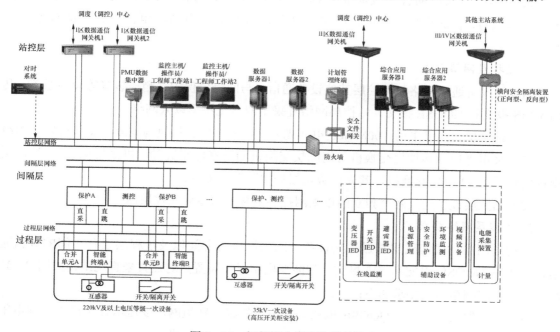

图 2－34　智能变电站网络结构图

站控层网络采用星型结构的 100Mbit/s 或 1000Mbit/s 的工业以太网，网络设备主要包括站控层中心交换机和站控层间隔交换机。站控层中心交换机连接数据通信网关机、监控主机、综合应用服务器、数据服务器等设备，站控层间隔交换机连接间隔内的保护、测控和其他智能电子设备。间隔层交换机与中心交换机通过光纤连成同一物理网络。站控层和间隔层之间的网络通信协议采用 MMS，所以也称为 MMS 网。

过程层网络包括 GOOSE 网和 SV 网。GOOSE 网用于间隔层和过程层设备之间的状态与控制数据交换，一般按电压等级配置，采用星形结构，采用 100Mbit/s 或更高通信速率的工业以太网；保护装置与本间隔的智能终端设备之间可以采用 GOOSE 点对点通信方式，也可以采用 GOOSE 组网通信方式。SV 网用于间隔层和过程层设备之间的采样值传输，一般按电压等级配置，采用 100Mbit/s 或更高通信速率的工业以太网；保护装置可以采用点对点方式接入 SV 数据，也可以采用组网方式接收数据。

（二）智能变电站组网方式

站控层网络结构应满足继电保护信息传送安全可靠的要求，宜采用双星形网络结构。继电保护设备与本间隔智能终端之间的通信应采用 GOOSE 点对点通信方式，继电保护之间的联闭锁信息、失灵启动等信息宜采用 GOOSE 网络传输。继电保护装置采样采用 SV 点对点方式，故障录波器、网络分析仪、测控装置等设备采用 SV 组网方式。电子式互感器、合并单元、保护装置、智能终端、过程层网络交换机等设备之间应采用光纤连接，正常运行时，应有实时监测设备状态及光纤连接状态的措施。

2010 年，国家电网公司发布企业标准 Q/GDW 441—2010《智能变电站继电保护技术规范》，经过不断的发展变革，国家电网公司对智能变电站继电保护组网的技术要求如下：

1. 站控层网络要求

站控层设备通过网络与站控层其他设备通信，与间隔层保护、测控装置等设备通信，传输 MMS 报文和 GOOSE 报文。站控层网络宜采用双重化星形以太网络。

（1）站控层交换机采用 100Mbit/s 电（光）口，站控层交换机与间隔层交换机之间的级联端口宜采用光口（站控层交换机与间隔层交换机同一室内布置时，可采用电口）。站控层交换机宜采用 24 电口交换机，其光口数量根据实际要求配置。

（2）站控层设备通过两个独立的以太网控制器接入双重化站控层网络。

2. 过程层网络要求

过程层网络完成间隔层与过程层设备、间隔层设备之间以及过程层设备之间的数据通信，可传输 GOOSE 报文和 SV 报文。智能变电站保护装置点对点直采直跳结构如图 2−35 所示，过程层网络组网要求如下：

（1）过程层 SV 网络、GOOSE 网络宜按电压等级分别组网。变压器保护接入不同电压等级过程层 GOOSE 网络时，应采用相互独立的数据接口控制器。

（2）330kV 及以上电压等级取消合并单元，因此 330kV 及以上电压等级只配置 GOOSE 网络，网络宜采用星形双网结构。220kV 电压等级 GOOSE 网及 SV 网共网设置，网络宜采用星形双网结构。

（3）66（35）kV 不宜设置 GOOSE 和 SV 网络，GOOSE 报文和 SV 报文采用点对点方式传输。

（4）双重化配置的保护装置应分别接入各自 GOOSE 和 SV 网络，单套配置的测控装置宜通过独立的数据接口控制器接入双重化网络，对于 220kV 及以下电压等级相量测量装置、电能表等仅需接入过程层单网。

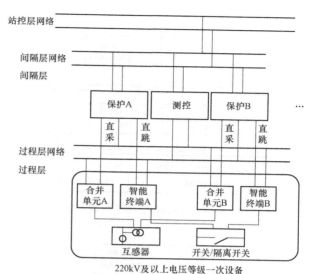

图 2-35　保护装置直采直跳方式组网示意图

（5）过程层交换机与智能设备之间的连接及交换机的级联端口均宜采用 100Mbit/s 光口，级联端口可根据情况采用 1000Mbit/s 光口。

（6）对于采样值网络，每个交换机端口与装置之间的流量不宜大于 40Mbit/s，即对于相量测量装置、故障录波、网络记录分析仪等通过 SV 网络接收 SV 报文信息时，每个端口所接的合并单元数量不宜超过 5 台。

3. 光纤（光缆）的要求

智能变电站内除纵联保护通道外，应采用多模光纤，采用无金属、阻燃、加强芯光缆或铠装光缆。双重化的两套保护应采用两根独立的光缆。光缆应预留 20% 的备用芯，最少 2 芯。光缆不应与动力电缆同沟（槽/层）敷设，宜单独穿管敷设。

除了上述组网方式外，技术上还有 GOOSE 点对点、SV 组网方式、GOOSE 组网、SV 点对点方式、GOOSE 和 SV 均组网方式等。几种组网方式在经济性、可靠性等方面各有优劣，在这里不做探讨，简述如下：

（1）GOOSE 点对点、SV 组网方式。即继电保护装置与智能终端的连接采用光纤点对点方式实现 GOOSE 报文传输；继电保护装置与合并单元之间采用交换机组网方式，并按电压等级组网，如图 2-36 所示。

（2）GOOSE 组网、SV 点对点方式。即继电保护装置与智能终端的连接采用组网方式，并按电压等级组网；继电保护装置与合并单元之间采用点对点方式，完成保护装置从合并单元提取 SV 采样信号的工作，如图 2-37 所示。

（3）GOOSE、SV 均组网方式。即继电保护装置与智能终端、合并单元的连接采用交换机组网方式，并按电压等级分别组网。根据组网策略不同，可分为 GOOSE、SV 独立组网和 GOOSE、SV 共网的组网方式，如图 2-38 和图 2-39 所示。

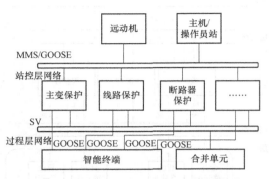

图 2-36 GOOSE 点对点、SV 组网方式

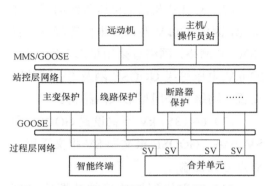

图 2-37 GOOSE 组网、SV 点对点方式

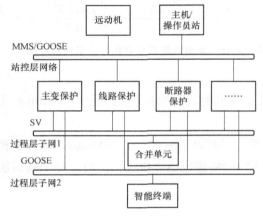

图 2-38 GOOSE、SV 分别组网方式

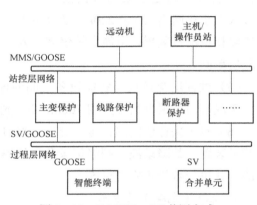

图 2-39 GOOSE、SV 共网方式

（三）IEC 61850 继电保护应用建模

IEC 61850 与传统变电站通信标准的区别主要在于应用对象建模。IEC 61850 以服务器（Server）、逻辑设备（Logic Device）、逻辑节点类型（Logic Node Type）、数据对象类型（Data Object Type）、数据属性类型（Data Attribute Type）为基础建立起单个装置和整座变电站的数据模型，并使用变电站配置描述语言（SCL）对其进行描述。

智能变电站在进行系统配置的过程中，需要用到以下四种文件，分别是 IED 能力描述文件（ICD）、IED 实例配置文件（CID）、系统规格文件（SSD）、全站系统配置文件（SCD）。

ICD 文件应包含模型自描述信息，如制造商（manufacturer）、型号（type）、配置版本（config version）等信息。

CID 文件由设备制造商根据 SCD 文件中 IED 的相关配置生成，描述了 IED 的实例配置和通信参数。

SSD 文件描述了变电站一次系统结构以及相关的逻辑节点，最终包含在 SCD 文件中。

SCD 文件作为全站配置文件，描述了所有 IED 设备的实例配置和通信参数、IED 之间的通信配置以及变电站一次系统结构。由设计院设计，由集成商完成。SCD 文件应包含版本修改信息，明确描述修改时间、修改版本号等内容。

智能变电站在进行系统配置时，首先由设计单元根据一次系统设计，生成 SSD 文件，然后由设备制造商根据二次系统设计，提供相应 IED 装置的 ICD 模型文件；设计单位结合 ICD 模型文件给出虚端子配置回路图，集成商根据二次系统虚端子回路图生成全站配置文件 SCD 文件，然后由各 IED 制造商根据 SCD 文件分别导出对应 IED 装置的 CID 文件，并将 CID 文件配置到相应的 IED 装置内，实现全站二次设备系统及回路的配置。智能变电站工程配置流程如图 2-40 所示。

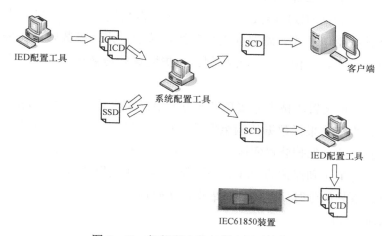

图 2-40　智能变电站工程配置流程图

四、继电保护数据采集与处理判断

按 IEC 61850 构建的智能变电站自动化系统，其中的保护装置功能被拆分成间隔层和过程层实现。仅包含间隔层保护逻辑功能，不含过程层数据采集和命令执行输出功能的保护装置被称为数字化保护。数字化保护与传统微机保护相比，在保护原理、软件算法、核心硬件方面基本相同，但在模拟量采集、开关量采集、对外通信接口等方面有了全新的实现方式。

（一）模拟量采集

与常规保护装置相比，智能变电站保护系统增加了合并单元（MU），合并单元可将电子式互感器通过采集器输出的数字量及其他合并单元输出至该合并单元电压/电流数字量进行合并处理，供继电保护、计量、故障录波及测控装置使用，也可将常规互感器输出的模拟量进行采集、处理，并以数字量的方式输出供保护装置使用。

传统保护装置的中央处理器 CPU（或 DSP）与模数转换器（ADC）设计在同一装置中。

CPU 的输入/输出口可以直接控制 ADC，启动模数转换并将转换结果直接转至 CPU 内存中，ADC 提供的是持续的模拟量信号，CPU 在任何时候启动 ADC 时都有输入信号存在供其采集。在采集数据的过程中，CPU 是主动的，根据程序的设定定时进行模拟量采集，控制方向是从CPU 至外部设备。CPU 按固定的时间间隔（采样周期 T_s）去采集数据，然后按照保护原理与逻辑功能进行计算，按计算判断结果决定是否发出跳闸命令。

作为数字化保护，采样传输机制有较大的变化，较为常用的采样技术是数据源主动传送机制。

1. 数据源主动传送机制

数字化保护装置中只包含 CPU，不包含 ADC，保护装置获取数据通过通信接口传送。该通信接口与合并单元（MU）连接，从合并单元获得数据，而合并单元也可能不包含数据转换功能，其数据由电子式互感器的采集转换器传送过来，模数转换在采集器内完成。其转换启动指令及采集频率由合并单元控制。保护装置只是被动接受合并单元发来的采样数据。

在目前数字化保护装置的技术方案和设计方案中，保护采用点对点直接采样技术，合并单元通过通信接口直接将采样数据传输至保护装置的 CPU。采样通道按采样频率发送数据帧，合并单元每发一帧，保护装置便接收一帧。在此过程中，保护装置 CPU 是被动的，数据的控制方向由合并单元到保护的 CPU，采样数据的传送过程是由数据源驱动的。点对点的传输方式不会增加额外的延时，整体延时最小，实时性最好。

2. 插值算法的应用

智能变电站的模拟量采集系统由传统的集中式采样变为分布式采样，需要使用插值算法对来自不同装置的采样值进行同步处理。跨间隔采样系统中，基于 FT3、IEC 61850-9-2 规约传输的采样值可以借助插值算法实现数据同步。

利用软件插值算法来实现分散采样装置之间的数据同步在电子式互感器中得到了广泛应用，最典型的就是合并单元对来自不同相别的互感器采集单元的采样数据进行同步处理。该模式也可以进一步引申到不同间隔合并单元之间的采样数据同步，即在母线保护、变压器保护、故障录波器、备自投等需要多间隔数据参与运算的二次设备中应用。

当合并单元采用 IEC 60044-8 规定的 FT3 规约传输采样值数据时，可利用 FT3 传输稳定、协议栈简单的优势，借助现场可编程逻辑阵列器件（FPGA）的快速性、并行性特点，实现报文发送的等间隔特性（报文发送间隔抖动时间可控制在 100ns 以下）。利用频率跟踪算法，在接收端通过跟踪 FT3 报文接收时刻、读取额定延迟时间来推知源端数据的采样时刻（非同步点），从而可利用非同步点的数据来插值得到同步点的数据，来自不同间隔的非同步的采样数据便可在接收端同步到同一时刻。同步点一般为全站统一时钟。同步过程如图 2-41 所示，图中竖虚线即为同步时刻。

当采用 IEC 61850-9-2 规约传输数据时，分为两种情况：① 保护采用点对点方式采集，此时采样值通信链路不通过交换机，延时较为稳定，合并单元报文发送间隔抖动时间小于

10μs。同时采样值报文中传输采样延时，保护
装置接收采样值后，可以实现 IEC 61850-9-2
采样数据之间的插值同步。② 采用组网模式
接收采样时，保护装置和合并单元之间的数据
传输通过交换机，传输延时不固定，即使接收
方可以获得数据到达的准确时间，也无法准确

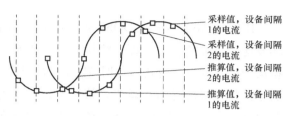

图 2-41　插值法数据同步示意图

计算出数据的采样时刻。所以，在这种数据传输方式下，采样数据的同步不能在接收方保护
装置中完成，而是在合并单元中完成。

3. 数据采样异常的判断及处理

保护装置应处理 MU 上送的数据品质位（无效、检修等），及时准确地提供告警信息。
在异常状态下，针对 MU 的信息合理地进行保护功能的退出和保留，瞬时闭锁可能误动的保
护，延时告警，并在数据恢复正常之后尽快恢复被闭锁的保护功能，不闭锁与该异常采样数
据无关的保护功能。具体如下：

（1）保护电压采样无效，闭锁与电压相关的保护（如距离保护），退出方向元件（如零
序过流自动退出方向），自动投入 TV 断线过流等。

（2）同期电压采样无效不闭锁保护，当重合闸检定方式与同期电压无关时（如不检重
合），不报同期电压数据无效。当同期电压数据无效时，闭锁与同期电压相关的重合检定方
式（如检同期），即处理方式等同于同期 TV 断线。

（3）保护电流采样无效，闭锁保护（差动、距离、零序过流、TV 断线过流、过负荷）。
保护装置应能自动补偿合并单元的采样响应延迟，当响应延时发生变化时应闭锁同时采集多
套合并单元且有采样同步要求的保护。

（二）开关量采集

智能变电站开关量信息的采集采用 IEC 61850 的 GOOSE 报文传输机制。GOOSE 报
文以以太网通信为基础，为变电站 IED 装置间开关量信息传输提供了可靠且快速的方法，
同时以网络信息传输代替了传统保护之间的硬接线通信方式，简化了变电站的二次回路
接线。

1. GOOSE 报文传输的数据内容

（1）保护装置的跳、合闸命令；

（2）测控装置的遥控命令；

（3）保护装置间的信息（启动失灵、闭锁重合闸、远跳等）；

（4）一次设备的遥信信号（断路器、隔离开关位置信息，压力闭锁信息）；

（5）间隔层的联闭锁信息；

（6）过程层设备的自检及告警信息；

（7）GOOSE 报文的传输机制。

IEC 61850 定义的 GOOSE 报文，在稳态情况下，GOOSE 服务器稳定地以 T_0 时间间隔循环发送 GOOSE 报文，即心跳报文。当装置中有事件发生（例如保护跳闸）时，GOOSE 数据集中的数据发生变化，此时 T_0 时间间隔将被缩短；在变化事件发送完成一次后，GOOSE 服务器将以最短时间间隔 T_1，快速重传两次变化报文；在 3 次快速传输完成后，GOOSE 服务器将以 T_2、T_3 时间间隔各传输一次变位报文；最后，GOOSE 服务器又将进入稳态传输过程，以 T_0 时间间隔循环发送 GOOSE 报文，如图 2-42 所示。

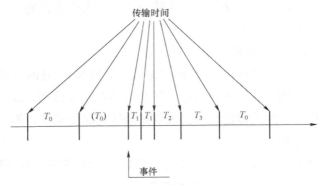

图 2-42　GOOSE 报文传输时间示意图

T_0—稳态状态下报文重发时间间隔；(T_0)—由于事件发生导致 T_0 变短的时间间隔；
T_1—事件发生后最短的重发时间间隔；T_2、T_3—重发直到再次回到稳定状态时间间隔

在工程中，T_1 一般设置为 2ms，心跳报文间隔时间 T_0 一般设置为 5s，即以 0ms—2ms—2ms—4ms—8ms 的时间间隔重发 GOOSE 报文，连续发 5 帧后恢复为 5s 的时间间隔，变成心跳报文。

2. GOOSE 报文的告警机制

（1）GOOSE 通信中断应发送告警信号。在接收报文的允许生存时间的 2 倍时间内没有收到下一帧 GOOSE 报文时判断为中断。双网通信时必须分别设置双网的网络断链告警。

（2）GOOSE 通信时对接收报文的配置不一致信息须上送告警信号。

3. GOOSE 报文的检修处理机制

（1）当装置检修压板投入时，装置发送的 GOOSE 报文中的 test 应为 TRUE。

（2）GOOSE 接收端装置应将接收的 GOOSE 报文中的 test 位与装置自身的检修压板状态进行比较，只有两者一致时才能将信号作为有效进行处理或动作，不一致时保持之前的状态。

（3）当发送方 GOOSE 报文中 test 置位时发生 GOOSE 中断，接收装置应报具体的 GOOSE 中断告警，不应报"装置告警（异常）"信号。

五、继电保护动作执行与信息

与传统保护相比，智能变电站继电保护装置逻辑变化不大，出口执行环节由操作箱变为智能终端执行跳、合闸命令。智能终端的出现使断路器的操作回路、出口继电器被数字化、

智能化，除输出、输入接点外，操作功能均通过软件逻辑实现，操作回路接线较常规变电站大为简化。同时，智能终端改变了保护装置跳、合闸出口方式，常规保护装置通过电路板上的出口继电器经电缆直接连到断路器的操作回路实现跳、合闸，智能化的保护装置则通过GOOSE 网光纤接口采用点对点的方式或组网方式接到智能终端，由智能终端实现跳合闸功能。保护装置与智能终端之间的启动信号、闭锁信号也由常规的硬接点、电缆接线转变为光纤、以太网接线。作为一次设备智能化的重要组件，智能终端集成一次设备的相关信息，以GOOSE 报文的格式通过组网方式上送到间隔层的相关设备，实现变电站一次设备信息的采集上送。同时，变电站运维人员执行的遥控功能也由智能终端实现。简而言之，智能终端相当于常规变电站的操作箱与测控装置开关量采集模块的集成。

（一）智能终端信息传输与执行

1. 智能终端数据传输与执行

前文阐述过智能终端采用 GOOSE 报文的方式传输跳合闸、联闭锁、位置、告警等信息，下面具体说明智能终端与间隔层、过程层设备之间数据的传输与执行。

（1）智能终端与间隔保护装置采用点对点方式通过光纤连接，实现保护跳、合闸功能，同时上送断路器位置与闭锁重合闸信息。

（2）智能终端与母差保护装置采用点对点方式通过光纤连接，实现保护跳闸功能，同时上送隔离开关位置信息。

（3）智能终端与合并单元通过组网方式向合并单元上送隔离开关位置，实现合并单元的电压切换功能，同时将合并单元失电告警通过硬接点方式接入智能终端，通过智能终端组网上送。

（4）智能终端与测控装置间通过组网方式连接，上送一次设备位置信息、智能终端自检信息、逻辑信息，执行测控装置关于断路器、隔离开关的遥控命令、信号复归命令等遥控操作。双重化配置的智能终端一般第一套通过 GOOSE 网 A 网接入本间隔测控装置，第二套通过 GOOSE 网 B 网接入公共测控装置，也可以通过不同接口装置接入同一套测控装置内。其中，对一次设备的遥控命令及一次设备的位置信息通过第一套智能终端上送，第二套智能终端仅上送本装置及第二套合并单元的告警信息。

（5）故障录波器、网络分析仪通过组网方式采集智能终端上送的位置信息和逻辑信息。

2. 变压器本体智能终端

变压器（电抗器）本体智能终端包含一次设备完整的本体信息交互功能。其采集上送的信息包括分接头位置、非电量保护的动作信号、告警信号等；接收与执行命令信息包括调节分接头位置、闭锁调压、启动风冷开关、启动充氮灭火等。早期本体智能终端和非电量智能终端可单独配置，分别执行本体信号上送、分接头调节和瓦斯保护功能，最新技术规范要求本体智能终端集成非电量保护功能，即通过本体智能终端实现非电量

（瓦斯）保护跳闸功能，其通过电缆直接与断路器连接跳闸，不经任何处理器转发，确保跳闸的可靠性。

（二）智能终端告警分析

智能终端常见告警信息有装置告警、GOOSE 告警、GOOSE 断链等，其中装置告警信息一般是装置自检出硬件及回路功能出现问题，影响装置正常运行；GOOSE 断链告警是指智能终端接收保护、测控、合并单元等装置 GOOSE 报文的回路出现异常，导致心跳报文或正常变位报文无法正常传输。GOOSE 断链报警机制为收端报警，此告警出现的原因可能是发送端装置输出异常、GOOSE 链路异常或衰耗过大、接收装置端口损坏等，需具体分析。

（三）继电保护系统动作过程与信息传送

间隔保护装置动作后，首先，点对点向本间隔智能终端发送保护 GOOSE 跳闸命令，智能终端收到保护装置跳闸命令后出口跳断路器跳闸线圈；其次，间隔保护将保护动作后的启动失灵信息经 GOOSE 网传送给母差失灵保护，母差失灵保护收到后启动失灵逻辑，若断路器未正确跳闸，则母差失灵保护动作跳母线所有断路器。

母线失灵保护装置动作后，首先，点对点向各间隔智能终端发送保护 GOOSE 跳闸命令，智能终端收到保护装置跳闸命令后出口跳断路器跳闸线圈；其次，母差保护将动作后的闭锁重合闸、其他保护动作等信息经 GOOSE 网传送给间隔保护，闭锁重合闸并启动间隔保护远传或远跳功能（闭锁重合闸信息也可通过智能终端上送给间隔保护，实现闭锁重合闸功能）。

保护装置动作后，保护跳闸、开关变位、重合闸出口等信息通过 GOOSE 网传输给故障录波器。录波器记录上述开关量变位信息，并启动录波。

继电保护系统同时将动作及变位信息、告警信息通过 GOOSE 网传输给网络分析仪，由网络分析仪记录继电保护装置、合并单元、智能终端等装置的动作、变位、告警信息。

（四）现场异常处理原则及安措要求

1. 异常处理原则

智能变电站保护装置、安全自动装置、合并单元、智能终端、交换机等智能设备故障或异常时，运维人员应及时检查现场情况，判断影响范围，根据现场需要采取变更运行方式、停役相关一次设备、投退相关继电保护等措施。

（1）合并单元、采集单元一般不单独投退，根据影响程度确定相应保护装置的投退。

1）双重化配置的合并单元、采集单元单台校验、消缺时，可不停役相关一次设备，但应退出对应的线路保护、母线保护等接入该合并单元采样值信息的保护装置。单套配置的合并单元、采集单元校验、消缺时，需停役相关一次设备。

2）一次设备停役，合并单元、采集单元校验、消缺时，应退出对应的线路保护、母线保护等相关装置内该间隔的软压板（如母线保护内该间隔投入软压板、SV 软压板等）。

3）母线合并单元、采集单元校验、消缺时，按母线电压异常处理。

（2）智能终端可单独投退，可根据影响程度确定相应保护装置的投退。双重化配置的智能终端单台校验、消缺时，可不停役相关一次设备，但应退出该智能终端的出口压板，退出重合闸功能，同时根据需要退出受影响的相关保护装置。单套配置的智能终端校验、消缺时，需停役相关一次设备，同时根据需要退出受影响的相关保护装置。

（3）网络交换机一般不单独投退，可根据影响程度确定相应保护装置的投退。

（4）双重化配置的二次设备中，单一装置出现异常情况时，可参照以下方法进行现场应急处置：保护装置异常时，投入装置检修压板，重启装置一次；智能终端异常时，退出出口硬压板，投入装置检修压板，重启装置一次；间隔合并单元异常时，相关保护退出（改信号）后，投入合并单元检修压板，重启装置一次；网络交换机异常时，现场重启一次。上述装置重启后，若异常消失，将装置恢复到正常运行状态；若异常未消失，应保持该装置重启时状态，并申请停役相关二次设备，必要时申请停役一次设备。

2. 装置检修压板操作原则

（1）操作保护装置检修压板前，应确认保护装置处于信号状态，且相关的运行保护装置（如母差保护、安全自动装置等）二次回路的软压板（如失灵启动软压板等）已退出。

（2）在一次设备停役时，操作间隔合并单元检修压板前，需确认相关保护装置的 SV 软压板已退出，特别是仍继续运行的保护装置。在一次设备不停役时，应在相关保护装置处于信号或停用后，方可投入该合并单元检修压板。对于母线合并单元，在一次设备不停役时，应先申请停用相关保护装置，待受影响保护停用后，方可投入该合并单元的检修压板。

（3）在一次设备停役时，操作智能终端检修压板前，应确认相关线路保护装置的"边（中）断路器置检修"软压板已投入（若有）。在一次设备不停役时，应先确认该智能终端出口硬压板已退出，并根据需要退出保护重合闸功能、投入母线保护对应隔离开关强制软压板后，方可投入该智能终端检修压板。

（4）操作保护装置、合并单元、智能终端等装置的检修压板后，应查看装置指示灯、人机界面变位报文或开入变位等情况，同时核查相关运行装置是否出现非预期信号，确认正常后方可执行后续操作。

六、智能变电站保护技术实施方案

（一）3/2 接线方式继电保护实施方案

1. 线路保护技术方案

每回线路配置 2 套包含有完整的主、后备保护功能的线路保护装置，线路保护中宜包含过电压保护和远跳就地判别功能。

线路间隔合并单元、智能终端均按双重化配置，配置方式如下：

（1）按照断路器配置电流合并单元采用点对点方式接入各自对应的保护装置。

（2）线路间隔配置的电压互感器对应双重化的线路电压合并单元，线路电压合并单元单独接入线路保护装置。

（3）线路间隔内线路保护装置与合并单元之间采用点对点采样值传输方式，每套线路保护装置应能同时接入线路保护电压合并单元、边断路器电流合并单元、中断路器电流合并单元的输出，即至少具有三组合并单元输入接口。

（4）智能终端双重化配置分别对应两个跳闸线圈，具有分相跳闸功能，其合闸命令输出并接至合闸线圈。

（5）线路间隔内，线路保护装置与智能终端之间采用点对点直接跳闸方式，由于 3/2 接线的每个线路保护对应两个断路器，因此每套保护装置应至少具备两路 GOOSE 直跳输出接口，分别对应两个断路器的智能终端。

（6）线路保护启动断路器失灵与重合闸采用 GOOSE 组网方式传输。合并单元提供给测控装置、故障录波器等设备的采样数据采用 SV 组网方式传输，SV 采样值网络与 GOOSE 网应完全独立。

3/2 接线方式单套线路保护技术实施方案如图 2−43 所示。

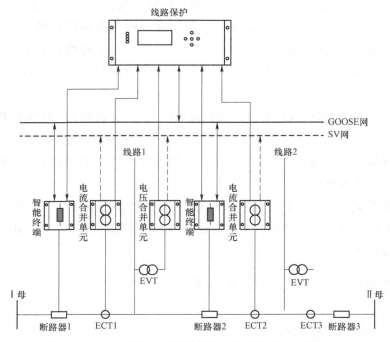

图 2−43　3/2 接线方式线路保护（单套）技术实施方案

2. 变压器保护技术方案

每台主变压器配置 2 套含有完整主、后备保护功能的变压器电量保护装置。非电量保护就地布置，采用直接电缆跳闸方式，动作信息通过本体智能终端上传 GOOSE 网，用于测控及故障录波。

（1）按照断路器配置的电流合并单元按照点对点方式接入对应的保护装置，3/2 接线侧的电流由两个电流合并单元分别接入保护装置。

（2）3/2 接线侧配置的电压传感器对应双重化的主变压器电压合并单元，主变压器电压合并单元单独接入保护装置。

（3）双母线接线侧的电压和电流按照双母线接线方式继电保护实施方案考虑。

（4）单母线接线侧的电压和电流合并接入合并单元，点对点接入保护装置。

（5）主变压器保护装置与主变压器各侧智能终端之间采用点对点直接跳闸方式。

（6）断路器失灵启动、解复压闭锁、启动变压器保护联跳各侧及变压器保护跳母联（分段）信号采用 GOOSE 网络传输方式。

3/2 接线方式单套变压器保护技术实施方案如图 2-44 所示。

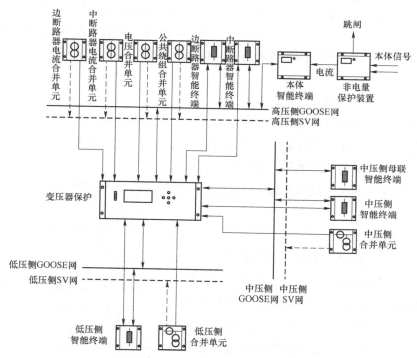

图 2-44　3/2 接线方式变压器保护（单套）技术实施方案

3. 母线保护技术方案

每条母线配置两套母线保护。母线保护采用直接采样、直接跳闸方式，当接入元件数较多时，可采用分布式母线保护形式。分布式母线保护由主单元和若干个子单元组成，主单元

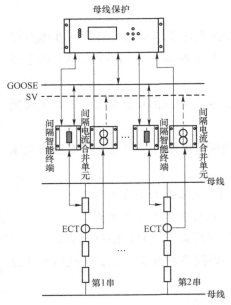

图 2-45　3/2 接线方式母线保护
（单套）技术实施方案

实现保护功能，子单元执行采样、跳闸功能。边断路器失灵经 GOOSE 网络传输启动母差失灵功能。

3/2 接线方式单套集中式母线保护装置技术实施方案如图 2-45 所示。

（二）双母线接线方式继电保护实施方案

1. 线路保护实施方案

（1）每回线路应配置 2 套包含有完整主、后备保护功能的线路保护装置。合并单元、智能终端均应采用双套配置，保护采用安装在线路上的 ECVT 获得电流和电压。用于检同期的母线电压由母线合并单元点对点通过间隔合并单元转接给各间隔保护装置。

（2）线路间隔内应采用保护装置与智能终端之间的点对点直接跳闸方式，保护应直接采样。

（3）跨间隔信息（启动母差失灵功能和母差保护动作远跳功能等）采用 GOOSE 网络传输方式。双母线接线方式单套线路保护技术实施方案如图 2-46 所示。

2. 变压器保护实施方案

保护按双重化进行配置，包含各侧合并单元、智能终端均应采用双套配置。非电量保护应就地直接电缆跳闸，有关非电量保护时延均在就地实现，现场配置变压器本体智能终端上传非电量动作报文和调档及接地开关控制信息。双母线接线方式单套变压器保护技术实施方案如图 2-47 所示。

3. 母线保护实施方案

母线保护按双重化进行配置。各间隔合并单元、智能终端均采用双重化配置。采用分布式母线保护方案时，各间隔合并单元、智能终端以点对点方式接入对应子单元。母线保护与其他保护之间的联闭锁信号（失灵启动、母联（分段）断路器过流保护启动失灵、主变压器保护动作解除电压闭锁等）采用 GOOSE 网络传输。分布式母线保护技术实施方案如图 2-48 所示。

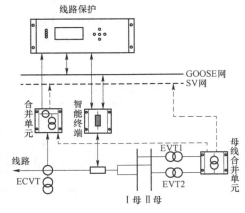

图 2-46　双母线接线方式线路保护
（单套）技术实施方案

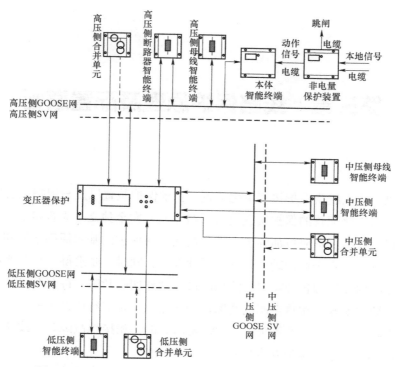

图 2-47　双母线接线方式变压器保护（单套）技术实施方案

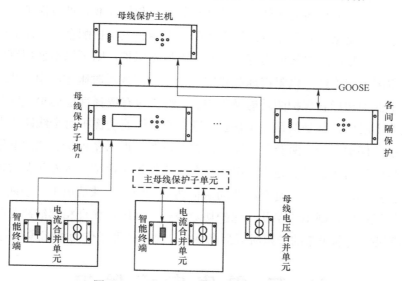

图 2-48　分布式母线保护技术实施方案

第三章　线路保护原理及配置原则

220kV 及以上输电线路保护按双重化配置，要求保护装置以及与保护配合回路（包括通道）均双重化，双重化配置的保护装置及其回路之间应完全独立，无直接的电气联系。

220kV 及以上线路保护应按加强主保护、简化后备保护的基本原则配置和整定。

（1）加强主保护是指全线速动保护的双重化配置，同时，要求每一套全线速动保护的功能完整，对全线路内发生的各种类型故障均能快速动作切除故障。每套全线速动保护应具有选相功能，对于要求实现单相重合闸的线路，当线路在正常运行中发生非高阻（220kV 线路不大于 100Ω 电阻，500kV 线路不大于 300Ω 电阻）的单相接地故障时，线路主保护应能正确选相跳闸，两套全线速动保护互为后备。

（2）简化后备保护是指主保护双重化配置，同时，每一套全线速动保护的功能完整，两套全线速动保护可以互为后备的条件下，带延时的相间和接地 Ⅱ、Ⅲ 段保护（包括相间和接地距离保护、零序电流保护）允许与相邻线路和变压器的主保护配合，从而简化动作时间的配合整定。若双重化配置的主保护均有完善的距离后备保护，则可以不使用零序电流 Ⅰ、Ⅱ 段保护，仅保留用于切除经高电阻接地故障的一段定时限或反时限零序电流保护。

（3）线路主保护和后备保护的功能及作用。能够快速有选择性地切除线路故障的全线速动保护以及线路 Ⅰ 段保护都是线路的主保护。每一套全线速动保护对全线路内发生的各种类型故障均有完整的保护功能，两套全线速动保护可以互为近后备保护。线路 Ⅱ 段保护是全线速动保护的短延时近后备保护。通常情况下，在线路保护 Ⅰ 段范围外发生故障时，若其中一套全线速动保护拒动，应由另一套全线速动保护切除故障。特殊情况下，当两套全线速动保护均拒动时，如果可能，则由线路 Ⅱ 段保护切除故障。此时，允许相邻线路保护 Ⅱ 段失去选择性。线路 Ⅲ 段保护是本线路的长延时近后备保护，同时尽可能作为相邻线路的远后备保护。

第一节　零 序 电 流 保 护

在中性点直接接地的高压电网中发生接地短路时，将出现零序电流和零序电压。利用上述特征电气量可构成保护接地短路故障的零序电流方向保护。零序电流方向保护在高压电网中发挥着重要作用，成为高压电网接地故障的基本保护。即使在装有接地距离保护作为接地故障主要保护的线路上，为了保护本线路经高电阻接地的故障和对相邻线路保护有更好的保护作用，仍然需要装设完整的成套零序电流方向保护作为基本保护。

一、保护安装处零序电流的大小

在双电源输电线路的 K 处发生短路时，可以画出图 3-1 所示的正序、负序和零序对称分量序网图。由此可求出保护安装处 M 的各序电流和电压分量：

$$\begin{cases} \dot{I}_1 = \dot{C}_{1M} \dot{I}_{1K} \\ \dot{I}_2 = \dot{C}_{2M} \dot{I}_{2K} \\ \dot{I}_0 = \dot{C}_{0M} \dot{I}_{0K} \end{cases} \tag{3-1}$$

$$\begin{cases} \dot{U}_1 = \dot{E}_M - Z_{1S} \dot{I}_1 \\ \dot{U}_2 = -Z_{2S} \dot{I}_2 \\ \dot{U}_0 = -Z_{0S} \dot{I}_0 \end{cases} \tag{3-2}$$

式中：$\dot{I}_{1K}$、$\dot{I}_{2K}$、$\dot{I}_{0K}$ 分别为短路点的正序、负序、零序电流；$\dot{C}_{1M} = \dfrac{Z_{1N}}{Z_{1M} + Z_{1N}}$、$\dot{C}_{2M} = \dfrac{Z_{2N}}{Z_{2M} + Z_{2N}}$、

$\dot{C}_{0M} = \dfrac{Z_{0N}}{Z_{0M} + Z_{0N}}$ 分别为 M 侧的正序、负序和零序电流分配系数；Z_{1S}、Z_{2S}、Z_{0S} 分别为保护安装处背后系统的序阻抗。

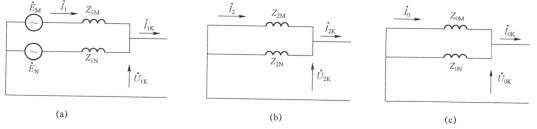

图 3-1　短路及对称分量序网图

（a）正序网络图；（b）负序网络图；（c）零序网络图

零序电流大小与接地故障的类型有关。单相接地故障和两相接地故障时流过短路点的零序电流 $\dot{I}_{K0}^{(1)}$ 和 $\dot{I}_{K0}^{(1,1)}$ 分别为：

$$\dot{I}_{K0}^{(1)} = \frac{\dot{U}_{K[0]}}{2Z_{1\Sigma} + Z_{0\Sigma}} \tag{3-3}$$

$$\dot{I}_{K0}^{(1,1)} = \frac{\dot{U}_{K[0]}}{Z_{1\Sigma} + Z_{2\Sigma} // Z_{0\Sigma}} \times \frac{Z_{2\Sigma}}{Z_{2\Sigma} + Z_{0\Sigma}} = \frac{\dot{U}_{K[0]}}{Z_{1\Sigma} + 2Z_{0\Sigma}} \tag{3-4}$$

考虑了电流分配系数 C_0，则线路侧保护得到的电流分别为：

$$\dot{I}_0^{(1)} = C_0 \frac{\dot{U}_{K[0]}}{2Z_{1\Sigma} + Z_{0\Sigma}} \tag{3-5}$$

$$\dot{I}_0^{(1,1)} = C_0 \frac{\dot{U}_{K[0]}}{Z_{1\Sigma} + 2Z_{0\Sigma}} \tag{3-6}$$

式中：$\dot{U}_{K[0]}$ 为短路点在短路前的电压；$Z_{1\Sigma}$、$Z_{0\Sigma}$ 分别为系统对短路点的综合正序、零序阻抗，系统内各元件的正序阻抗等于负序阻抗。

由式（3-6）可知：

当 $Z_{1\Sigma} < Z_{0\Sigma}$ 时，$\dot{I}_0^{(1)} > \dot{I}_0^{(1.1)}$；

当 $Z_{1\Sigma} > Z_{0\Sigma}$ 时，$\dot{I}_0^{(1)} < \dot{I}_0^{(1.1)}$。

在整定零序电流保护定值时，要选择流过保护的零序电流较大的一种故障类型来进行整定计算。而在校验零序电流保护的灵敏度时，要选择在校验灵敏度的短路点上故障时流过保护的零序电流比较小的一种故障类型来进行计算。

二、零序电流方向

以图 3-2 所示的保护 1 为例，当正方向接地短路时，有 $3\dot{U}_0 = -Z_{0S}3\dot{I}_0$；当反方向接地短路时，有 $3\dot{U}_0 = Z_{0R}3\dot{I}_0$。相位关系如图 3-2 的（b）和（c）所示。

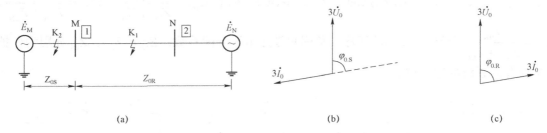

（a）   （b）   （c）

图 3-2　接地短路的零序电压和零序电流相量关系

（a）接地短路示意图；（b）正方向短路相量关系；（c）反方向短路相量关系

三、零序分量的特点

（1）故障处的零序电压最高，零序电流最大。零序电流的分布比例主要取决于线路和接地变压器的零序阻抗，与电源无关。

（2）有电气联系的所有接地变压器都是零序电流的"注入点"。

（3）微机保护中的零序电压已经采用三相电压相加来获得（称为自产 $3U_0$），这样，在 TV 断线后，零序方向元件不能正确工作。

（4）一般情况下，零序方向元件没有电压死区，但是，在远处发生接地短路或高阻接地时，保护安装处的零序电压可能低于方向元件的门槛，导致方向元件拒动。

四、反时限零序电流保护

随着电力系统网架的快速扩大，500kV 自耦变压器、220kV 超短线路及短线路群的投入，零序序网随运行方式变化而越发复杂，造成零序电流保护的整定配合困难，应用受到了限制。微机型线路保护在全网线路上的采用，为此提供了可靠、灵活的解决途径。在微机线路保护装置中具备阶段式接地距离保护、阶段式零序电流保护或反时限零序电流保护。

采用反时限零序电流保护功能，全网使用统一的启动值和反时限特性，发生接地故障时按电网自然的零序电流分布以满足选择性。

反时限零序电流保护一般采用 IEC 标准反时限特性曲线，其表达式为：

$$t = \frac{0.14}{(I / I_\text{p})^{0.02} - 1} t_\text{P} \tag{3-7}$$

式中：t 为继电器的动作时限；t_p 为时间系数；I_p 为起始动作电流；I 为继电器通入的电流。

五、零序电流方向保护的优缺点

带方向性和不带方向性的零序电流保护是简单而有效的接地保护方式，其主要优点是：

（1）经高阻接地故障时，零序电流保护仍可动作。由于该保护反应于零序电流的绝对值，受故障过渡电阻的影响较小。例如，当 220kV 线路发生对树放电故障，故障点过渡电阻可能高达 100Ω。此时，其他保护大多数将无法动作，而零序电流保护，只要 $3I_0$ 电流达几百安培就能可靠动作。

（2）系统振荡时不会误动。由于振荡时系统仍是对称的，故没有零序电流，因此零序电流继电器及零序方向继电器都不会误动。

（3）在电网零序网络基本保持稳定的条件下，保护范围比较稳定。由于线路零序阻抗比正序阻抗一般大 3～3.5 倍，故线路始端与末端短路时，零序电流变化显著，零序电流随线路保护接地故障点位置的变化曲线较陡。其瞬时段保护范围较大，对一般长线路和中长线路可以达到全线的 70%～80%，性能与距离保护相近。多数情况，其瞬时保护段尚有纵续动作的特性，即使在瞬时段保护范围以外的本线路故障，仍能靠对侧断路器三相跳闸后，本侧零序电流突然增大而促使瞬时段启动切除故障。这是一般距离保护所不及的，为零序电流保护所独有的优点。

（4）系统正常运行和发生相间短路时，不会出现零序电流和零序电压，因此零序保护的延时段动作电流可以整定得较小，这有利于提高其灵敏度。并且，零序电流保护之间的配合只决定于零序网络阻抗分布情况，不受负荷潮流和发电机开停机的影响。只需要零序网络阻抗保持基本稳定，便可以获得良好的保护效果。

（5）在 Y/△ 接线的降压变压器三角形绕组侧以后的故障不会在星形绕组侧反映出零序电流，所以零序电流保护的动作时限可以不必与该种变压器以后的线路保护配合而取得较短的动作时限。

零序电流保护的缺点是：

（1）对于短线路或运行方式变化很大的情况，保护往往不能满足系统运行所提出的要求。

（2）当采用自耦变压器联系两个不同电压等级的网络时（例如 110kV 和 220kV 电网），

则任一网络的接地短路都将在另一网络中产生零序电流，这将使零序保护的整定配合复杂化，并将增大延时段的动作时限。

（3）当电流回路断线时，可能造成保护误动作。运行时要注意防范。如有必要，还可以利用零序电压突变量来闭锁的方法防止这种误动作。

（4）当电力系统出现不对称运行时，也会出现零序电流，例如：变压器三相参数不对称、单相重合闸过程中的两相运行、三相重合闸和手动合闸时的三相开关不同期以及空投变压器时的不平衡励磁涌流等，都可能使零序电流保护误动作，必须采取有关措施。

（5）地理位置靠近的平行线路，由于平行线路间零序互阻抗的影响，可能引起零序电流方向保护的保护区伸长、零序电流方向继电器误动等。

第二节 距 离 保 护

一、距离保护的作用原理

保护安装处测量电压、电流的比值 $\dot{U}_m / \dot{I}_m$ 称为测量阻抗。利用保护安装处测量阻抗所构成的继电保护方式称为阻抗保护。测量阻抗还能反映短路点的距离，所以也称为距离保护，其示意图如图 3-3 所示。

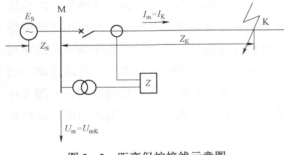

图 3-3　距离保护接线示意图

距离保护的保护范围和灵敏度受运行方式的影响较小，尤其是距离保护 I 段的保护范围比较稳定，同时，还具备判别短路点方向的功能。

反应输电线路一侧电气量变化的保护一定要满足两个条件。首先，它必须区分正常运行和短路故障；其次，它应该能反应短路点的远近。

在输电线路正常运行时，测量阻抗基本上等于负荷阻抗，绝对值较大；在输电线路发生金属性短路时，测量阻抗基本上等于短路阻抗，绝对值比负荷阻抗小很多。在电流、电压互感器的两侧，阻抗关系为：

$$Z_m = (n_{TA}/n_{TV})Z_k$$

式中：Z_m 为二次侧保护装置的测量阻抗；Z_k 为一次侧的测量阻抗；n_{TA}、n_{TV} 为电流、电压互感器的变比。

考虑到二次侧的测量阻抗受电流、电压互感器和输电线路阻抗角的角度差影响，因此，通常将阻抗继电器的保护范围扩大为一个面或圆。当测量阻抗落在这个范围内时，阻抗元件动作；否则不动作。保护范围由给定阻抗值的大小来确定，这个给定的阻抗值称为整定阻抗 Z_{set}。距离保护实际动作范围的边界称为临界动作阻抗，简称动作阻抗 Z_{op}。

二、保护安装处电压计算的一般公式

在图 3-4 所示的系统中，线路上 K 点发生短路。保护安装处的相电压应该是短路点的该相电压与输电线路上该相的压降之和。输电线路上该相的压降是该相上的正序、负序和零序压降之和。如果考虑到输电线路的正序阻抗等于负序阻抗，保护安装处相电压的计算公式为：

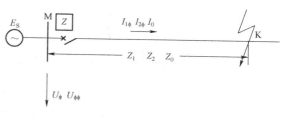

图 3-4　短路故障示意图

$$\dot{U}_\phi = \dot{U}_{K\phi} + \dot{I}_{1\phi}Z_1 + \dot{I}_{2\phi}Z_2 + \dot{I}_0 Z_0 + \dot{I}_0 Z_1 - \dot{I}_0 Z_1$$
$$= \dot{U}_{K\phi} + (\dot{I}_{1\phi} + \dot{I}_{2\phi} + \dot{I}_0)Z_1 + 3\dot{I}_0 \frac{Z_0 - Z_1}{3Z_1}Z_1 \qquad (3-8)$$
$$= \dot{U}_{K\phi} + (\dot{I}_\phi + K3\dot{I}_0)Z_1$$

式中：ϕ 表示相，$\phi=$A、B、C；$\dot{I}_{1\phi}$、$\dot{I}_{2\phi}$、$\dot{I}_0$ 分别表示流过保护的该相的正序、负序、零序电流。Z_1、Z_2、Z_0 分别表示短路点到保护安装处的正、负、零序阻抗；K 表示零序电流补偿系数，$K=(Z_0 - Z_1)/3Z_1$。$\dot{U}_{K\phi}$ 表示短路点的该相电压；$(\dot{I}_\phi + K3\dot{I}_0)Z_1$ 表示输电线路上该相从短路点到保护安装处的压降。

保护安装处的相间电压可以认为是保护安装处的两个相电压之差。考虑到如式（3-8）所示的相电压的计算公式后，保护安装处相间电压的计算公式为：

$$\dot{U}_{\phi\phi} = \dot{U}_{K\phi\phi} + \dot{I}_{\phi\phi}Z_1 \qquad (3-9)$$

式中：$\phi\phi$表示两相相间，$\phi\phi=$AB、BC、CA；$\dot{U}_{K\phi\phi}$ 表示短路点的相间电压；$\dot{I}_{\phi\phi}$ 表示两相电流差；$\dot{I}_{\phi\phi}Z_1$ 表示输电线路上从短路点到保护安装处的两相压降之差，两相上的 $K3\dot{I}_0 Z_1$ 项相抵消。

以上两式是短路时保护安装处电压计算的一般公式。

三、阻抗继电器动作特性

测量阻抗是一个复数的范畴，为了更直观地了解测量阻抗与动作范围的关系，通常采用阻抗复平面来描述，也可以采样电压复平面来描述。

常用的阻抗继电器圆特性如图 3-5 所示，Z_{set} 为整定阻抗（用 $|Z_{set}|$ 和 φ_{sen} 确定）。

（1）图 3-5（a）为方向阻抗继电器的动作特性，这种特性不仅能测量短路阻抗的大小，还能够判断短路的方向。将整定阻抗（动作边界最大）与 R 轴的夹角称为最大灵敏角 φ_{sen}。如果被保护线路的阻抗角等于最大灵敏角，那么，在整定值不变的情况下，可以获得最大的保护范围。

（2）图 3-5（b）为偏移阻抗继电器的动作特性，它在第三象限的最大边界是整定阻抗的 α 倍。

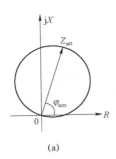 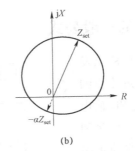 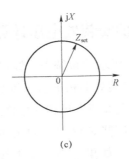

(a)　　　　　　　　(b)　　　　　　　　(c)

图 3-5　常用的圆特性

(a) 方向阻抗特性；(b) 偏移阻抗特性；(c) 全阻抗特性

（3）图 3-5（c）为全阻抗继电器的动作特性，没有方向性。

为了从解析方程的角度来描述圆特性的阻抗继电器，常用绝对值（幅值）比较和相位比较两种方法。在 $|\dot{A}| \geqslant |\dot{B}|$ 这种不等式的比较中，通常将 $|\dot{A}|$ 所代表的电气量称为动作量，将 $|\dot{B}|$ 所代表的电气量称为制动量。

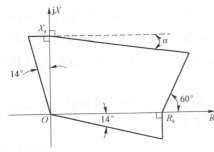

图 3-6　多边形方向阻抗动作特性

图 3-6 所示的多边形特性是一种很好的方向阻抗特性，最大灵敏角的概念已经淡化了。第一象限的 α 夹角是防止相邻线路出口经过渡电阻接地时的超越；第四象限向下偏移的边界，是在出口经过渡电阻接地时保证可靠动作；第一象限的 60° 斜线略小于线路阻抗角，提高长线路避越负荷阻抗的能力。

在动作特性中，X_s 与 R_s 是独立分量，X_s 按照保护范围和配合关系来整定，R_s 按照躲最小负荷阻抗来整定。在振荡闭锁期间，还可以通过减小 R_s 方向的数值来降低振荡的影响。

在手动合闸和重合闸过程中，Ⅲ段阻抗应在图 3-6 所示动作特性的基础上，再叠加一个包括坐标原点的动作区域，构成偏移特性，以保证可靠地切除出口故障。

四、距离保护整定计算原则

距离保护相对于电流保护来说，其突出的优点是受运行方式变化的影响小。距离保护第 Ⅰ 段只保护本线路的一部分，在保护范围内金属性短路时，一般在短路点到保护安装处之间没有其他分支电流，所以它的测量阻抗完全不受运行方式变化的影响。距离保护第 Ⅱ、Ⅲ 段的保护范围延伸到相邻线路上，在相邻线路上发生短路时，由于在短路点和保护安装处之间可能存在分支电流，所以它们在一定程度上将受运行方式变化的影响。

由于阻抗继电器的测量阻抗可以反映短路点的远近，所以可以做成阶梯型时限特性，如图 3-7 所示。短路点越近，保护动作得越快；短路点越远，保护动作得越慢。

第 Ⅰ 段按躲过本线路末端短路（本质上是躲过相邻元件出口短路）继电器的测量阻抗（也就是本线路阻抗）整定。它只能保护本线路的一部分，其动作时间是保护的固有动作时间，不带专门的延时。

图 3-7 距离保护的阶梯型时限特性

第 Ⅱ 段应该可靠保护本线路的全长，它的保护范围将伸到相邻线路上，其定值一般按与相邻元件的瞬动段例如相邻线路的第 Ⅰ 段定值相配合整定。

距离保护也采用阶梯时限配合的三段式配置，整定原则与电流保护一致，并经过启动元件开放出口回路。

1. 距离保护 Ⅰ 段的整定

一般是按照躲相邻线路出口短路的方式来整定，即

$$Z_{set \cdot 1}^{I} = K_{rel}^{I} Z_1$$

式中：Z_1 为被保护线路全长的正序阻抗；K_{rel}^{I} 为可靠系数，一般取 $0.8 \sim 0.85$。K_{rel}^{I} 取值主要考虑的是各种影响因素的相对误差，在线路较短的情况下，应当考虑绝对误差，此时 K_{rel}^{I} 要小于上述范围。

2. 距离保护 Ⅱ 段的整定

通常要求：在本线路末端发生故障时，阻抗元件有 $1.25 \sim 1.5$ 倍的灵敏度；时间延时应比与之配合的保护动作时间高一个时间级差 Δt。

3. 距离保护 Ⅲ 段的整定

阻抗定值宜按照躲过事故情况下的最小负荷阻抗来整定，避免事故跳闸后引起连锁动作，国外的几次大停电事故都或多或少地说明了这一点。同时，还应满足本线路末端短路时有足够的灵敏度。

为满足配合要求，在相邻设备所有距离保护的最大动作时间基础上，再增加一个时间级差 Δt，同时不小于 $1.5 \sim 2s$，以便躲过振荡的影响。

五、电压回路断线

在电压回路断线的情况下，测量电压较小或等于 0，阻抗继电器会误动。解决办法是：在系统没有故障时，如果出现电压回路断线，则闭锁距离保护。

第三节　纵　联　保　护

电流、电压、零序电流和距离保护都是反映输电线路一侧电气量变化的保护，这种反映一侧电气量变化的保护从原理上讲都不能区分本线路末端和相邻线路始端的短路。例如，对于安装在图 3-8M 侧的这类保护区分本线路末端 F_1 点和相邻线路始端 F_2 点的短路。因为 F_1

和 F_2 点在同一母线的两端，其电气距离很近，相隔几米或十几米，这两点之间的阻抗相对输电线路阻抗来说微乎其微，所以在这两点短路时流过保护装置的电流以及保护装置安装处的电压相差无几，利用这一侧电流和电压构成的保护装置必然不能区分这两点短路，所以反应输电线路一侧电气量变化的保护不能实现本线路全长范围内故障的快速切除。正因为这些原因凡是反映一侧电气量变化的保护都做成多段式的保护，其中瞬时动作的第 I 段保护其定值都要按躲本线路末端短路（其实质是躲相邻线路始端短路）来整定。这类保护也称为具有相对选择性的保护。其缺点是不能瞬时切除本线路全长范围内的短路，其优点是带延时的第Ⅲ段（或第Ⅳ段）可以作为相邻元件保护的后备。

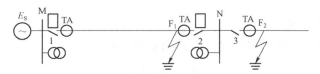

图 3−8　短路示意图

虽然反映 M 侧电气量变化的保护无法区别 F_1 和 F_2 点的短路，但反映 N 侧电气量变化的保护能很容易区分这两点短路。例如，用一个方向继电器就可以区分：F_1 点位于正方向，F_2 点位于反方向。所以如果有一种可以综合反映两侧电气量变化的保护，就一定能区分 F_1 和 F_2 点的短路。这种综合反映两侧电气量变化的保护就称作纵联保护。纵联保护最大的优点就是可以瞬时切除本线路全长范围内的短路，但它的缺点是不能作相邻线路上的短路的后备。所以这种保护也称为具有绝对选择性的保护。

一、通道类型

既然纵联保护是反映两侧电气量变化的保护，就需要把对侧电气量变化的信息告诉本侧，同样也应把本侧电气量变化的信息告诉对侧，以便每侧都能综合比较两侧电气量变化的信息，从而做出是否要发跳闸命令的决定。这就涉及通信通道的问题。目前使用的通道类型主要有下列两种：

（1）电力线载波通道。这是前些年使用较多的一种通道类型，其使用的信号频率是50～400kHz。这种频率在通信上属于高频频段，所以这种通道也称作高频通道，利用这种通道的纵联保护则称作高频保护。高频信号只能有线传输，所以输电线路也作为高频通道的一部分。

（2）光纤通道。随着光纤通信技术的快速发展，用光纤作为继电保护通道的情况越来越多。利用光纤通道的纵联保护也称作光纤保护。光纤通信容量大，不受电磁干扰，而且通道不受输电线路故障的影响。

二、高频信号的类型

在纵联方向、纵联距离保护中，通道中传送的是反映方向继电器和阻抗继电器动作行为的逻辑信号。使用高频信号的类型有下述几种：

（1）闭锁信号。收不到高频信号是保护动作于跳闸的必要条件，这样的高频信号是闭锁信号。

（2）允许信号。收到高频信号是保护动作于跳闸的必要条件，这样的高频信号是允许信号。

（3）跳闸信号。收到高频信号是保护动作于跳闸的必要且充分条件，这样的高频信号是跳闸信号。在故障线路上传送跳闸信号，保护收到跳闸信号后去跳闸。显然在使用跳闸信号时要特别注意别把干扰信号误认为是跳闸信号而造成保护误动，所以用跳闸信号时抗干扰的要求比用闭锁信号和允许信号时高得多。

三、闭锁式纵联方向保护

1. 基本原理

如果在输电线路每一侧都装有两个方向元件：一个是正方向方向元件 F_+，正方向短路时动作而反方向短路时不动作；另一个是反方向方向元件 F_-，反方向短路时动作而正方向短路时不动作。如果在图 3-9（a）的 NP 线路上发生短路，NP 线路是故障线路，MN 线路是非故障线路。两条线路总共四侧的方向元件的动作行为也已标在图上，√表示继电器动作；×表示继电器不动作。仔细比较两侧方向元件的动作行为可以区分故障线路与非故障线路。故障线路的特征是：两侧的 F_+ 均动作，两侧的 F_- 均不动作，这在非故障线路中是不存在的。而非故障线路的特征是：两侧中至少有一侧的 F_+ 不动作、F_- 可能动作也可能不动作，这在故障线路中是不存在的。出现 F_+ 不动作、F_- 可能动作也可能不动作的这一侧是近故障点的一侧。

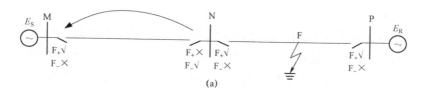

(a)

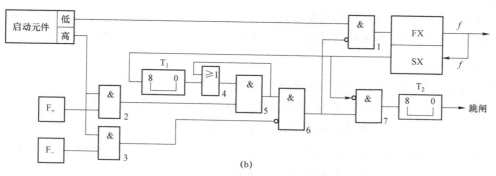

(b)

图 3-9 闭锁式纵联方向保护原理及简略原理框图

（a）保护原理图；（b）简略原理框图

√—动作；×—不动作

假如采用闭锁信号，纵联方向保护的做法是：在 F_+ 不动作或者 F_- 动作的这一侧一直发高频信号，这样在非故障线路上近故障点的一侧就能一直发闭锁信号，两侧保护收到闭锁信号将保护闭锁。在故障线路上由于没有一侧是 F_+ 不动作、F_- 动作的，所以故障线路上没有闭锁信号，两侧保护就都能发跳闸命令。

2. 保护发闭锁信号的条件

低定值启动元件动作，保护发闭锁信号。

3. 保护停信条件

收信超过 8ms；正方向元件动作，反方向元件不动作。

4. 保护发出跳闸命令的条件

（1）高定值启动元件动作。只有高定值启动元件动作后程序才进入故障计算程序，方向元件及各个逻辑功能才开始计算判断，保护才可能跳闸。因此，可以说只有高定值启动元件动作后纵联保护才真正开放，否则保护是不开放的，程序执行的是正常运行程序。在正常运行程序中只进行开入量状态检查、通道试验等工作，不可能去跳闸的。

（2）F_- 元件不动作。

（3）曾经收到过 8ms 的高频信号。

（4）F_+ 元件动作。同时满足上述四个条件时去停信。

（5）收信机收不到信号。同时满足上述五个条件 8ms 后即可启动出口继电器，发跳闸命令。

5. 闭锁式纵联方向保护的一些问题

（1）远方起信问题。

设在图 3-9 中 F 点发生短路。流过 MN 线路的电流足以使 M 侧的两个启动元件启动。可是由于某种原因，N 侧的低定值启动元件未启动（例如启动元件定值输错等原因）。M 侧方向元件动作行为是 F_- 元件不动、F_+ 元件动作，所以 8ms 后停信。N 侧由于低定值启动元件未启动而根本未发过信，于是 M 侧收信机因收不到信号而造成保护误动。为避免这种误动设置了远方启信功能，远方起信的条件是：① 低定值启动元件未启动。② 收信机收到对侧的高频信号。满足这两个条件后发信 10s。这种启动发信是收到了对侧信号后启动发信的，所以称作远方启信。

具备远方启信功能后，再发生上述区外短路故障时，M 侧启动元件启动立即发信。N 侧由于启动元件未启动，又收到了 M 侧发来的信号所以远方启信，也发信 10s。这样 M 侧保护就被 N 侧的 10s 信号所闭锁而不会误动。至于区外短路 10s 后若还未被切除，系统早已被拖垮。何况此时按时间配合关系也应该轮到 M 侧跳闸了，所以可不再考虑 10s 以后的问题。

（2）为什么要先收到 8ms 高频信号后才能停信？

在上述保护动作情况分析中已叙述过，对于判断为正方向短路的一侧，例如图 3-9 中的 MN 线路的 M 侧保护一定要先收信 8ms 后才允许停信，这可用反证法说明。在图 3-9 中发生短路后，M 侧高定值启动元件启动。M 侧判断 F_- 元件不动作，F_+ 元件动作以后就立即停信，此时对侧 N 侧发的闭锁信号还可能未到达 M 侧，尤其在 N 侧是远方起信的情况下。所以 M 侧保护匆忙停信后，由于收信机收不到信号将造成保护误动。因此，M 侧保护只有确保近故障点的 N 侧保护的闭锁信号到达 M 侧后才允许停信，这样 M 侧保护才不会误动。显然这等待的延时应考虑 N 侧闭锁信号来得最慢、最严重的情况，这种情况如果出现在 N 侧则是远方起信的情况。发生短路后 N 侧低定值启动元件因故没有启动，所以一开始不发信。要等到 M 侧高频信号送过来后 N 侧由远方启信才启动发信，N 侧的信号再送到 M 侧后，M 侧再去停信就不会误动了。所以，M 侧停信等待的延时应包括高频信号往返一次的延时，加上对侧发信机启动发信的延时再加上足够的裕度时间，一般为 6～8ms。

（3）功率倒向时出现的问题及对策。

下面以平行线路上发生短路后可能出现的功率倒向为例来说明。在图 3-10 的双回线中第 Ⅱ 回线路4 号保护出口发生短路，分析第 Ⅰ 回线两侧 1、2 号保护的动作行为。在发生短路时第 Ⅰ 回线的短路功率从 M 流向 N。1 号保护判断为正方向短路，F_+ 动作、F_- 不动；2 号保护判断为反方向短路，F_+ 不动、F_- 动作。综合比较两侧继电器动作行为满足非故障线路特征，所以两侧都不误动。由于短路点 F 位于 4

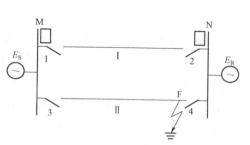

图 3-10　功率倒向示意图

号保护第 Ⅰ 段、3 号保护第 Ⅱ 段的范围内，如果第 Ⅱ 回线由于某种原因没有纵联保护在运行，所以 4 号保护先跳闸。在 4 号断路器跳开后，3 号断路器尚未跳开期间，第 Ⅰ 回线中的短路功率是从 N 流向 M，与 4 号断路器跳开前的功率流向相反并产生功率倒向。功率倒向以后 1 号保护判断为反方向短路，2 号保护判断为正方向短路，两侧的 F_+、F_- 元件的动作行为均要翻转。在两侧的 F_+、F_- 元件的动作行为翻转以后依然满足非故障线路特征，所以两侧保护也不会误动。但是在功率倒向瞬间两侧方向元件翻转过程中由于翻转速度有快有慢，可能造成纵联方向保护误动。过去在模拟型保护中把这种情况称作"接点竞赛"，在微机保护中虽然没有接点但也存在此竞赛问题。较严重的情况是，2 号保护的方向元件翻转速度快，F_+ 元件已动作、F_- 元件已返还，而 1 号保护方向元件翻转速度慢一些，F_+ 元件仍停留在动作状态、F_- 元件仍停留在不动作状态。这样，两侧保护方向元件的动作行为满足故障线路的特征，两侧都停信从而引起保护误动。这种纵联保护的误动出现在功率倒向、两侧方向元件动作速度不一样、出现竞赛的短时间内。

可以用延时来解决功率倒向时保护误动的问题，具体方法是：如果纵联方向保护在 40ms 内一直收到闭锁信号，那么纵联方向保护再动作的话要加 25ms 延时。前一个 40ms 延时用来判断发生了区外故障。在图 3-10 中，从发生短路到功率倒向之前 1、2 号保护是不会误动的，收信机一直收到 2 号保护发出的高频信号。从发生短路到功率倒向的这段时间包括 4 号保护的第 Ⅰ 段保护动作时间（10ms）加上 4 号断路器跳闸时间（包含熄弧时间在内，35ms）。在这 45ms 内，1、2 号保护是不会误动的。所以，用前一个 40ms 一直收到信号判断是区外故障。用后一个 25ms 延时来躲过两侧方向元件的竞赛带来的影响。在这段延时内 1 号保护的方向元件肯定已处于 F_+ 元件不动作、F_- 元件动作的状态了。这样，1 号保护已处于发信状态，避免了两侧保护的误动。

（4）断路器跳闸位置继电器（TWJ）停信问题。

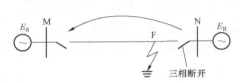

图 3-11　系统由 M 侧向线路充电，发生线路内短路时系统图

在保护装置的后端子上有 3 个跳闸位置继电器 TWJ 的开关量输入端子。当保护装置发现跳闸位置继电器动作后（TWJ=1），如果启动元件未启动，又收到了三相跳闸位置继电器都动作的信号时，可以把启动发信（含远方启信）往后推迟 100ms。该措施主要用来解决图 3-11 中所示的 N 侧断路器处于三相断开状态，系统从 M 侧向线路充电过程中线路上发生短路时，M 侧纵联方向保护拒动问题。因为此时线路上发生短路后，N 侧由于断路器三相都已断开启动元件不启动，但却收到 M 侧发来的高频信号，立即远方启信发信 10s。闭锁了 M 侧纵联方向保护，造成 M 侧保护拒动。如果故障发生在 M 侧末端，M 侧保护只能由 II 段的距离保护或零序电流保护带延时切除故障，对系统安全稳定运行显然是很不利的。这时 N 侧保护由于启动元件不启动，跳闸位置继电器又一直处于动作状态，故把远方启信推迟 100ms。这样发生短路时在远方启信推迟的这段时间内，M 侧纵联方向保护由于收不到闭锁信号可以动作跳闸。

（5）母线保护动作停信问题。

在保护装置的后端子上有"其他保护动作"的开关量输入端子。该开关量接点来自于母线保护动作后的接点。在母线保护动作后该接点闭合，纵联方向保护得知母线保护动作后立即停信，这样断路器与电流互感器之间短路时纵联保护能立即动作而切除故障，如图 3-12 所示。

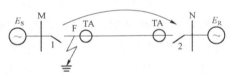

图 3-12　故障发生在断路器与 TA 之间

如果故障发生在断路器与 TA 之间，此时短路功率由 N 侧流向短路点。M 侧的保护由于电流与规定的正方向相反，所以判为反方向短路，与反方向母线短路一样。所以，该侧 F_+ 元件不动、F_- 元件动作，从而一直发信闭锁了两侧纵联方向保护。但该故障点落在 M 侧的母线保护范围内，所以 M 侧母线保护动作跳开母线上的所有断路器。可是 1 号断路器跳开后，N 侧还继续提供短路电流，该短路功率使 M 侧保护继续判为反方向短路。所以 M 侧保护继续发信，闭锁 N 侧的纵联方向保护。如果不采取措施，N 侧只能由 II 段的距离保护或零序电流保护带延时切除故障，这显然对系统安全稳定运行是很不利的。为此，如果 M 侧纵联方向保护在得知母线保护动作的信息后采取立即停信的措施（此时尽管 F_- 元件动作也停信），就可以使 N 侧纵联方向保护马上动作切除故障。为了让 N 侧纵联方向保护可靠跳闸，在 M 侧母线保护动作的开关量返回后继续停信 150ms。

采用母线保护动作停信措施的另一个作用是，如果母线发生短路，母线保护动作但断路器拒跳，母线保护动作后停信可以让对侧纵联保护跳闸。

需要指出的是，在 3/2 接线方式中，母线保护动作是不停信的。当断路器与电流互感器之间短路时，通过断路器失灵保护动作停信让对侧纵联保护动作。

四、超范围允许式的纵联保护

超范围允许信号的纵联方向保护区分故障线路和非故障线路的方法与闭锁式纵联方向保护完全相同。如图 3−13（a）所示，故障线路的特征是两侧的正方向方向元件 F_+ 均动作，两侧的反方向方向元件 F_- 均不动。这种情况在非故障线路中是不存在的。而非故障线路的特征是至少有一侧（近故障点的一侧）的 F_+ 元件不动，而 F_- 元件可能动作，这种情况在故障线路中也是不存在的。所以，综合比较两侧方向元件的动作行为可以区别故障线路与非故障线路。与闭锁式纵联方向保护不同的仅是信号的使用方法不同。在超范围允许信号的纵联方向保护中，由 F_+ 动作、F_- 不动作的一侧向对侧发允许信号，这样在故障线路 NP 上两侧都向对侧发允许信号。对于每一侧来说，从收到对侧信号到知道对侧的 F_+ 动作、F_- 不动作，再判断本侧也是 F_+ 动作、F_- 不动作，两个构成"与"逻辑而发跳闸命令，所以故障线路两侧都能跳闸。在非故障线路 MN 上近故障点的 N 侧虽然收到对侧的允许信号，但是由于本侧 F_+ 不动作、F_- 可能动作，"与"逻辑没有输出而不会跳闸。远离故障点的 M 侧虽然本侧的 F_+ 可能动作、F_- 不动作，但由于从来没有收到对侧的允许信号而知道对侧 F_+ 不动作、F_- 可能动作，"与"逻辑没有输出而不会跳闸，所以非故障线路两侧保护都不发跳闸命令。从以上可以看出，允许信号主要是在故障线路上传送的。

超范围允许式纵联方向保护的简略原理框图如图 3−13（b）所示。上述的"与"逻辑由与门 2 来完成，收到信号是与门 2 的动作条件之一，所以该信号是允许信号。该原理框图比闭锁式的简单，各侧保护的动作情况读者可自行分析。综上所述，保护能发出跳闸命令一定要满足以下条件：① 启动元件启动；② F_- 元件不动作；③ F_+ 元件动作；④ 收到对侧的高频信号。同时满足前三个条件向对侧发高频信号，同时满足上述四个条件 8ms 后发跳闸命令。

从图 3−13 中可看出，发信机的发信频率和收信频率是两个不同的频率，这称作双频制。这样线路两侧发信频率不一样，每一侧都只能收对侧的信号而不能收本侧信号。可以设想一下如果用单频制，收信机既能收对侧信号也能收本侧信号会出现什么问题？观察图 3−13（a）M 侧的保护，在相邻线路上故障，M 侧的 F_+ 动作 F_- 不动作可以发信。收信机自发自收自己的信号，图 3−13（b）中与门 2 两个条件都满足能发跳闸命令，造成 M 侧保护误动。实际上这两个条件是同一个条件，即本侧的 F_+ 动作、F_- 不动作。该保护实际上是一个保护范围为 F_+ 元件保护范围的瞬时动作的保护，显然这是不允许的，所以一定要用双频制。目前，利用外差式原理的继电保护专用收发信机都是单频制的，所以允许式的纵联方向高频保护要复用载波机。

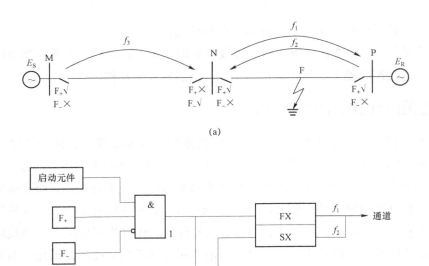

(a)

(b)

图 3-13 超范围允许式纵联方向保护原理及简略原理框图
(a) 保护原理图；(b) 简略原理框图
√—动作；×—不动作

超范围允许信号的纵联距离保护区分故障线路和非故障线路的方法与闭锁式纵联距离保护完全相同。如图 3-14 所示，故障线路的特征是两侧的阻抗继电器 Z 均动作，而这种情况在非故障线路中是不存在的。非故障线路的特征是至少有一侧（近故障点的一侧）的阻抗继电器 Z 不动，而这种情况在故障线路中也是不存在的。所以，综合比较两侧阻抗继电器的动作行为可以区别故障线路与非故障线路。与闭锁式纵联距离保护不同的仅是信号使用的方法不同。在超范围允许信号的纵联距离保护中，由 Z 动作的一侧向对侧发允许信号。这样在故障线路 NP 上两侧都向对侧发允许信号，对每一侧来说从收到对侧信号到知道对侧的 Z 动作，再判断本侧也是 Z 动作，两个构成"与"逻辑发跳闸命令，所以故障线路两侧都能跳闸。在非故障线路 MN 上近故障点的 N 侧虽然收到对侧的允许信号，但是由于本侧 Z 不动作，"与"逻辑没有输出不会跳闸。远离故障点的 M 侧虽然本侧的 Z 动作，但由于对侧的 Z 不动作，不能收到对侧的允许信号，"与"逻辑也没有输出也不会跳闸，所以非故障线路两侧保护都不发跳闸命令。

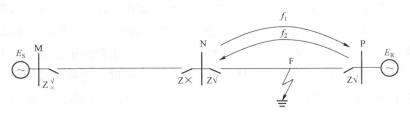

图 3-14 超范围允许式纵联距离保护原理图
√—动作；×—不动作

下面介绍在允许式纵联保护中需要的与闭锁式纵联保护相似的一些规定。

1. 三相断路器跳闸位置继电器（TWJ）发信问题

（1）在启动元件未启动、三相跳闸位置继电器又都处在动作状态下时，如果收到对侧的信号立即发信 100ms，向对侧提供允许信号。

这是为了解决在图 3-15 所示的当系统由 M 侧给线路充电，N 侧断路器三相断开时，线路上发生短路，M 侧纵联保护拒动问题。因为此时 N 侧启动元件不启动，方向元件不进行计算，不能向 M 侧发允许信号。采取该措施后只要 M 侧先把信号发过来，N 侧收到信号后马上回发允许信号，于是 M 侧纵联方向保护就能动作跳闸了。有些人把此功能称作"三跳回授"功能。

（2）在启动元件启动以后又收到三相跳闸位置继电器都动作的信号并确认三相均无电流时马上发信，给对侧提供允许信号。

该措施的目的是让对侧可靠跳闸。因为这种情况说明线路上发生了故障，本侧断路器已经三相跳闸了，当然也应该让对侧跳闸。

2. 保护动作发信问题

（1）母线保护动作发信。保护装置上有"其他保护动作"的开入量端子。一般此开入接点接的是"母线保护动作"接点，采用允许式时保护装置检查到此接点闭合后立即发信。采取该措施是为了解决短路发生在断路器与 TA 之间时 N 侧纵联方向保护拒动问题，如图 3-16 所示。因为在该处短路时无论该侧断路器是否跳闸，M 侧保护都判为反方向短路，F+ 不动作、F- 动作。所以 M 侧纵联方向保护既不发跳闸命令也不向 N 侧发允许信号，这导致 N 侧纵联方向保护也不能发跳闸命令，两侧纵联方向保护都不动作。该处短路时 M 侧母线保护能够动作，它动作后一方面立即跳闸，另一方面用开关量把母线保护动作的信息通知线路保护。纵联方向保护收到此信息后立即发信给 N 侧并提供允许信号，于是 N 侧纵联方向保护可以跳闸。M 侧保护在母线保护动作的开关量返回后继续发信 150ms，确保 N 侧可靠跳闸。

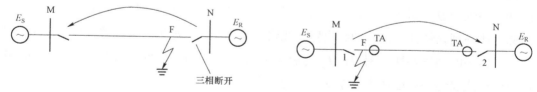

图 3-15　系统由 M 侧向线路充电发生线路内短路时的原理图　图 3-16　故障发生在断路器与 TA 之间

（2）本装置保护动作发信。本装置任一种保护发跳闸命令后立即发信，并在跳闸信号返还后继续发信 150ms。既然本装置已发跳闸命令就说明是本线路故障，立即向对侧提供允许信号有利于对侧可靠跳闸。保护装置发三相跳闸命令发信直至跳闸命令返回后还继续发信 150ms，保护装置发单相跳闸命令时只发信 150ms，这段时间保证让对侧可靠跳闸。

3. 功率倒向时出现的问题及对策

在介绍闭锁式纵联方向保护时曾提及在平行线路上某回线发生故障，由于两侧断路器跳闸时间不一样，在一侧断路器先跳开而另一侧断路器还未跳开时，另一回非故障线路上将出现功率倒向。功率倒向时，非故障线路两侧的方向元件动作行为全都要翻转，因为存在竞赛问题，导致非故障线路的纵联方向保护有可能误动。在允许式的纵联方向保护中，这种竞赛带来的可能误动问题同样存在。

在允许式纵联保护中为了防止这种误动而采取的措施与闭锁式纵联保护相同：如果纵联保护在连续 40ms 内一直未收到信号或不满足正方向方向元件动作、反方向方向元件不动作的条件（对纵联距离保护来说是不满足阻抗继电器动作的条件），那么纵联保护再动作的话要加 25ms 的延时。前一个 40ms 的延时用来判断发生了区外故障，后一个 25ms 延时用来躲过两侧方向元件竞赛带来的影响。若后一个延时太长，将加长区外故障后又发生区内故障时保护的动作时间，所以这个延时在保证功率倒向后两侧方向元件都可靠完成翻转并考虑足够的时间裕度的前提下应尽量短一些。

五、纵联电流差动保护

输电线路保护采用光纤通道后由于通信容量很大，所以往往做成分相式的电流纵差保护。输电线路分相电流纵差保护本身有选相功能，若某一相纵差保护动作则该相就是故障相。输电线路两侧的电流信号通过编码成码流然后转换成光信号经光纤输出。传送的信号可以是包含了幅值和相位信息在内的该侧电流的瞬时值，保护装置收到输入的光信号后，先转换成电信号再与本侧的电流信号构成纵差保护。

1. 纵联电流差动继电器的原理

在图 3-17（a）所示的系统图中，规定流过两侧保护的电流 $\dot{I}_{\mathrm{M}}$、$\dot{I}_{\mathrm{N}}$ 以母线流向保护的线路方向为正方向，如图中箭头方向所示。

以两侧电流的相量和作为继电器的动作电流 I_{d}，$I_{\mathrm{d}}=\left|\dot{I}_{\mathrm{M}}+\dot{I}_{\mathrm{N}}\right|$，该电流有时也称为差动电流；以两侧电流的相量差作为继电器的制动电流 I_{r}，$I_{\mathrm{r}}=\left|\dot{I}_{\mathrm{M}}-\dot{I}_{\mathrm{N}}\right|$。纵联电流差动继电器的动作特性一般如图 3-17（b）所示，阴影区为动作区，非阴影区为不动作区。这种动作特性称为比率制动特性，是差动继电器（线路、变压器、发电机、母线差动保护中用的差动继电器）常用的动作特性。图中，I_{qd} 为启动电流，K_{r} 是制动系数。图 3-17（b）的动作特性以数学形式表述为下面两个关系式的"与"逻辑。

$$\left.\begin{array}{l}I_{\mathrm{d}}>I_{\mathrm{qd}}\\I_{\mathrm{d}}>K_{\mathrm{r}}I_{\mathrm{r}}\end{array}\right\}\tag{3-10}$$

当差动继电器的动作电流 I_{d} 和制动电流 I_{r} 满足上式中的两个动作方程时，它们对应的工作点位于阴影区，继电器动作。

当线路内部短路时，如图 3-17（c）所示，两侧电流的方向与规定的正方向相同。此时 $I_{\mathrm{d}}=\left|\dot{I}_{\mathrm{M}}+\dot{I}_{\mathrm{N}}\right|=I_{\mathrm{K}}$，动作电流等于短路点的电流 I_{K}，动作电流很大。而制动电流 I_{r} 较小，$I_{\mathrm{r}}=\left|\dot{I}_{\mathrm{M}}-\dot{I}_{\mathrm{N}}\right|=\left|\dot{I}_{\mathrm{M}}+\dot{I}_{\mathrm{N}}-2\dot{I}_{\mathrm{N}}\right|=\left|\dot{I}_{\mathrm{K}}-2\dot{I}_{\mathrm{N}}\right|$，小于短路点的电流 I_{K}。如果两侧电流幅值相等，制

动电流甚至为零，因此工作点落在动作特性的动作区，差动继电器动作。当正常运行或线路外部短路时，如图 3-17（d）所示，线路上流的是穿越性电流，N 侧流的电流与规定的正方向相反。如果忽略线路上的电容电流，则 $\dot{I}_M = \dot{I}_K$、$\dot{I}_N = -\dot{I}_K$。因而动作电流 $I_d = |\dot{I}_M + \dot{I}_N| = |\dot{I}_K - \dot{I}_K| = 0$，制动电流 $I_r = |\dot{I}_M - \dot{I}_N| = |\dot{I}_K + \dot{I}_K| = 2I_M$，制动电流是短路电流的 2 倍，制动电流很大。因此，工作点落在动作特性的不动作区，差动继电器不动作。综上所述，这样的差动继电器可以区分内部短路和外部短路（含正常运行），继电器的保护范围是两侧 TA 之间的范围。

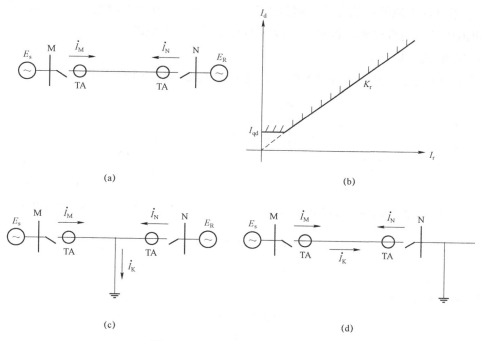

图 3-17　纵联电流差动保护原理

（a）系统图；（b）动作特性；（c）内部短路；（d）外部短路

从上述原理可以进一步推广得知：只要在线路内部有流出的电流，例如内部短路的短路电流、线路内部的电容电流都会形成动作电流。只要是穿越性的电流，例如外部短路时流过线路的短路电流、负荷电流都只形成制动电流而不会产生动作电流。

2. 电流差动保护需要解决的问题

（1）电容电流的影响。

输电线路，尤其是长输电线路上电容电流的影响不能忽略。考虑了输电线路的电容电流后，在正常运行和外部短路时 $\dot{I}_M \neq -\dot{I}_N$，因而动作电流 I_d 不再为零，该电流就是电容电流。如果纵联电流差动保护没有考虑电容电流的影响，那么在某些情况下会造成保护误动。

图 3-18 是线路空载状态运行电路图，在输电线路的 T 型等值电路中，线路的分布电容作为一个集中电容放在线路的中点。输电线路两侧的电流的正方向都是从母线流向被保护

线路。

此时差动电流为：
$$I_d = |I_M + I_N| = I_C \tag{3-11}$$

制动电流为：
$$I_r = |I_M - I_N| \tag{3-12}$$

此时差动电流即为电容电流，如果输电线路比较长，电压等级比较高，则电容电流比较大，而制动电流比较小，很容易引起差动保护误动。

针对电容电流的影响，采取以下措施：

1）提高差动电流启动值可以躲过电容电流，保护不会误动。

2）采用电容电流的补偿方式，即保护在正常运行时估算出电容电流的大小，再从实测的差动电流中减去电容电流，得到的电流即为补偿后的差动电流。

（2）TA断线的影响。

如图3-19所示，N侧发生TA断线，则差动电流和制动电流分别为：

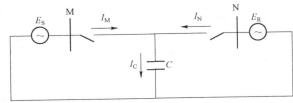

图3-18 线路空载状态电容电流的影响

图3-19 线路N侧TA断线

$$I_d = |I_M + I_N| = I_M$$
$$I_r = |I_M - I_N| = I_M \tag{3-13}$$

此时满足差动方程：
$$\begin{cases} I_d > 0.75 I_r \\ I_d > I_H \end{cases} \tag{3-14}$$

如果不采取措施，差动保护会误动。为了防止TA断线差动保护误动，差动保护要发跳闸命令必须满足如下条件：

1）本侧启动元件启动（$\Delta I_{\phi\phi MAX} > 1.25\Delta I_T + \Delta I_{ZD}$ 或 $I_0 > I_{0ZD}$）；

2）本侧差动继电器动作；

3）收到对侧"差动动作"的允许信号。

保护向对侧发允许信号条件：

1）保护启动动作；

2）差流元件动作。

这样当一侧TA断线，由于电流有突变或者有零序电流，启动元件可能启动，差动继电器也可能动作。但对侧没有断线，启动元件没有启动，不能向本侧发差动动作的允许信号，所以本侧不误动。

（3）空充线路故障差动保护措施。

图 3-20 为空充线路故障示意图，M 侧断路器在合闸位置，N 侧断路器在分闸位置。当线路发生故障时，由于 N 侧断路器三相都在断开位置，N 侧突变量电流启动元件和零序电流启动元件都不能启动，低电压启动元件由于母线电压未降低（用母线 TV）也不启动，所以 N 侧不能向 M 侧发允许信号，造成 M 侧纵联差动保护拒动。

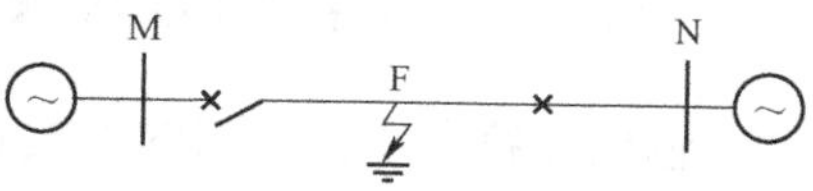

图 3-20　空充线路故障

采取措施：增加断路器跳闸位置信息判别。当保护装置检测到本侧断路器三相 TWJ 都已动作的信号并且差流元件也动作后给对侧发"差动动作"允许信号，对侧的差动保护可以跳闸。

第四节　线路重合闸

输电线路上有 90% 以上的故障是瞬时性的故障（如雷击、鸟害）。继电保护装置动作将输电线路两侧的断路器跳开后，由于没有电源提供短路电流，电弧将熄灭。原先由电弧使空气电离造成的空气中大量的正、负离子开始中和，这过程称之为去游离。等到足够的去游离时间后，空气可以恢复绝缘水平。这时，如果有一个自动装置能将断路器重新合闸就可以立即恢复正常运行，显然这对保证系统安全稳定运行是十分有利的。将因故跳开的断路器按需要重新合闸的自动装置称为自动重合闸装置。自动重合闸装置将断路器重新合闸后，如果继电保护装置没有再动作跳闸，系统马上恢复正常运行状态，这样就重合闸成功了。如果是永久性的故障，如杆塔倒地、带地线合闸，或去游离时间不够等原因，断路器合闸以后故障依然存在，继电保护装置再次将断路器跳开，这样重合闸就没有成功。

自动重合闸的作用如下：

（1）对瞬时性的故障可迅速恢复正常运行，提高了供电可靠性，减少了停电损失。

（2）对由于继电保护误动、工作人员误碰断路器的操动机构、断路器操动机构失灵等原因导致的断路器的误跳闸可用自动重合闸补救。

（3）提高了系统并列运行的稳定性。重合闸成功以后系统恢复成原先的网络结构，加大了功角特性中的减速面积，有利于恢复系统稳定运行。也可以说在保证稳定运行的前提下，采用重合闸后提高了输电线路的输送容量。

如果重合到永久性故障的线路上，系统将再一次受到故障的冲击，对系统的稳定运行是很不利的。但是，由于输电线路上瞬时性故障的几率较多，所以在中、高压输电线路上除某些特殊情况外都普遍使用自动重合闸装置。

一、自动重合闸方式及动作过程

输电线路自动重合闸的方式有三相重合闸、单相重合闸、综合重合闸和重合闸停用四种。在 110kV 及以下电压等级的输电线路上，由于绝大多数的断路器都是三相操动机构的断路器，三相断路器的传动机构在机械上是连在一起的，无法分相跳、合闸，所以这些电压等级中的自动重合闸采用三相重合闸方式。在 220kV 及以上电压等级的输电线路上，断路器一般是分相操动机构的断路器，三相断路器是独立的，因而可以进行分相跳闸。所以可以由用户选择自动重合闸的方式，以适应各种需要。

当使用三相重合闸方式时，保护和重合闸一起的动作过程是：对线路上发生的任何故障跳三相，重合三相，如果重合成功继续运行，如果重合于永久性故障再跳三相。

当使用单相重合闸方式（单重方式）时，保护和重合闸一起的动作过程是：对线路上发生的单相接地短路跳单相（保护功能），重合（重合闸功能），如果重合成功继续运行，如果重合于永久性故障再跳三相（保护功能）。对线路上发生的相间短路跳三相（保护功能），不再重合。

当使用综合重合闸方式时，保护和重合闸一起的动作过程是：对线路上发生的单相接地短路按单相重合闸方式工作，即由保护跳单相，重合，如果重合成功继续运行，如果重合于永久性故障再跳三相。对线路上发生的相间短路按三相重合闸方式工作，即由保护跳三相，重合三相，如果重合成功继续运行，如果重合于永久性故障再跳三相。

二、重合闸的启动方式

1. 位置不对应启动方式

如果跳闸位置继电器动作了（TWJ=1），说明断路器现处于断开状态。但同时控制开关在合闸后状态，说明断路器原先是处于合闸状态的。这两个位置不对应启动重合闸的方式称作位置不对应启动方式。用不对应方式启动重合闸后，既可在线路发生短路时保护将断路器跳开后启动重合闸，也可以在断路器"偷跳"以后启动重合闸。断路器"偷跳"是指系统中没有发生过短路，也不是手动跳闸而由于某种原因如工作人员不小心误碰了断路器的操动机构、保护装置的出口继电器接点由于撞击震动而闭合、断路器的操动机构失灵等原因造成的断路器跳闸。发生这种"偷跳"时保护没有发出过跳闸命令，如果没有不对应启动方式就无法用重合闸来补救。

2. 保护启动方式

绝大多数的情况都是先由保护动作发出过跳闸命令后才需要重合闸发合闸命令的，因此重合闸可由保护来启动。当本保护装置发出单相跳闸命令且检查到该相线路无电流（一般称作单跳固定继电器 TG_ϕ 动作），或本保护装置发出三相跳闸命令且三相线路均无电流（一般称作三跳固定继电器 TG_{ABC} 动作）时，启动重合闸。这是本保护启动重合闸。

三、重合闸的前加速和后加速

1. 重合闸前加速

在图 3-21 所示的低压电网单侧电源线路上，只装有简单的电流速断和过电流两段式的电流保护。过电流保护的动作时间按阶梯型时限特性配合，这时可在 1 号保护处加一套重合闸装置，其他保护处不配重合闸装置。1 号过电流保护在重合闸前是瞬时动作的，重合于故障线路后其动作时限才是按阶梯时限特性配合的时限。这样无论是本线路的 K_1 点短路还是其他线路的 K_4 点短路，1 号过电流保护动作可以瞬时切除故障。尽管这可能会造成非选择性跳闸（K_4 点短路），但故障切除很快。K_4 点短路的非选择性跳闸可用重合闸来补救。1 号断路器跳闸后由重合闸使其重合，对于绝大多数的瞬时性故障可立即恢复正常运行。如果重合于永久性故障上，1 号过电流保护按配合的整定时间动作，可保证选择性。由于带延时的保护在重合闸前动作是瞬时的，所以这种加速方式称为重合闸前加速。这种加速方式第一次跳闸虽然快但有可能是非选择性跳闸，例如在远处的 K_4 点短路，1 号断路器非选择性跳闸后，将造成 N、P、Q 几个变电站全部停电。所以，这种加速方式只在不重要用户的直配线路上使用。

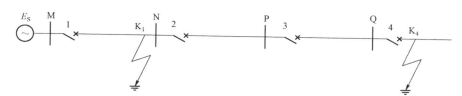

图 3-21　低压电网单侧电源线路的重合闸前加速示意图

2. 重合闸后加速

在图 3-22 中，各处的多段式保护均按整定配合的时限动作，所以对线路上的故障是有选择性的。图 3-22 中 K 点短路时，如果 3 号保护或 3 号断路器因故拒动，故障由 1 号保护的 Ⅱ 段或Ⅲ段经延时切除，随后 1 号断路器重合。如果重合于永久性故障上，此时 3 号保护或 3 号断路器很可能是继续拒动，这样故障还是应该由 1 号保护的 Ⅱ 段或Ⅲ段来切除。既然如此，1 号保护的 Ⅱ 段或Ⅲ段就不必再加延时而应该瞬时跳闸，加速切除故障。由于延时段的保护是在重合闸以后才加速跳闸的，所以称其为重合闸后加速。重合闸后加速方式在逻辑上讲也是完全合理的，因此得到了广泛采用。

重合闸后加速主要有加速零序电流保护和加速距离保护两种。加速零序电流保护可以加速零序电流保护的后备段，也可以加速定值单独整定的零序电流加速段。加速距离保护可以加速距离保护第 Ⅱ 段，也可以加速距离保护第Ⅲ段。但加速距离保护时要考虑是否要经振荡闭锁控制。在单相跳闸重合时或虽然是三相跳闸重合但重合后不会发生振荡时，可以加速不经振荡闭锁控制的 Ⅱ 段或Ⅲ段。在三相跳闸重合但重合后有可能发生振荡的情况下，只能加速经振荡闭锁控制的 Ⅱ 段或Ⅲ段，以防止重合后系统振荡时加速的距离 Ⅱ 段或

Ⅲ段误动。

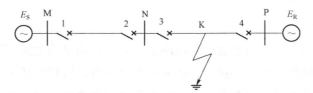

图 3-22 重合闸后加速示意图

第四章 母线保护原理及配置原则

第一节 母线保护配置特点和要求

一、母线的接线方式

母线是发电厂和变电站的重要组成部分之一。母线又称汇流排，是汇集电能及分配电能的重要设备。母线的接线方式很多，应根据发电厂或变电站在电力系统中的地位、母线的工作电压、连接元件的数量及其他条件，选择最适宜的接线方式。

变电站中常用的母线大体上可分为软母线和硬母线两种，其用途为：

（1）软母线多用于室外，其特点是空间大，相间距离宽，散热效果好，施工造价低。

（2）硬母线一般用于户内、户外配电装置，其最大的特点是与电气设备配套可节省占地面积且载流量大，但造价较高。一般硬母线可分为矩型、槽型、菱型和管型等。

一般变电站的母线接线方式有单母线、单母线分段、双母线、双母线分段、增设旁路母线的接线。本节主要介绍单母线、单母线分段、双母线、双母线分段、双母线带旁路（含母联兼旁路）、3/2 断路器母线等常见的变电站母线接线方式。

（一）单母线和单母线分段

单母线及单母线分段的接线方式如图 4-1 所示。

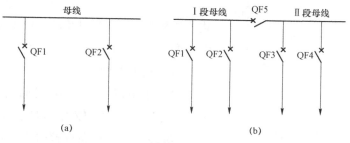

图 4-1　单母线及单母线分段接线

（a）单母线；（b）单母线分段

QF1～QF4—出线断路器；QF5—分段断路器

1. 单母线接线

（1）优点：接线简单、清晰，设备少、操作方便、投资省，便于扩建和采用成套配电装置。

（2）缺点：不够灵活可靠，母线或母线隔离开关故障或检修时，均可造成整个配电装置停电。

（3）适用范围：一般只适用于变电站安装一台变压器的情况，并与不同电压等级的出线回路数有关。一般情况下，110～220kV 配电装置的出线数不超过 2 回，35～66kV 配电装置的出线数不超过 3 回。

2. 单母线分段

（1）优点：用断路器将母线分段后，对于重要用户可以从不同段引出两个回路，由两个电源供电；当一段母线发生故障时，分段断路器自动将故障切除，保证正常段母线不间断供电和对重要用户的供电。

（2）缺点：当一段母线或母线隔离开关故障或检修时，该段母线的回路都要在此期间停电；当出线为双回路时，常使架空线出现交叉跨越；扩建时需向两个方向均衡扩建。

（3）适用范围：一般情况下，110～220kV 配电装置的出线数不超过 4 回，35～66kV 配电装置的出线数不超过 8 回，可采用单母线分段接线方式。

（二）双母线和双母线分段

1. 双母线接线方式

双母线接线方式如图 4-2 所示。

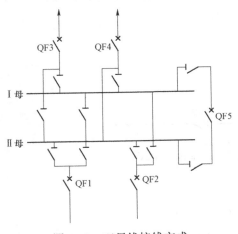

图 4-2　双母线接线方式
QF1～QF4—出线断路器；QF5—母联断路器

（1）优点：供电可靠，通过两组母线隔离开关的倒换操作，可轮流检修一组母线而不使供电中断；一组母线故障后，能迅速恢复供电；可在用户不停电状态下，检修任一回路的母线隔离开关。另外，还具有调度灵活、扩建方便、便于检修的优点。

（2）缺点：每一回路增加一组隔离开关，使配电装置的构架、占地面积及投资费用都相应增加。同时，由于配电装置的复杂化，在改变运行方式倒闸操作时，容易发生误操作。

（3）适用范围：当出线回路数或母线上电源较多、输送和穿越功率较大、母线故障后要求迅速恢复供电、母线或母线设备检修时不允许影响对用户的供电、系统运行对接线的灵活性有一定要求时采用。一般情况下，220kV 配电装置出线回路数 4 回及以上时，110kV 配电装置出线回路数 6 回及以上时，35～66kV 配电装置的出线数 8 回及以上时或连接的电源较多、负荷较大时，可采用双母线接线方式。

2. 双母线分段接线方式

双母线分段接线方式如图 4-3 所示。

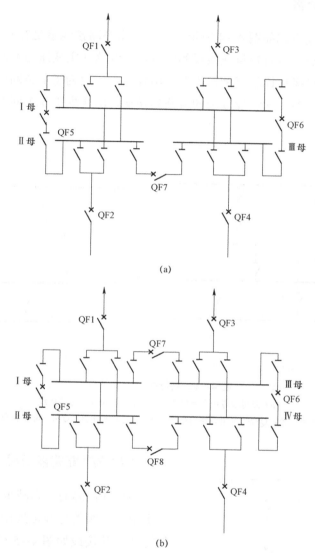

图 4-3 双母线分段接线
（a）双母线三分段接线；（b）双母线四分段接线
QF1~QF4—出线断路器；QF5~QF6—母联断路器；QF7~QF8—分段断路器

当 220kV 进出线回路甚多时，双母线需要分段，分段原则是：

（1）当进出线回路数为 10~14 回时，在一组母线上用断路器分段，称为双母单分段接线。

（2）当进出线回路数为 15 回及以上时，两组母线均用断路器分段，称为双母双分段接线。

（3）为了限制某种运行方式下 220kV 母线短路电流或满足系统解列运行的要求时，可根据需要将母线分段运行。

（三）双母线带旁路

双母线带旁路接线方式如图 4-4 所示。双母线带旁路接线就是在双母线接线的基础上，增设旁路母线。其特点是具有双母线接线的优点，当线路（主变压器）断路器检修时仍能继续供电，但旁路的倒换操作比较复杂，投资费用较大。一般为了节省断路器及设备间隔，当出线达到 5 个回路以上时，才增设专用的旁路断路器，出线少于 5 个回路时则采用母联兼旁路的接线方式。

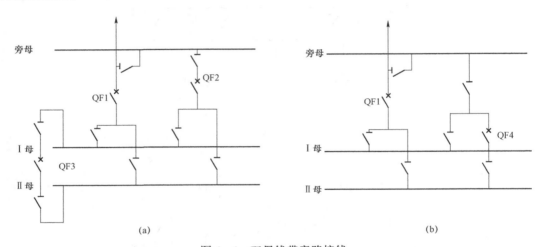

图 4-4　双母线带旁路接线

（a）双母线专用旁路接线；（b）双母线母联兼旁路接线

QF1—出线断路器；QF2—专用旁路断路器；QF3—母联断路器；QF4—母联兼旁路断路器

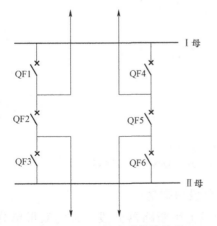

图 4-5　3/2 断路器母线接线

QF1～QF6—出线断路器，QF1～QF3 组成一串，

QF4～QF6 组成另一串，QF2、QF5—中间断路器

（四）3/2 断路器母线

当母线故障时，为减少停电范围，220kV 及以上电压等级的母线可采用 3/2 断路器母线的接线方式，其接线如图 4-5 所示。

3/2 断路器母线接线方式是一种没有多回路集结点、一个回路由两台断路器供电的双重连接的多环形接线，是现代国内外大型发电厂、变电站超高压配电装置广泛应用的一种接线方式。其主要特点有：

（1）高度可靠性。每一回路由两台断路器供电，发生母线故障时，只跳开与此母线相连的所有断路器，任何回路不停电。在事故与检修重合情况下停电回路不会多于两条。

（2）运行调度灵活。正常时两组母线和全部断路器都投入工作，从而形成多环形供电，运行调度灵活。

（3）操作检修方便。隔离开关仅作检修时用，避免了将隔离开关作操作时的倒闸操作。检修断路器时，不需要带旁路的倒闸操作；检修母线时，回路不需要切换。

（4）缺点是使用设备较多，特别是断路器和电流互感器，投资费用大，保护接线复杂。

二、母线保护装置的构成

在大型发电厂和枢纽变电站，母线连接元件甚多。主要连接元件除出线单元之外，还有TV、电容器等。运行实践表明：在众多的连接元件中，由于绝缘子的老化、污秽引起的闪络接地故障和雷击造成的短路故障次数甚多。另外，运行人员带地线合隔离开关造成的母线短路故障，也有发生。母线的故障类型主要有单相接地故障、两相接地短路故障及三相短路故障，两相短路故障的几率较少。

母线故障的几率虽然很小，但由于其在电网运行中的重要性，在母线故障时，尤其是枢纽变电站的母线发生故障，不但会使连接在故障母线上的所有元件停电，严重时甚至会破坏整个电网的稳定，使事故扩大，后果十分严重。为此，非常有必要在母线上装设母线保护，快速切除故障段母线，保证非故障母线的正常运行，从而使电网运行稳定，并尽量减少停电损失以及故障所造成的后果。

（一）对母线保护的要求

对母线保护的要求是快速、灵敏而有选择性地切除区内各种类型故障，同时还应考虑以下问题：

（1）对各种类型区外故障，母线保护不应因短路电流中的非周期分量引起电流互感器的暂态饱和而误动作。

（2）对构成环路的各类母线（如3/2断路器母线接线、双母线分段接线等），保护不应因母线故障时流出母线的短路电流影响而拒动。

（3）母线保护应能适应被保护母线的各种运行方式，有选择性地切除故障母线；应能自动适应双母线连接元件运行位置切换。切换过程中母线保护不应误动作，不应造成电流互感器开路。切换过程中，母线发生故障时，保护应能正确动作切除故障，区外故障时不应误动。母线充电合闸于有故障的母线时，母线保护应能正确动作切除故障母线。

（4）母线保护应设有电压闭锁元件，母联或分段间隔可不经电压闭锁控制。

（5）双母线的母线保护应保证母联与分段断路器的跳闸出口时间不大于线路及变压器断路器的跳闸出口时间，并能可靠切除母联或分段断路器与电流互感器之间的故障。

（6）母线保护动作后，除3/2断路器接线外，对不带分支且有纵联保护的线路应采取措施，使对侧断路器能快速跳闸。

（7）母线保护应允许使用不同变比的电流互感器。当交流电流回路不正常或断线时应闭锁母线差动保护并发出告警信号，对 3/2 断路器接线可以只发告警信号不闭锁母线差动保护。

（二）母线保护的分类

母线保护可以分为两大类型：① 利用供电元件的保护来保护母线；② 装设母线保护专用装置。

一般来说母线故障可以利用供电元件的保护来切除。例如利用变压器电源侧断路器或母联、分段断路器切除低压系统的故障母线等情况，但该保护配置存在切除故障时间较长、无选择性等缺点。

为快速、有选择地切除母线故障，一般按下列原则装设专用母线保护：

（1）110kV 及以上电压等级系统的双母线、双母线分段、单母线、单母线分段和 220kV 及以上电压等级系统的 3/2 断路器母线应装设专用母线保护，其中除终端负荷变电站外，220kV 及以上电压等级系统的母线保护应按双套配置。

（2）重要发电厂或 110kV 及以上重要变电站的 35～66kV 母线，需要快速切除母线上的故障时，应装设专用母线保护。

（3）35～66kV 电力网中，主要变电站的 35～66kV 双母线或分段单母线需快速而有选择地切除一段或一组母线上的故障，以保证系统安全稳定运行和可靠供电。

（三）母线保护的组成

在大型发电厂及枢纽变电站的成套母线保护装置中，配置有母线差动保护、母联充电保护、母联死区保护、母联过流保护及断路器失灵保护等。其中，母差保护是母线保护中最重要的组成部分，就其作用原理而言，所有母线差动保护均是反映母线上各连接单元 TA 二次电流的相量和的。当母线上发生故障时，各连接单元的电流均流向母线；而在母线之外（线路上或变压器内部发生故障），各连接单元的电流有流向母线的，有流出母线的。母线上故障母差保护应动作，而母线外故障母差保护可靠不动作。

第二节 微机型母线保护

目前，微机型母线保护已广泛应用于电力系统，微机型母线保护和其他微机型元件保护一样，可以充分发挥微机软硬件的特点，使微机型母线保护的各种性能远远超过常规型母线保护。微机型母线保护在硬件方面，采用多 CPU 技术使保护各主要功能分别由单个 CPU 独立完成；在软件方面，通过各软件功能元件的相互闭锁制约，提高保护的可靠性。此外，微机型母线保护通过对庞大的母线系统各种信号的监视和显示，在提高装置可靠性的同时，还减少了装置的调试和维护工作量。同时，随着保护软件算法的深入开发，将使微机型母线保护的灵敏度和选择性不断提高。

一、比率差动保护

各种类型的母线保护就其对母线接线方式、电网运行方式、故障类型以及故障点过渡电阻等方面的适应性来说，仍以按电流差动原理构成的母线保护为最佳。带制动特性的差动继电器（比率差动继电器）采用穿越电流作为制动电流，以克服区外故障时由于电流互感器误差而产生的差动不平衡电流，在高压电网中得到了较为广泛的应用。

母线比率差动保护主要由启动元件、比率差动元件、复合电压闭锁元件以及母线并列运行识别及电流互感器 TA 饱和识别元件等组成。

（一）启动元件

为提高母差保护的动作可靠性，设置有专用的启动元件，只有在启动元件启动之后，母差保护才能动作。不同型号的母差保护采用的启动元件有差异。通常母线差动保护的启动元件由"和电流突变量"和"差电流越限"两个判据组成。和电流是指母线上所有连接元件电流的绝对值之和 I_r；差电流是指所有连接元件电流和的绝对值 I_d。与传统差动保护不同，微机保护的差电流与和电流不是从模拟电流回路中直接获得，而是通过电流采样值的数值计算求得。启动元件分相启动，分相返回。和电流 I_r、差电流 I_d 的表达式分别为：

$$I_r = \sum_{j=1}^{m} \left| I_j \right| \tag{4-1}$$

$$I_d = \left| \sum_{j=1}^{m} I_j \right| \tag{4-2}$$

式中：I_j 为母线上第 j 个连接元件的电流。

（1）和电流突变量判据。当任一相的和电流突变量大于突变量门坎时，该相启动元件动作。其表达式为：

$$\Delta i_r > \Delta I_{dset} \tag{4-3}$$

式中：Δi_r 为和电流瞬时值比前一周波的突变量；ΔI_{dset} 为突变量门坎定值。

（2）差电流越限判据。当任一相的差电流大于差电流门坎定值时，该相启动元件动作。其表达式为：

$$I_d > I_{dset} \tag{4-4}$$

式中：I_d 为分相大差动电流；I_{dset} 为差电流门坎定值。

（二）比率差动元件

微机母线保护的比率差动元件一般由大、小差动保护元件构成，它是母线差动保护的核心元件。双母线差动保护通常包括一个母线大差动保护和几个各段母线小差动保护。母线大差是指除母联断路器和分段断路器外所有支路电流所构成的差动回路。某段母线的小差是指该段母线上所连接的所有支路（包括母联和分段断路器）电流所构成的差动回路。母线大、小差动保护均采用比率差动判据实现，母线大差比率差动用于判别母线区内和区外故障，小差比率差动用于故障母线的选择。

差动判据的实质就是根据基尔霍夫第一电流定理，将母线当作一个节点。在正常运行及外部故障过程中，由于内部没有分流 $\sum I=0$。而在内部故障时，$\sum I \neq 0$，所以最早的差动判据为 $I_d \geq I_{dset}$。为了防止某一 TA 的二次侧断线引起保护动作，以及躲过不平衡电流的影响，所以要将 I_{dset} 整定得很高，这样就降低了保护的灵敏度。为了解决这个问题，引入带制动特性的差动判据。

差动保护的制动方式有很多种，根据制动电流选取的不同，差动保护的动作特性差异非常大。目前我国微机型母差保护中常用的带制动特性的差动判据主要有常规比率差动判据、复式比率差动判据等，这些判据提高了外部故障时的制动作用，增大了在外部故障不动作的可靠性。内部故障时，制动电流接近于零，即使内部故障时母线有电流流出的情况，这些判据也有足够的灵敏度。

同时为提高保护抗过渡电阻能力，减少保护性能受故障前系统功角关系的影响，微机型母线保护除采用由稳态差流构成的稳态比率差动判据外，还采用工频变化量电流构成了暂态过程中的工频变化量比率差动判据。

1. 比率差动判据

动作表达式为

$$
\begin{cases}
I_d > I_{dset} \\
I_d > K_r I_r
\end{cases}
\tag{4-5}
$$

式中：I_d、I_r 表达式见式（4-1）和式（4-2）；I_{dset} 为差动电流整定门坎；K_r 为比例制动系数（K_r 小于 1），其动作特性曲线如图 4-6 所示。

2. 复式比率差动判据

动作表达式为：

$$
\begin{cases}
I_d > I_{dset} \\
I_d > K_r(I_r - I_d)
\end{cases}
\tag{4-6}
$$

式中：I_{dset} 为差电流门坎定值；K_r 为复式比率系数（制动系数）。

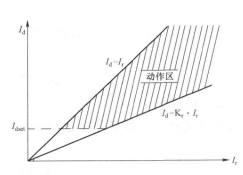

图 4-6　比率差动元件动作特性曲线

与传统的比率制动判据相比，复式比率差动判据由于在制动量的计算中引入了差电流，使其在母线区外故障时有极强的制动特性，在母线区内故障时无制动，因此能更明确地判断区外故障和区内故障，图 4-7 表示复式比率差动元件的动作特性。

3. 工频变化量比率差动判据

为有效减少负荷电流对差动保护灵敏度的影响，进一步减少故障前系统电源功角关系对保护动作特性的影响，提高保护切除经过渡电阻接地故障的能力，微机型母线保护一般采用工频变化量比率差动元件配合常规比率差动元件使用。

动作表达式为：

$$\begin{cases} \Delta I_\mathrm{d} > I_\mathrm{zd} \\ \Delta I_\mathrm{d} > K \Delta I_\mathrm{r} \end{cases} \qquad (4-7)$$

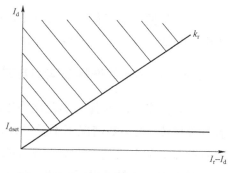

图 4-7 复式比率差动元件动作特性

式中：I_zd 为差动定值；$\Delta I_\mathrm{d} = \left| \sum_{j=1}^{n} \Delta I_j \right|$；$\Delta I_\mathrm{r} = \sum_{j=1}^{n} \left| \Delta I_j \right|$（$\Delta I_j$ 为第 j 个连接元件的电流突变量）；K 为工频变化量比率制动系数。

（三）TA 饱和检测元件

为防止 TA 饱和导致母线差动保护误动作，微机型母线保护一般还设置 TA 饱和检测元件。当母线外部发生故障特别是母线近端发生外部故障时，由于直流分量的影响，TA 可能发生饱和，使 TA 的二次电流发生畸变，不能真实反映系统的一次电流。在差动回路中有差电流存在，对母线差动保护产生不利影响，若不采取必要的闭锁措施，差动保护就会误动，因此，在各种类型的母线差动保护中必须对 TA 饱和采取相应的闭锁措施。

在系统发生故障瞬间，无论一次电流有多大，TA 不可能立即饱和，从故障发生到 TA 饱和需要一段时间（在此期间 TA 能正确传变一次电流）。另外，即使 TA 发生饱和，当一次电流过零点附近时，饱和的 TA 二次侧将出现一个线性传变区。在线性传变区内，电流差动元件会正确判断故障是否为区内故障。因此，对饱和的闭锁可以是周期性的。在判出 TA 饱和后，先闭锁差动保护，每当电流过零点附近又将其开放，这样即使出现发展性故障，如区外故障转为区内故障，差动保护仍有可能动作。

（四）复合电压闭锁元件

母线保护中的复合电压闭锁元件是由正序低电压、零序和负序过电压组成的"或"元件，其作用是防止 TA 二次回路断线引起的保护误动，从而提高母线保护的可靠性。电压闭锁元件的动作表达式为：

$$\begin{cases} U_\mathrm{ab} \leqslant U_\mathrm{set} \text{ 或 } U_\mathrm{bc} \leqslant U_\mathrm{set} \text{ 或 } U_\mathrm{ca} \leqslant U_\mathrm{set} \\ 3U_0 \geqslant U_\mathrm{0set} \\ U_2 \geqslant U_\mathrm{2set} \end{cases} \qquad (4-8)$$

式中：U_ab、U_bc、U_ca 为母线线电压（相间电压）；$3U_0$ 为母线 3 倍零序电压；U_2 为母线负序电压（相电压）；U_set、U_0set、U_2set 分别为各序电压闭锁定值。

三个判据中的任何一个被满足，该段母线的电压闭锁元件就会动作，称为复合电压元件动作。差动元件与失灵元件动作出口经相应母线段的相关复合电压元件闭锁。

（五）故障母线选择及实现方式

大差比率差动元件与小差比率差动元件各有特点。大差比率差动元件的差动保护范围涵盖各段母线，大多数情况下不受运行方式的控制；小差比率差动元件受当时的运行方式控制，但差动保护范围只是相应的一段母线，具有选择性。

对于固定连接式分段母线，如单母分段、3/2 断路器等主接线，由于各个元件固定连接在一段母线上，不在母线段之间切换，因此大差电流只作为启动条件之一，各段母线的小差比率差动元件既是区内故障判别元件，也是故障母线选择元件。

对于存在倒闸操作的双母线、双母分段等主接线，差动保护使用大差比率差动元件作为区内故障判别元件；使用小差比率差动元件作为故障母线选择元件。即：由大差比率元件是否动作来区分母线区外故障与区内故障；当大差比率元件动作时，由小差比率元件是否动作来判断故障发生在哪一段母线。这样可以最大限度地减少因隔离开关辅助接点位置不对应造成的母差保护误动作。

考虑到分段母线的联络断路器在断开的情况下发生区内故障，非故障母线段有电流流出母线，影响大差比率元件的灵敏度，大差比率差动元件的比率制动系数可以自动调整。一般情况下，当联络断路器处于合位时（母线并列运行），微机母线保护中的大差比率制动系数与小差比率制动系数相同；当联络断路器处于分位时（母线分裂运行），大差比率差动元件自动转用比率制动系数低值。

母线上的连接元件倒闸过程中，两条母线经隔离开关相连时（即母线互联），母线保护应自动转入"母线互联方式"（即非选择方式）。该方式下母线保护不进行故障母线的选择，一旦发生故障同时切除两段母线。当运行方式需要时，如母联断路器操作回路失电，也可以投"互联压板"或设定微机母线保护控制字中的"强制母线互联"软压板，强制保护进入互联方式。图 4-8 为母线差动保护选择逻辑关系。

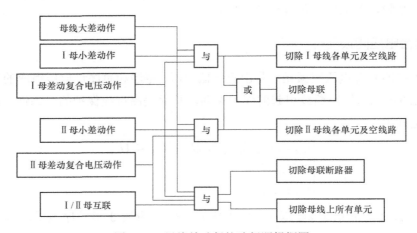

图 4-8　母线差动保护选择逻辑框图

（六）运行方式的识别

在双母线系统中，根据电力系统运行方式变化的需要，母线上连接的元件需在两条母线间频繁切换，为此要求母线保护能够自动跟踪一次系统的倒闸操作。一般情况下，微机母线保护可以用软件实现母线运行方式的自动识别。同时微机型母线保护还引入了一次隔离开关的辅助触点，完成各间隔运行方式的自动识别，作为差动电流计算及出口跳闸的依据。差动保护中由于引入了各间隔的相电流，可利用各间隔电流对一次隔离开关的辅助触点位置进行校核，若二者不一致，则发切换异常信号。

（七）母线差动保护范围

与母线连接的各元件故障都属于保护范围，包括连接在母线上的电压互感器、避雷器、母线隔离开关等设备；连接在母线上各出线间隔单元的开关、电流互感器的故障也在母线保护范围内。

以双母线为例，一般故障位置有 F1（Ⅰ母线故障）、F2（Ⅱ母线故障）、F3（支路断路器与 TA 间故障）、F4（母联断路器与 TA 间故障，即死区故障）等，母差保护中大、小差元件动作区如图 4-9 所示。

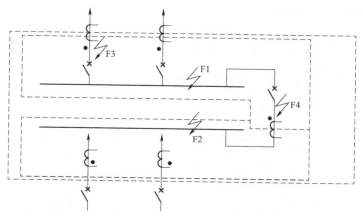

图 4-9　母线故障点位置及大、小差元件动作区

二、死区保护和母联（分段）失灵保护

母线并列运行，当故障发生在母联（分段）断路器与母联（分段）TA 之间时，断路器侧母线段跳闸出口无法切除该故障，而 TA 侧母线段的小差元件不会动作，这种情况称为死区故障，如图 4-10 所示。

微机母线保护一般采用Ⅰ母母差动作跳开母联断路器后检测母联断路器的跳位开入，若有跳位开

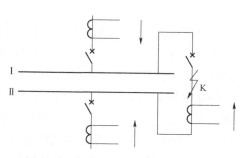

图 4-10　母联死区故障示意图

入,则封掉母联 TA 的电流,从而破坏 Ⅱ 母电流平衡,使 Ⅱ 母差动作,最终切除故障。若没有把母联断路器的跳位接点引入保护装置,或者保护没有识别到母联在跳开位置,则母联死区故障时保护自动按母联失灵来处理。

例如:在双母线接线中,K 点发生故障,对 Ⅱ 母而言为外部故障,Ⅱ 母差动保护不动作;对于 Ⅰ 母而言为内部故障,Ⅰ 母差动保护动作,跳开 Ⅰ 母上的连接元件及母联断路器。但此时故障仍不能切除,母差保护已动作于 Ⅰ 母,大差电流元件不返回,母联(分段)断路器已跳开而母联(分段)TA 仍有电流,死区保护应经母线差动复合电压闭锁后切除相关母线。

另一种情况:母线并列运行,当保护向母联(分段)断路器发出跳令后,经整定延时大差电流元件不返回,母联(分段)TA 中仍然有电流,此时说明母联(分段)断路器失灵(跳令发出后,断路器未跳开),需要切除与之关联的全部元件,则母联(分段)失灵保护应经母线差动复合电压闭锁后切除相关母线各元件。只有母联(分段)断路器作为联络断路器时,才启动母联(分段)失灵保护,因此母差保护和母联(分段)充电保护需要启动母联(分段)失灵保护。

死区保护与母联(分段)失灵保护的共同之处是:故障点在母线上,跳母联断路器经延时后,大差元件不返回且母联 TA 仍有电流,跳两段母线。因此,微机型母线保护可以共用一个保护逻辑,如图 4-11 所示。

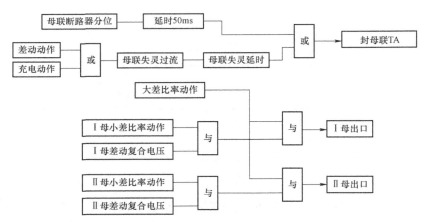

图 4-11　母联失灵保护、死区故障保护实现逻辑框图

母线保护根据母联断路器的分合状态封母联 TA 后(即母联电流不计入小差比率元件),差动元件即可动作隔离故障点。对母联断路器失灵而言,需经过大于母联断路器灭弧时间并留有适当裕度的延时(母联失灵延时,可整定)才能封母联 TA;对于母线并列运行(联络断路器合位)发生死区故障而言,母联断路器接点一旦处于分位(可以通过断路器辅助触点或动断、动合接点读入),再考虑主接点与辅助接点之间的先后时序(50ms),即可封母联 TA,这样可以提高切除死区故障的动作速度。

母线分裂运行时,死区点如果发生故障,由于母联 TA 已被封闭,所以保护可以直接跳故障母线,避免了故障切除范围的扩大。

因为母联断路器状态的正确读入对母差保护的重要性,所以微机型母线保护一般将母联(分段)断路器的动合接点(或 HWJ)和动断接点(TWJ)同时引入装置,以便相互校验。对于分相断路器来说,一般要求将三相动合接点并联,将三相动断接点串联。

三、母联(分段)充电保护

分段母线其中的一段母线停电检修后,可以通过母联(分段)断路器对检修母线充电以恢复双母运行。此时微机型母线保护一般设置母联(分段)充电保护,当该保护投入且检修母线有故障时,跳开母联(分段)断路器,切除故障。

母联(分段)充电保护的启动一般需同时满足以下三个条件:

(1)母联(分段)充电保护压板投入;

(2)其中一段母线已失压,且母联(分段)断路器已断开;

(3)母联电流从无到有。

充电保护一旦投入,自动展宽延时 T(短延时)后退出。充电保护投入后,当母联任一相电流大于充电电流定值,经可整定延时跳开母联断路器,不经复合电压闭锁。一般微机型母线保护在充电保护投入期间,可通过设置保护控制字选择是否闭锁差动保护,保护逻辑如图 4-12 所示。

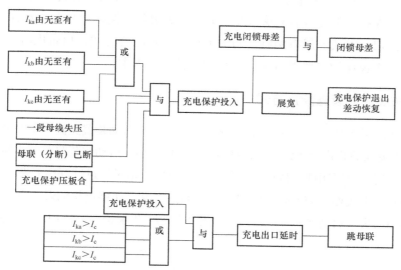

图 4-12 充电保护逻辑框图

I_{ka}—母联 A 相电流;I_{kb}—母联 B 相电流;I_{kc}—母联 C 相电流;I_c—充电保护电流定值

四、母联(分段)过流保护

微机型母线保护一般还设置母联(分段)过流保护作为母线解列保护,也可以作为线路(变压器)的临时应急保护。母联(分段)过流保护压板投入后,当母联任一相电流大于母联过流定值，或母联零序电流大于母联零序过流定值时，经可整延时跳开母联断路器，不经复合电压闭锁，保护逻辑如图 4-13 所示。

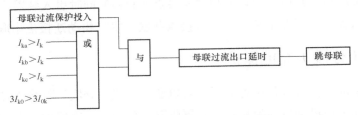

图 4-13　母联过流保护逻辑框图

I_{ka}—母联 A 相电流；I_{kb}—母联 B 相电流；I_{kc}—母联 C 相电流；$3I_{k0}$—母联零序电流；
I_k—母联过流定值；$3I_{0k}$—母联零序过流定值

五、断路器失灵保护出口

当输电线路、变压器、母线或其他主设备发生短路，保护装置动作并发出了跳闸指令，但故障设备的断路器拒绝动作，称之为断路器失灵。

运行实践表明，发生断路器失灵故障的原因很多，主要有：断路器跳闸线圈断线、断路器操动机构出现故障、空气断路器的气压降低或液压式断路器的液压降低、直流电源消失及控制回路故障等。其中，发生最多的是气压或液压降低、直流电源消失及操作回路出现问题。

微机型母线保护一般还设置有失灵保护功能，失灵保护跳闸出口与母线保护出口回路公用，失灵保护的启动方式一般有两种：与失灵启动装置配合方式、自带电流检测元件方式。目前，新投产的失灵保护主要以自带电流检测元件方式为主。

（一）与失灵启动装置配合方式

当母线所连的某断路器失灵时，由该线路或元件的失灵启动装置提供一个失灵启动接点给失灵保护装置。失灵保护装置检测到某一失灵启动接点闭合后，启动该断路器所连的母线段失灵出口逻辑，经失灵复合电压闭锁，按可整定的"失灵出口短延时"跳开联络断路器，按"失灵出口长延时"跳开该母线连接的所有断路器。某一间隔失灵启动接点长期误闭合后，失灵保护装置会闭锁该间隔的失灵启动逻辑，同时发出"开入异常"告警信号。保护逻辑如图 4-14 所示。

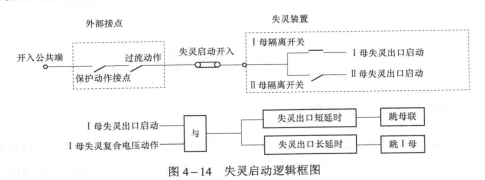

图 4-14　失灵启动逻辑框图

若有外部母联保护装置动作于母联断路器失灵，由该母联保护的失灵启动装置提供一个失灵启动接点给失灵保护装置。当失灵保护装置检测到外部母联失灵启动接点闭合后且母线并列运行时，启动母联断路器失灵出口逻辑，当母联电流大于母联失灵定值，经差动复合电压闭锁，按可整定的"母联失灵延时"跳开Ⅰ母或Ⅱ母连接的所有断路器。保护逻辑如图4-15所示。

图4-15 母联外部失灵启动逻辑框图

（二）自带电流检测元件方式

失灵保护装置通过与母线保护公用电流回路，实现检测断路器失灵的过流元件。同时将元件保护的保护跳闸接点引入装置，分相跳闸接点分相检测电流，三相跳闸接点检测三相电流。对于220kV系统，失灵保护装置需引入线路保护的三跳接点和单跳接点，以及变压器保护的三跳接点。保护逻辑如图4-16所示。

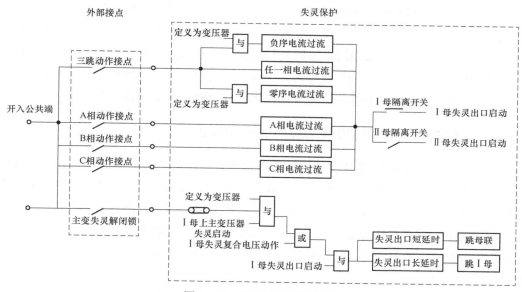

图4-16 失灵过流逻辑框图

注："定义为变压器"由定值整定

（三）失灵电压闭锁元件及主变失灵解除电压闭锁

失灵保护的电压闭锁元件与差动保护的电压闭锁类似，也是以低电压（线电压）、负序电压和 3 倍零序电压构成的复合电压元件。只是使用的定值与差动保护不同，需要满足线路末端故障时的灵敏度。同样失灵保护出口动作，需要相应母线段的失灵复合电压元件动作。

为了防止主变压器或发变组低压侧故障时，高压侧母线复合电压灵敏度不足，对于变压器或发变组间隔，设置"主变失灵解闭锁"的开入接点。当变压器或发变组低压侧故障，跳高压侧断路器失灵时，该支路失灵保护启动接点和"主变失灵解闭锁"的开入接点同时动作，实现解除该支路所在母线的失灵保护电压闭锁。

需要指出的是，当变电站主变压器中、低压侧有电源支路时，为了可靠隔离故障点及故障，该主变压器高压侧（或具有失灵保护的中压侧）断路器失灵启动失灵保护装置时，失灵保护还应再次联跳该主变压器三侧断路器。

六、特殊方式对装置的影响及异常处理

（一）母线保护的互联压板的投退原则

母差保护的互联压板一般只用于倒闸操作，倒闸操作前应投入该压板，使母差保护处于无选择状态，倒闸操作完以后将该压板退出。对于双母线接线的变电站进行倒闸操作时，必然会出现两个母线隔离开关同时合入，然后再拉开某个母线隔离开关的情况。为了防止在进行拉开隔离开关的操作时由于不可预期的原因造成母联断路器跳开，从而出现带负荷拉隔离开关的事故，一般在倒闸操作前需要停用母联断路器的控制直流。如果在此期间发生母线故障时，若采用先停母联操作直流后投入互联压板的方法，切除两条母线的动作行为是相继的（进入母联失灵逻辑），其切除故障所需时间较先投入互联压板的方法要长一些，对系统稳定性的影响显然会更大。因此在倒闸操作时，应先投入互联压板，再停用母联操作直流。

在倒闸操作结束后，应该先投入母联断路器操作直流，然后再退出互联压板。

（二）关于微机型母线保护倒闸操作时的确认问题

微机型母线差动保护装置是通过隔离开关位置接点的开入来判断某个单元所连接的母线位置。如果隔离开关位置错误，轻者会造成保护逻辑上的混乱从而导致保护动作时过多的切除连接元件，重者还可能造成保护被闭锁从而导致拒动。因此，隔离开关位置接点的正确性对于母线保护而言是相当重要的。为了保证其正确性，防止因为光耦击穿或者隔离开关辅助接点位置错误导致的保护开入信息错误，一般母线保护装置设计了采用隔离开关变位时报警需要运行人员确认的方法。

运行人员在操作隔离开关位置模拟盘时应注意：装置发出隔离开关位置报警信号后，装置仍能记忆原正常运行时的隔离开关位置，运行人员不应盲目对隔离开关位置报警信号进行确认。确认前，一定要先认真核对报警支路的实际运行方式是否与模拟盘上的隔离开关位置一致后，再按屏上"刀闸位置确认"按钮。

应当特别注意的是，当检修人员对隔离开关位置接点检修结束后，运行人员必须及时将

强制开关恢复到自动状态，并按下屏上的"刀闸位置确认"按钮，使母线保护读取正确的刀闸位置。

（三）母线分列运行压板的作用

当双母线运行且母联断路器断开时，称其为母线分列运行。有些型号的母线保护（BP—2A/B，RCS—915 的某些产品）设置母线分列运行压板。在母线分列运行时，必须投入分列运行压板，防止由于母联断路器在检修过程中，发生检修分合使母差保护误判为并列运行而导致误动作的情况。该压板投入时，保护装置始终认为母线为分列运行方式，而不再判断母联断路器位置。

母线分列运行时，死区故障，故障点位于母联断路器和 TA 之间。此时，按照保护原理，不再将母联电流计入小差差动元件计算，那么故障母线计算出差流，动作于跳闸，而非故障母线正常运行。

该压板的投退应在双母线分列运行后，即断开母联断路器后投入，合入母联断路器前退出。注意：单母线运行时，即使母联断路器断开，也不要投入此压板。

（四）禁止断路器与其两侧接地刀闸（接地线）同时在合入位置

当断路器两侧接地刀闸同时在合位，如果这时合上断路器，则通过接地刀闸和断路器在两个接地点间形成回路。考虑到变电站存在较大的电磁感应以及地网存在接触电阻以及分布不均匀，因此两个接地刀闸接地点并不在一个等电位面上，两点之间存在电位差，必然会有电流流过，这一电流的大小决定于两接地点间的电位差，如图 4-17 所示。

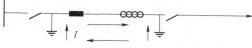

图 4-17　断路器两侧接地刀同时合入示意图

电流 I 流过电流互感器 TA，必然要在二次感应出相应的电流。感应出的二次电流会流入诸如母线保护等运行设备，对其产生影响。现场曾出现过由于上述原因造成母线差动保护出现差流被判为 TA 断线，从而闭锁保护的情况。

更有甚者，如果发生变电站出口接地短路时，大量的接地故障电流会流过变电站地网。由于接地刀闸和断路器均在合位构成通路，接地电流有一部分也会流过电流互感器的一次侧，从而可能在母线保护中产生足以使保护动作的差动电流。考虑到出口故障时母线电压降低也可能使母线保护复合电压闭锁继电器开放，从而造成母线保护误动作。因此，断路器及其两侧接地刀闸同时在合入位置的情况是不允许的。

（五）TA 断线闭锁及告警

目前，为了设备及人身的安全，除母差保护外，其他类型差动保护（如线路纵差保护、变压器差动保护等）TA 断线后一般不闭锁差动保护。但由于母差保护误动可能造成严重的后果，因此当交流电流回路不正常或断线时应闭锁母线差动保护，并发出告警信号，对于 3/2

断路器接线可以只发告警信号不闭锁母线差动保护。

母联（分段）电流回路断线，并不会影响保护对区内、区外故障的判别，只是会失去对故障母线的选择性。因此，联络断路器电流回路断线不需闭锁母线差动保护，只需转入母线互联方式（无选择方式）即可。母联（分段）电流回路正常后，自动恢复正常运行。由于联络断路器的电流不计入大差差动元件，母联（分段）电流回路断线时大差差动元件不会有差流越限。而此时与该联络断路器相连的两段母线小差电流都会越限，且大小相等、方向相反。

（六）TV 断线告警

对采用复合电压闭锁的母差保护，为防止由于 TV 二次回路断线造成对母线电压的误判断，一般设置有 TV 二次回路断线的监视元件。当任何一段母线检测出 TV 二次断线后经延时发出告警信号，但不应闭锁母差保护。

七、母线保护与其他设备配合

1. 对电流互感器的要求

母线保护应接在专用 TA 二次回路中，且要求在该回路中不接入其他设备的保护装置或测量表计。TA 的测量精度要高，暂态特性及抗饱和能力强。

母线 TA 在电气上的安装位置应尽量靠近线路或变压器一侧，使母线保护与线路保护或变压器保护有重叠的保护区。

2. 与其他保护及自动装置的配合

由于母线保护关联到母线上的所有出线元件，因此，在设计母线保护时应考虑与其他保护及自动装置相配合。

（1）母差保护动作后作用于线路纵联保护。当断路器与 TA 之间发生故障时（见图 4-18），如果不采取措施，N 端只能由 II 段距离或零序保护带延时切除，这显然对系统安全稳定运行很不利。为此，需要 M 端纵联保护在母差动作后能立即采取措施，使 N 端纵联保护马上动作并切除故障。为此，对于线路高频闭锁式保护，母差保护动作后应使本侧的收发信机停信；对于允许式纵联保护，母差保护动作后应向线路对侧保护发跳闸允许信号；对于光纤差动保护，母差保护动作后应向线路对侧保护发远跳信号，使对侧纵联保护快速动作并切除故障。

图 4-18　断路器与 TA 之间故障

（2）闭锁线路重合闸。当母线发生故障时，为防止线路断路器对故障母线进行重合，母线保护动作后，应闭锁线路重合闸。

（3）启动断路器失灵保护。为了在母线发生短路故障而某一断路器失灵时，失灵保护能可靠切除故障，在母线保护动作后，应立即去启动失灵保护。

八、母线失压事故处理

（1）应根据事故前运行方式、现场仪表指示、保护及自动装置的动作情况、报警信号、事件打印、断路器跳闸及设备状况等判断故障性质，并判断故障发生的范围和事故停电范围。若站用电失去时，先倒站用电（夜间应投入事故照明）。

（2）若发现明显故障点，应迅速将故障点隔离，报告调度，听令恢复母线的运行。若因高压侧母线失压，使中低压侧母线失压，失压的中、低压侧母线无故障特征时（如母差保护动作或失灵保护动作，使高压侧母线失压，无变压器保护动作信号，在中、低压侧母线上各分路无保护动作信号），可先利用备用电源，或合上母线分段（或母联）断路器，以便在短时间内恢复供电，然后再处理高压侧母线失压事故。

（3）双母线运行，有一条母线故障停电，运行人员应首先隔离引起该母线故障的间隔，立即检查母联断路器应在断开位置，然后将故障母线所接支路由无故障母线送出。

（4）处理母线失压事故时，还应注意以下几点：

1）未查明故障原因时，严禁将已失压的母线转入运行。

2）当母线及中性点接地的变压器断路器被切除后，应按照调度命令立即合上另一台不接地变压器的中性点接地隔离开关，同时应监视主变压器不得长时间过负荷运行。

3）当35kV母线或10kV母线发生故障时，应尽快恢复站用变压器运行。

4）在对各支路进行送电时，应防止两个独立电源系统的非同期并列。

第五章　变压器保护和电抗器保护原理及配置

第一节　变压器保护和高压电抗器保护的配置特点和要求

一、变压器的基本结构及接线组别

电力变压器主要由铁芯及绕在铁芯上的两个或三个绝缘绕组构成。为增强各绕组之间的绝缘及铁芯、绕组散热的需要，将铁芯及绕组置于装有变压器油的油箱中。然后，通过绝缘套管将变压器各绕组的两端引到变压器壳体之外。另外，为提高变压器的传输容量，变压器上有专用的散热装置，作为变压器的冷却器。

大型电力变压器均为三相变压器或由 3 个单相变压器组成的三相变压器。将变压器同侧的三个绕组按一定的方式连接起来，组成某一接线组别的三相变压器。

双绕组电力变压器的接线组别主要有 YNy、YNd、Dd 及 Dd-d。理论分析表明，接线组别为 YNy 的变压器，运行时某侧电压波形要发生畸变，从而使变压器的损耗增加，进而使变压器过热。因此，为避免油箱壁局部过热，三相铁芯变压器按 Yy 连接的方式，只适用于容量为 1800kVA 以下的小容量变压器。而超高压大容量的变压器均采用 YNd 的接线组别。

在超高压电力系统中，YNd 接线的变压器呈 Y 形连接的绕组为高压侧绕组，而呈△形连接的绕组为低压侧绕组，前者接大电流系统（中性点接地系统），后者接小电流系统（中性点不接地系统）。

在实际运行的变压器中，在 YNd 接线的变压器的接线组别中，以 YNd-11 为最多，也有 YNd-1 及 YNd-5 的接线组别。

YNd-11 接线组别的含意是：① 变压器高压绕组接成 Y 形，且中性点接地，而低压侧绕组接成△形。② 低压侧的线电压（相间电压）或线电流分别滞后高压侧对应相的线电压或线电流 330°。330°相当于时钟的 11 点，故又称 11 点接线方式。

同理，Yd-1 及 Yd-5 的接线组别则表示△侧的线电流或线电压分别滞后 Y 侧对应相的线电流或线电压 30°及 150°。相当时钟的 1 点及 5 点，分别称为 1 点接线及 5 点接线方式。

在电机学中，变压器各绕组之间相对极性的表示法通常用减极性表示法。

YNd-11、YNd-1 及 YNd-5 接线组别变压器各绕组接线、相对极性及两侧电流的相量关系，分别如图 5-1～图 5-3 所示。

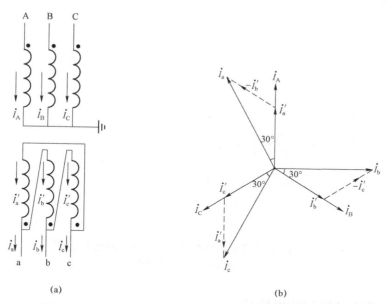

图 5-1　YNd-11 变压器绕组接线方式及两侧电流相量图
(a) 接线方式；(b) 相量图

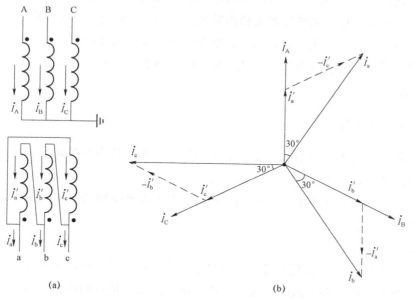

图 5-2　YNd-1 变压器绕组接线方式及两侧电流相量图
(a) 接线方式；(b) 相量图

在上述各图中，$\dot{I}_A$、$\dot{I}_B$、$\dot{I}_C$ 分别表示变压器高压侧三相电流，$\dot{I}_a$、$\dot{I}_b$、$\dot{I}_c$ 分别表示变压器低压侧三相电流，●表示各绕组之间的相对极性。由图可以看出：YNd-11 接线的变压器，低压侧三相电流分别滞后高压侧三相电流 330°；YNd-1 接线的变压器低压侧三相电流分别滞后高压侧三相电流 30°；YNd-5 接线的变压器，低压侧三相电流分别滞后高压侧三相电流 150°。

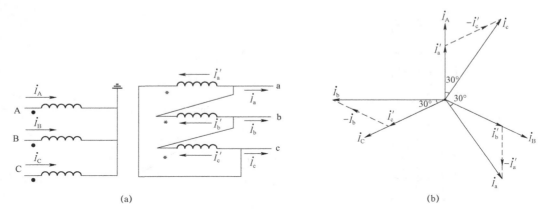

图 5-3　YNd-5 变压器绕组接线方式及两侧电流相量图
（a）接线方式；（b）相量图

二、变压器保护装置的构成

变压器短路故障时，将产生很大的短路电流。很大的短路电流将使变压器严重过热，烧坏变压器绕组或铁芯。特别是变压器油箱内的短路故障，伴随电弧的短路电流可能使变压器着火。另外，短路电流产生电动力，可能造成变压器本体变形而损坏。

变压器的异常运行也会危及变压器的安全，如果不能及时发现并处理，会造成变压器故障并损坏变压器。

（一）变压器的故障

如果按故障点的位置进行分类，变压器的故障可分为油箱内的故障和油箱外的故障。

1. 油箱内的故障

变压器油箱内的故障主要有各侧的相间短路、大电流系统侧的单相接地短路及同相部分绕组之间的匝间短路。

2. 油箱外的故障

变压器油箱外的故障是指变压器绕组引出端绝缘套管及引出短线上的故障，主要有相间短路（两相短路及三相短路）故障、大电流侧的接地故障、低压侧的接地故障。

（二）变压器的异常运行方式

大型超高压变压器的不正常运行方式主要有：由于系统故障或其他原因引起的过负荷，系统电压升高或频率降低引起的过励磁，不接地运行的变压器中性点电位升高，变压器油箱油位异常，变压器温度过高及冷却器全停等。

为确保变压器的安全经济运行，当变压器发生短路故障时，应尽快切除变压器。而当变压器出现不正常运行方式时，应尽快发出告警信号并进行相应的处理。因此，有必要对变压器配置整套完善的保护装置。

1．短路故障的主保护

变压器短路故障的主保护主要有纵差保护、重瓦斯保护和压力释放保护。另外，根据变压器的容量、电压等级及结构特点，可配置零差保护及分侧差动保护。

2．短路故障的后备保护

目前，电力变压器上采用较多的短路故障后备保护种类主要有复合电压闭锁过流保护、零序过电流或零序方向过电流保护、负序过电流或负序方向过电流保护、复压闭锁功率方向保护、低阻抗保护等。

3．异常运行保护

变压器异常运行保护主要有过负荷保护、过激保护、变压器中性点间隙保护、轻瓦斯保护、温度/油位保护及冷却器全停保护等。

（三）瓦斯保护

容量在 0.8MVA 及以上的油浸式变压器和户内 0.4MVA 及以上的变压器应装设瓦斯保护。不仅变压器本体有瓦斯保护，有载调压部分同样设有瓦斯保护。

瓦斯保护用来反映变压器内部故障以及漏油造成的油面降低，同时也能反映绕组的开焊故障。即使是匝数很少的短路故障，瓦斯保护同样能可靠反应。

瓦斯保护有重瓦斯和轻瓦斯之分。重瓦斯保护动作于跳闸，轻瓦斯保护动作于发出信号。当变压器的内部发生短路故障时，电弧分解油产生的气体在流向油枕的途中冲击气体继电器，使重瓦斯动作于跳闸。当变压器由于漏油等造成油面降低时，轻瓦斯动作于信号。由于瓦斯保护反应于油箱内部故障所产生的气流（或油流）或漏油而动作，所以应注意出口继电器的触点抖动，动作后应有自保持措施。

（四）纵差保护和电流速断保护

用来反映变压器绕组的相间短路故障、绕组的匝间短路故障、中性点接地侧绕组的接地故障以及引出线的接地故障，其保护动作于跳开变压器各侧断路器并发相应信号。应当看到，对于变压器内部的短路故障，如星形接线中绕组尾部的相间短路故障、绕组很少的匝间短路故障，纵差保护和电流速断保护是反映不出来的，也就是存在保护死区；此外，也不能反映绕组的开焊故障。瓦斯保护不能反映油箱外部的短路故障，所以纵差保护和瓦斯保护均是变压器的主保护。

10MVA 及以上单独运行的变压器、6.3MVA 及以上并列运行的变压器或工业企业中的重要变压器，应装设纵差保护。

对于 2MVA 以上的变压器，当电流速断保护灵敏度不能满足要求时，也应装设纵差保护。

（五）相间短路的后备保护

相间短路的后备保护用于反映外部相间短路引起的变压器过电流，同时作为变压器内部绕组、引出线相间短路故障的后备保护，其动作时限按电流保护的阶梯形原则来整定，延时动作于跳开变压器各侧断路器，并发相应信号。根据变压器的容量和在系统中的作用，一般采用过流保护、复合电压启动过电流（方向）保护、阻抗保护等。

（六）接地短路的后备保护

对于中性点直接接地系统中的变压器，用零序电流（方向）保护作为变压器外部接地故障和中性点直接接地侧绕组、引出线接地故障的后备保护。

对于中性点不接地的变压器，可用零序电压保护、中性点的间隙零序电流保护作为变压器接地故障的后备保护。

（七）过负荷保护

用来反映容量在 0.4MVA 及以上变压器的对称过负荷。过负荷保护通常只装在一相，其动作时限较长，延时动作于发信号。

（八）过励磁保护

高压侧电压为 500kV 及以上的变压器才装设过励磁保护，过励磁保护具有反时限特性以充分发挥变压器的过励磁能力。过励磁保护可反映频率降低和电压升高引起的变压器励磁电流升高，动作后可发信号或动作于跳闸。

（九）非电量保护

非电量保护是指变压器本体和有载调压部分的油温保护、绕组温度保护、变压器的压力释放保护。此外，还有变压器带负荷后启动风冷的保护、过载闭锁带负荷调压的保护等。

常见的变压器保护配置图如图 5-4 所示。

三、高压电抗器的接线方式

高压电抗器按接线方式可分为串联电抗器和并联电抗器。

1. 串联电抗器

串联电抗器的作用有：调节开关遮断容量，降低关键节点短路电流；串联在电容器电路时，用于减少电容器涌流倍数及抑制谐波电压放大，减小系统电压畸变，增强电力系统抵御风险的能力。

串联电抗器可加装在线路出线端（见图 5-5），串联电抗器的加入相当于增加了线路两端的电气距离，阻抗增加，受到影响的保护主要是与阻抗和距离有关的元件；也可以在母线分段加装串联电抗器,只要配置合理同样可以实现限制短路电流的作用。

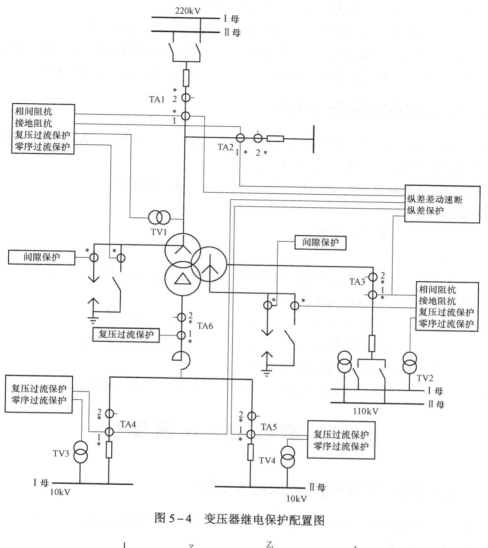

图 5-4 变压器继电保护配置图

图 5-5 加装串联电抗器后的线路参数模型

2. 并联电抗器

并联电抗器的作用有:限制系统过电压,吸收电力系统容性无功功率,提高系统运行可靠性和经济性。对于使用单相重合闸的线路,为限制潜供电容电流,提高单相自动重合闸成功率,在并联电抗器中性点装设小电抗器,起到补偿电容和防止谐振过电压的作用。

目前 500kV 系统采用的并联电抗器通常为单相油浸式,铁芯带有间隙,单台容量 40～60Mvar。并联电抗器有以下主要接入方式:

（1）通过隔离开关或者直接与线路连接。这种接线方式目前应用最多，可节省设备，减少投资，电抗器可与输电线视为一体，但运行欠灵活。

（2）采用专用断路器与线路连接。这种接线方式运行灵活，但投资较大。

（3）通过放电间隙与线路相连。当线路电压较高时使放电间隙击穿，自动投入电抗器；电压较低时自动退出。这种接线方式可减少投资，但技术要求较高，可靠性较低。

四、高压电抗器保护装置构成

GB/T 14285—2006《继电保护和安全自动装置技术规程》中规定，为防止油浸式电抗器出现下列故障及异常运行方式，应装设相应的保护：

（1）线圈的单相接地和匝间短路及其引出线的相间短路和单相接地短路；

（2）油面降低；

（3）油温度升高和冷却系统故障；

（4）过负荷。

针对以上故障及异常的电抗器保护要求其电气量保护按主后一体且双重化配置，非电量保护按单套配置。其主要保护功能包括：

（1）主电抗器主保护包括差动保护、零序差动保护和匝间保护；

（2）主电抗器后备保护包括过流保护、零序过流保护和过负荷保护；

（3）中性点电抗器保护包括过流保护和过负荷保护；

（4）非电量保护包括重瓦斯、轻瓦斯、压力释放、油位异常、油面温度和绕组温度。

第二节 微机型变压器保护

一、变压器纵差保护的构成原理及接线

与发电机、电动机及母线差动保护（纵差保护）相同，变压器纵差保护的构成原理也是基于基尔霍夫定律，即

$$\sum i = 0 \tag{5-1}$$

式中：$\sum i$ 为变压器各侧电流的相量和。

式（5-1）代表的物理意义是：变压器正常运行或外部故障时，流入变压器的电流等于流出变压器的电流。此时，纵差保护不应动作。

当变压器内部故障时，若忽略负荷电流不计，则只有流进变压器的电流而没有流出变压器的电流，其纵差保护动作，切除变压器。

二、差动保护

如图 5-6 所示，首先规定 TA 的正极性端在母线侧，电流参考方向以母线流向变压器为

正方向。

如图 5-7 所示，三段式比率制动特性中，电流启动值是针对正常运行时的不平衡电流，因此应当躲开最大负荷情况下的不平衡电流，通常取 $I_{cdqd}=（0.2～0.5）I_N$。

使用三段式比率差动的特点就是反映了故障时的实际情况，在较小的外部故障情况下，$I_e=（2～3）I_N$，电流互感器饱和程度不深，误差还是较小的。这时允许选取较小的制动系数（$K_{bl}=0.2～0.5$），相应增加了动作区，在区内故障时提高了灵敏度。

在较大的外部故障的情况下，可以选择较大的制动系数（$K_{bl}=0.75$）。这时电流互感器流过了很大的穿越性故障电流，互感器饱和程度加深，误差也随之增大，应当选择较大的制动系数；同时在这种区内短路电流的情况下，差动电流远远大于制动电流，可以保证保护在区内故障时可靠动作。

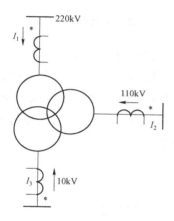

图 5-6 差动保护 TA 极性

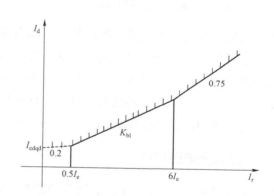

图 5-7 三折线组成的差动保护

（一）区内故障时差动保护动作分析

如图 5-8 所示，区内故障时，各侧短路电流都是由母线流向变压器，和参考方向一致，为正值，所以差动电流为：

$$I_d=\left|I_1+I_2+I_3\right| \tag{5-2}$$

此时差动电流很大，容易满足差动方程，差动保护动作。

（二）区外故障时差动保护动作分析

如图 5-9 所示，在低压母线上发生故障。高、中压侧短路电流由母线流向变压器，和参考方向一致，为正值。低压侧电流由变压器流向母线，和参考方向相反，为负值。把变压器看成电路上的一个节点，由节点电流定理可知，流入的电流等于流出的电流，即电流相量和为 0，所以差动电流为：

$$I_d=\left|I_1+I_2+I_3\right|=0 \tag{5-3}$$

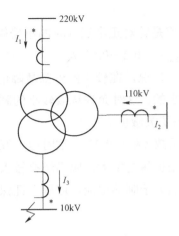

图 5-8　变压器区内故障短路电流

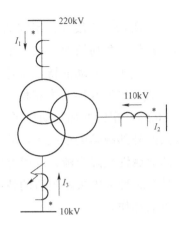

图 5-9　变压器区外故障短路电流

此时制动电流为各侧电流的幅值和，制动电流很大，所以差动保护不动作。

从变压器的等值电路可以看出，与变压器内部发生短路一样，变压器的励磁电流是从变压器差动保护范围内部往外流出的电流，因此励磁电流将成为差电流（动作电流）。而励磁涌流是在空投变压器和变压器区外短路切除这两种特殊情况下的励磁电流，所以此时的励磁涌流将成为差动电流。由于励磁涌流的幅值很大，不采取措施将造成差动保护的误动。

（三）励磁涌流的特点

变压器空投时变压器三项励磁涌流的波形如图 5-10 所示，可以看出励磁涌流有以下特点：

（1）偏于时间轴的一侧，即涌流中含有很大的直流分量；

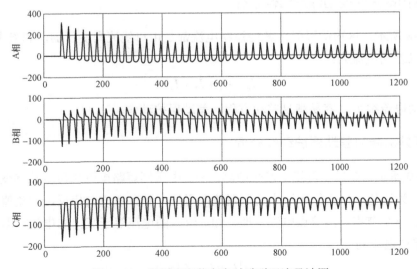

图 5-10　变压器空载充电时励磁涌流录波图

（2）波形是间断的，且间断角很大，一般大于 60°；

（3）在一个周期内正半波与负半波不对称；

（4）含有很大的二次谐波分量；

（5）在同一时刻 3 项涌流之和近似等于零；

（6）励磁涌流是衰减的，衰减的速度与合闸回路及变压器绕组中的时间常数有关。当合闸回路及变压器绕组中的有效电阻及其他有效损耗越小，时间常数越大，励磁涌流就衰减得越慢。

（四）励磁涌流闭锁原理

励磁涌流闭锁方式主要有以下两种：一是采用二次谐波制动原理，二是采用波形识别原理。

1. 二次谐波制动

利用三相差电流中的二次谐波与基波的比值作为励磁涌流闭锁判据，其动作方程如下：

$$I_{2nd} > K_{2xb} I_{1st} \qquad\qquad (5-4)$$

式中：I_{2nd} 为每相差电流中的二次谐波；I_{1st} 为对应相差动电流的基波；K_{2xb} 为二次谐波制动系数整定值。

2. 波形识别

故障时，差动电流基本上是工频正弦波；而励磁涌流时，有大量的谐波分量存在，波形发生畸变、间断和不对称。利用算法识别出这种畸变，即可识别出励磁涌流。

三、复合电压闭锁的（方向）过电流保护

为确保动作的选择性要求，在两侧或三侧有电源的变压器上配置复合电压闭锁的方向过电流保护，作为变压器和相邻元件（包括母线）相间短路故障的后备保护。

（一）功率方向元件

功率方向元件的电压、电流取自于本侧的电压和电流。下面简单介绍两种功率方向元件的原理。

1. 90° 接线的功率方向元件

功率方向元件的 90° 接线方式如表 5－1 所示。当功率因数为 1 时，接入继电器的电流与接入继电器的电压之间有 90° 的相角差，因此称为 90° 接线。其动作方程为：

$$-90° < \arg \frac{\dot{I}_g}{\dot{U}_g e^{ja}} < 90° \qquad （正向元件） \qquad\qquad (5-5)$$

表 5-1   电流、电压接入方式

接线方式	接入继电器的电流	接入继电器的电压
A 相功率方向元件	I_A	U_{BC}
B 相功率方向元件	I_B	U_{CA}
C 相功率方向元件	I_C	U_{AB}

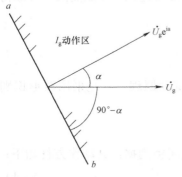

图 5-11 电流电压角度示意图

需要指出的是，正、反向出口三相短路故障时，因电压为零，方向元件将无法判别故障方向，造成在正向出口三相短路时可能拒动——出现"死区"，反方向出口三相短路时可能误动。所以，对电压应有"记忆"作用，从而保证方向元件能正确判别故障方向并消除功率方向元件的死区。

2. 以正序电压为极化量方向元件

微机型保护装置的复合电压闭锁的方向过电流保护中，方向元件一般采用以正序电压为极化量的方向元件。该方向元件并用 0° 接线方式，同名相的正序电压与相电流进行相位比较。用于保护正方向短路的正方向元件，其最大灵敏角为 45°。其动作方程为：

$$-135° < \arg \frac{\dot{I}_\phi}{\dot{U}_{\phi1}} < 45° \quad （正向元件）\tag{5-6}$$

（二）复合电压闭锁元件

复合电压闭锁元件由相间低电压和负序过电压元件按"或"逻辑构成。采用负序过电压元件在不对称短路时有很高的灵敏度，而且在 YNd 接线变压器各侧发生不对称短路时负序电压的幅值不受星—角转换的影响。但负序过电压元件不能保护三相短路，所以要采用相间低电压元件以用于保护三相短路。

$$\min(\dot{U}_{ab}, \dot{U}_{bc}, \dot{U}_{ca}) < \dot{U}_{zd}\tag{5-7}$$

$$U_2 < U_{2zd}\tag{5-8}$$

式中：$\dot{U}_{zd}$ 为本侧母线相间电压的低电压定值；U_{2zd} 为负序电压定值。

（三）过电流元件

采用保护安装侧 TA 的三相电流构成过电流元件，其动作方程为：

$$I_\phi > I_{zd}\tag{5-9}$$

式中：I_{zd} 为电流元件的定值；ϕ 为 A、B、C。

四、零序电流（方向）保护

对于中性点直接接地的变压器，应装设零序电流（方向）保护，作为变压器和相邻元件

（包括母线）接地短路故障的后备保护。

（一）零序方向元件

普通三绕组变压器高压侧、中压侧同时接地运行时，任何一侧发生接地短路故障时，在高压侧和中压侧都会有零序电流，为使两侧变压器的零序电流保护相互配合，有时需要加零序方向元件。对于三绕组自耦变压器，高压侧和中压侧除了有电的直接联系外，两侧共用一个中性点并接地，当任一侧发生接地故障时，零序电流可在高压侧和中压侧之间流动，同样需要零序电流方向元件以使两侧变压器的零序电流保护相互配合。

但是对于普通三绕组变压器来说，低压侧一般接成三角形接线。在零序等值电路中，变压器的三角形绕组是短路运行的。倘若三绕组变压器低压侧的等值漏电抗等于零，则高压侧（中压侧）发生接地短路故障时，中压侧（高压侧）就没有零序电流流过，两侧变压器的零序电流保护不存在配合问题，无需装设零序方向元件。但是，当三绕组变压器低压绕组的等值漏电抗不等于零时，就需要装设零序方向元件。

因此，在变压器的零序电流保护中，只有在低压侧绕组漏电抗不等于零且高压侧和中压侧中性点均接地的三绕组变压器以及自耦变压器上，才需要装设零序方向元件。当然，YNd接线的双绕组变压器的零序电流保护可不装设零序方向元件。

（二）零序电流元件

当 $3I_0$ 电流大于该段零序电流定值时，该段零序过流元件动作。

（三）零序电流（方向）保护的动作逻辑

零序电流（方向）保护由零序过流元件与零序方向元件的"与"逻辑构成。如果某些场合不带方向，就纯粹是一个零序电流保护。

五、阻抗保护

国家电网公司发布的《变压器、高压并联电抗器和母线保护及辅助装置标准化设计规范》中规定，330kV 及以上电压等级的变压器在高（中）压侧需配置阻抗保护作为本侧母线故障和变压器部分绕组故障的后备保护。阻抗元件采用具有偏移圆动作特性的相间、接地阻抗元件，保护相间故障和接地故障。偏移圆特性的阻抗元件，其正、反方向都有保护范围，如果所用的 TA 的正极性端在母线侧，则偏移圆特性的正方向指向变压器，反方向指向母线（系统）。330kV 及以上电压等级的变压器一般是三个单相自耦变压器组成的三相自耦变压器组，变压器内部绕组间发生三相短路、两相短路（不接地）是不可能的。即使是一个三相变压器，由于高压绕组是在最外面的，所以，也不会发生中压侧内部绕组的相间短路（不接地）和低压侧内部绕组的相间短路（不接地）。安装在高（中）压侧的阻抗元件，指向变压器方向的整定阻抗的保护范围要求不伸出中（高）压侧和低压侧母线，作为变压器内部部分绕组短路故障的后备。而阻抗元件指向母线（系统）方向的整定阻抗按照与线路保护配合整定。

六、变压器过励磁保护

变压器在运行中由于电压升高或频率降低，将会使变压器处于过励磁运行状态。此时变压器铁芯饱和，励磁电流急剧增加，励磁电流波形发生畸变，产生高次谐波，从而使内部损耗增大，铁芯温度升高。另外，铁芯饱和后，漏磁通增大，在导线、油箱壁及其他构件中产生涡流，引起局部过热，严重时造成铁芯变形、损伤介质绝缘。

为确保大型高压变压器的安全运行，设置变压器过励磁保护是非常必要的。按照标准化设计规范要求，在 330kV 及以上变压器的高压侧、220kV 变压器的高压侧与中压侧应配置过励磁保护。

在变压器过励磁保护中，有一个重要的物理量，称之为过励磁倍数。过励磁倍数 n 等于铁芯中的实际磁密 B 与额定工作磁密 B_N 之比，即：

$$n = \frac{B}{B_e} = \frac{\dfrac{U}{U_e}}{\dfrac{f}{f_e}} = \frac{U^*}{f^*} \qquad (5-10)$$

式中：n 为过励磁倍数；U_e 为变压器的额定电压；f_e 为电源的额定频率，$f_e = 50\text{Hz}$。

变压器过励磁时，$n > 1$。n 值越大，过励磁倍数越高，对变压器的危害越严重。

（一）过励磁保护构成

过励磁保护由定时限和反时限两部分构成。定时限保护动作后作用于告警信号及减励磁（发电机），反时限保护动作后去切除变压器。

动作方程为：

$$\begin{cases} n \geqslant n_{opL} \\ n \geqslant n_{oph} \end{cases} \qquad (5-11)$$

式中：n 为测量的过励磁倍数；n_{opL} 为过励磁倍数低定值，定时限部分启动值；n_{oph} 为过励磁倍数高定值，反时限部分启动值。

变压器过励磁越严重，则发热越多，为防止变压器损坏，允许变压器运行的时间越短；反之，变压器过励磁较轻时，允许变压器运行的时间较长。这是反时限特性，即过励磁倍数越大时，保护动作跳闸的时间越短；反之过励磁倍数越小时，保护动作跳闸时间越长。反时限过励磁保护动作特性曲线如图 5-12 所示。

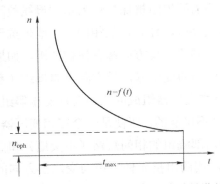

图 5-12　反时限过励磁保护动作特性曲线

（二）动作逻辑

国内生产的微机型过励磁保护的动作逻辑框图如图5-13所示。从图中可以看出，当变压器或发电机电压升高或频率降低时，若测量出的过励磁倍数大于过励磁保护的低定值时，定时限部分动作，经延时t_1发信号或作用于减励磁（保护发电机）；若严重过励磁时，则过励磁保护反时限部分动作，经过与过励磁倍数相对应的延时，切除变压器或发电机。

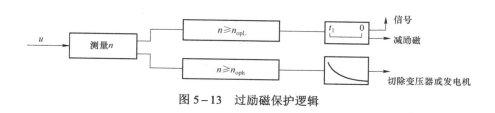

图5-13　过励磁保护逻辑

七、变压器中性点间隙保护和零序电压保护

对于中性点直接接地的变压器，应装设零序电流（方向）保护作为接地短路故障的后备保护；对于中性点不接地的半绝缘变压器，应装设间隙保护作为接地短路故障的后备保护。

半绝缘变压器是指其中性点绕组的对地绝缘比其他部位弱，所以中性点的绝缘容易被击穿。

在电力系统中，为了整定计算考虑，希望每条母线上零序综合阻抗尽量维持不变，这样零序电流保护的保护范围也比较稳定。因此，接在母线上的几台变压器的中性点采用部分接地。当中性点接地的变压器进行检修时，中性点不接地的变压器再将中性点接地，保持零序综合阻抗不变。

这就带来一个问题，如果发生单相接地短路时所有中性点接地的变压器都先跳闸，此时中性点不接地的变压器仍然运行。这时就变成了一个小接地电流系统带单相接地故障运行，中性点的电压将升高到相电压，半绝缘变压器中性点的绝缘将会被击穿。

为了避免发生这个问题，在变压器中性点可安装一个放电间隙，放电间隙的另一端接地。当中性点电压升高到一定值时，放电间隙会被击穿接地，保护了变压器中性点绝缘的安全。当放电间隙击穿接地以后，放电间隙处将流过一个电流。该电流由于是在相当于中性点接地的线上流过，所以是$3I_0$电流，利用该$3I_0$电流可以构成间隙零序电流保护。

（一）间隙保护构成

利用放电间隙击穿后产生的间隙零序电流$3I_0$和在接地故障时在故障母线 TV 的开口三角绕组两端产生的零序电压$3U_0$构成"或"逻辑，组成变压器的间隙保护，其原理接线图如

图 5-14 所示。

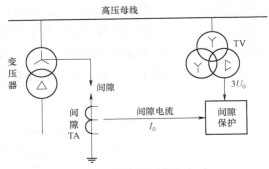

图 5-14 间隙零序电流保护示意图

（二）动作方程

间隙零序电流保护与零序电压保护的动作方程为：

$$\begin{cases} 3I_0 \geqslant I_{0op} \\ 3U_0 \geqslant U_{oph} \end{cases} \qquad (5-12)$$

式中：$3I_0$ 为放电间隙击穿后流过的零序电流（二次值）；$3U_0$ 为母线 TV 开口三角电压；I_{0op} 为间隙保护动作电流，通常整定为 100A；U_{oph} 为间隙保护动作电压，通常整定为 180V。

由图 5-15 可以看出：当间隙零序电流或 TV 开口三角零序电压大于动作值时，保护动作，经延时跳开变压器各侧断路器。

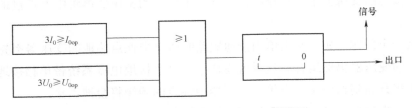

图 5-15 间隙零序电流保护逻辑图

八、非电量保护

变压器非电量保护主要有瓦斯保护、压力保护、温度保护、油位保护及冷却器全停保护。

（一）瓦斯保护

瓦斯保护是变压器油箱内绕组短路故障及异常运行的主保护。瓦斯保护分为轻瓦斯和重瓦斯保护两种。轻瓦斯保护动作于信号，重瓦斯保护作用于切除变压器。

1. 轻瓦斯保护

轻瓦斯保护反映变压器油面降低。轻瓦斯继电器由开口杯、干簧触点等组成。正常运行时，继电器充满变压器油，开口杯浸在油内，处于上浮位置。当油面降低时，开口杯下沉，干簧触点闭合，发出信号。

2. 重瓦斯保护

重瓦斯保护反映变压器油箱内的故障。重瓦斯继电保护由挡板、弹簧及干簧触点等构成。当变压器油箱内发生严重故障时，伴随有电弧的故障电流会大量分解变压器油，产生大量气体，使变压器产生喷油，油流冲击挡板，使干簧触点闭合，动作于切除变压器。

重瓦斯保护是油箱内部故障的主保护，它能反映变压器内部的各种故障。当变压器少数绕组发生匝间短路时，虽然故障点的故障电流很大，但在差动保护中产生的差流可能不是很大，差动保护有可能不动作。此时，就需要重瓦斯保护切除变压器，因此，差动保护和重瓦斯保护是相互不可替代的。

瓦斯保护继电器安装在变压器本体上方，露天放置。为保证瓦斯保护的正确性，瓦斯保护继电器应密封性能良好，同时要防止漏水漏气，应加装防雨罩。

（二）压力保护

压力保护也是变压器油箱内部故障的保护，动作原理与重瓦斯保护原理基本相同，但它是反映变压器油压力的一种保护。

压力继电器也称压力开关，由弹簧和触点构成，置于变压器本体油箱上部。当变压器内部故障时，温度升高，油膨胀压力增大，弹簧动作带动继电器触点闭合，压力保护动作。

（三）温度及油位保护

当变压器温度升高时，温度保护动作发出告警信号。

油位是反映变压器油箱内油位异常的一种保护。运行时，因变压器漏油或其他原因造成的油位降低时动作，发出告警信号。

（四）冷却器全停保护

在运行中，若变压器冷却系统全停，会造成变压器温度升高。如不能及时告知处理，可能导致变压器绕组的绝缘损坏。

冷却器全停保护是在变压器运行中冷却器全停时动作，动作后发出告警信号，并经一个延时切除变压器。

第三节 微机型电抗器保护

一、基本原理

1. 电抗器的主保护

电抗器主保护包括差动保护和匝间保护，其中差动保护包括差速断、比率差动和零差保护。

差速断和比率差动均由 3 个差动继电器按照三相式接线构成，差速断具有严重内部故障下的快速跳闸特性，比率差动具有防止区外故障误动的制动特性。当主电抗器内部及其引出线相间短路和单相接地短路时，差动保护动作，作用于跳闸。电抗器的励磁涌流对于差动保护而言如同"穿越"电流，因此差动保护不存在躲励磁涌流问题。

零差保护能够灵敏地反映出电抗器内部接地故障，具有防止区外故障误动的制动特性。

电抗器的匝间短路是一种比较常见的内部故障形式，但差动保护是不能反映出匝间短路故障的。对于油浸式电抗器，其轻瓦斯和重瓦斯保护对内部匝间短路都具有保护作用，而一般以零序功率方向保护作为匝间短路的电气量保护。当电抗器内部和外部接地故障时，用零序功率方向继电器能明确区别出来，电抗器全部绕组的接地故障都在保护范围内。保护电压取自线路互感器安装处的零序电压，零序电流由装置自产，取自电抗器线端的电流互感器。当短路匝数很少时，一相匝间短路引起的三相不平衡电流有可能很小，很难被检测出，因此为提高零序功率方向元件的灵敏度，匝间短路保护要经过零序电压补偿。

2. 电抗器的后备保护

电抗器后备保护主要包括过流保护、零序过流和过负荷保护。

过电流保护由 3 个电流元件按三相式接线构成，作为电抗器内部及引线相间故障的后备。通过保护控制字可控制过电流保护投退，过电流保护应防止因励磁涌流而误动。

电抗器零序过流保护反映零序电流大小，作为电抗器内部接地故障和匝间故障的后备保护，零序电流取自电抗器线端的电流互感器。

电抗器所接系统电压异常升高时可能引起电抗器过负荷，为此设有过负荷保护。过负荷保护取电抗器首端三相最大电流进行判别，延时作用于信号报警。

3. 中性点电抗器保护

为了限制线路单相重合闸时的潜供电流，提高单相重合闸的成功率，高压电抗器的中性点都会接有小电抗器。当线路发生单相接地或断路器一相未合上，三相严重不对称时，中性点电抗器会流过数值很大的电流，造成绕组过热，为此装设小电抗器保护。

中性点小电抗主要配置中性点过流和过负荷保护。保护采用主电抗器自产零序电流和末端自产零序电流的"与"门逻辑构成电流回路，也可采用中性点电抗器反映零序电流的电流互感器。其中，过流保护动作于跳闸，过负荷保护主要是针对三相不对称原因引起的异常，监视三相不平衡状态，延时作用于信号报警。

4. 电抗器的非电量保护

油浸式主电抗器和中性点电抗器均配置非电量保护。保护具有独立的出口回路，与变压器非电量保护相似，可通过相应的控制字选择跳闸或者报警，同时作用于断路器的两个跳闸线圈。一般重瓦斯保护作用于跳闸，其他非电量保护作用于信号报警。

二、实现方式

1. 主电抗器差动保护

电抗器差动保护是电抗器相间短路的主保护。三相差流最大值大于差动启动电流时，差动启动元件动作，此启动元件用来开放差动速断、比率差动保护。

（1）差动速断保护。差动速断保护用来在电抗器内部严重故障时快速动作。当任一相差动电流大于差动速断整定值时，该保护瞬时动作，装置立即出口。差动速断保护动作逻辑及动作特性分别见图5-16和图5-18。差动速断保护为差动保护范围内严重故障的保护，TA断线不闭锁该保护。

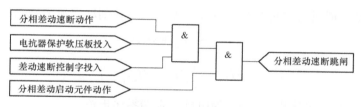

图5-16 差动速断逻辑框图

（2）比率差动保护。比率差动保护的动作逻辑如图5-17所示，比率差动保护的动作特性采用三折线方式实现如图5-18所示。其中，I_d为差动电流，I_r为制动电流；I_{cdqd}为比率差动启动电流定值，I_{cdsd}为差动速断电流定值，k_1、k_2、k_3为比率差动比率制动系数定值，

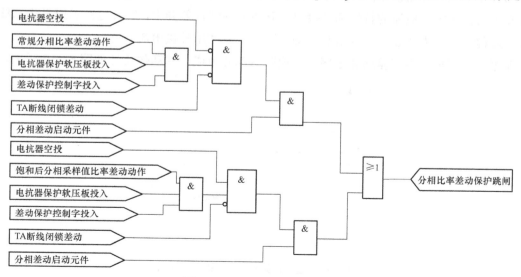

图5-17 比率差动逻辑框图

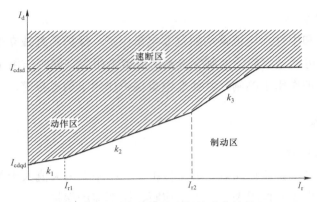

图 5-18　稳态量差动保护动作特性

I_{r1}、I_{r2} 为比率特性拐点制动电流定值。比率差动启动电流定值 I_{cdqd} 用以躲过电抗器正常运行时最大负荷电流下流过装置的不平衡电流,返回系数取 0.95。

2. 主电抗器零序差动保护

零序差动保护一般具有二折线制动特性,差动电流和制动电流分别为:

$$3I_{0d} = \left| 3\dot{I}_{0.1} + 3\dot{I}_{0.2} \right| \qquad (5-13)$$

$$3I_{0.res} = \frac{1}{2} \left| 3\dot{I}_{0.1} - 3\dot{I}_{0.2} \right| \qquad (5-14)$$

式中:$I_{0.1}$ 为电抗器首端零序电流;$I_{0.2}$ 为电抗器末端零序电流。

首端零序电流为自产零序电流 $3\dot{I}_{0.1} = \dot{I}_{a1} + \dot{I}_{b1} + \dot{I}_{c1}$。

末端零序电流为自产零序电流 $3\dot{I}_{0.2} = \dot{I}_{a2} + \dot{I}_{b2} + \dot{I}_{c2}$。

首端和末端的电流互感器型号相同,如变比不同,需软件补偿后使用。

当零序电流互感器使用外接零序电流互感器时,由于极性不易测试判别,并且首端零序电流互感器自产零序电流的特性和外接电流互感器的特性差异大,空投电抗器或者相邻线路重合闸过程中,最大励磁涌流能引起误动,因此不宜使用外接电流互感器。

零序差动保护由零序差动和零序差动速断两部分组成,其动作特性如图 5-19 所示。

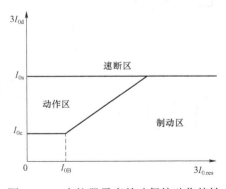

图 5-19　电抗器零序差动保护动作特性

零序差动速断动作方程为：

$$3I_{0d} > I_{0s} \qquad (5-15)$$

式中：$3I_{0d}$ 为零序差动动作电流；I_{0S} 为差动速断定值。

比率制动的零序差动动作方程为：

$$3I_{0d} > I_{0C} \ (3I_{0.res} < I_{0B}) \qquad (5-16)$$

$$3I_{0d} > K_{0.b}(3I_{0.res} - I_{0B}) + I_{0C} \quad (3I_{0.res} \geq I_{0B}) \qquad (5-17)$$

式中：I_{0C} 为零序差动启动动作电流值；I_{0B} 为拐点电流值；$3I_{0.res}$ 为制动电流；$K_{0.b}$ 为比率制动斜率。

3. 主电抗器匝间保护

由于电抗器内部匝间短路时，对应的末端测量值总是满足零序电压超前零序电流，而且此时零序电抗的测量值为系统的零序电抗。当电抗器外部（系统）故障时，对应的零序电压滞后于零序电流，此时零序电抗的测量值为电抗器的零序阻抗。所以，利用主电抗器零序电流和电抗器安装处零序电压的相位关系来区分电抗器匝间短路、内部接地故障和电抗器外部故障，该零序功率方向保护为匝间短路的主保护。

当短路匝数很少时，由于零序电压很小，相应的在系统零序阻抗（系统的零序阻抗远小于电抗器的零序阻抗）上产生的零序电流和零序电压很小，因此为了更好地判别小匝数的匝间故障，需要对零序电压进行补偿。自动补偿型零序功率元件的动作方程为：

$$-180° < arg\frac{3\dot{U}_0 + kZ_0 \cdot 3\dot{I}_0}{3\dot{I}_0} < 0° \qquad (5-18)$$

式中：I_0 和 U_0 分别是电抗器线路侧的自产零序电流和自产零序电压；Z_0 为电抗器的零序阻抗（包括主电抗器和中性点电抗器的零序阻抗）；k 为浮动补偿系数，其随电流和电压的大小变化而变化。

在线路非全相运行、带线路空充电抗器、线路发生接地故障后再重合、线路两侧断路器跳开后的 LC 振荡、开关非同期、区外故障及非全相伴随系统振荡时，为保证匝间保护不误动，匝间保护的启动元件具有浮动门槛，并将零序功率方向元件与零序阻抗元件和阻抗元件共同作为保护动作条件，其动作逻辑如图 5-20 所示。

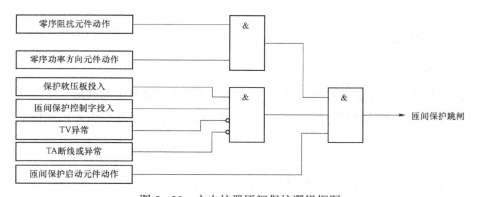

图 5-20 主电抗器匝间保护逻辑框图

为了保证匝间保护的可靠运行，匝间保护还应设有 TA 断线和 TV 断线检测元件。当 TA 或者 TV 断线时，退出主电抗器匝间保护。

4. 主电抗器过电流保护

当最大相电流大于动作整定值时，主电抗器过流保护动作，其逻辑框图如图 5-21 所示。

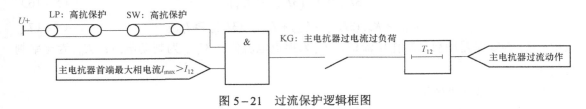

图 5-21　过流保护逻辑框图

5. 主电抗器零序过电流保护

当主电抗器首端自产零序电流大于动作整定值时，主电抗器零序过流保护动作，其逻辑框图如图 5-22 所示。

图 5-22　零序过流保护逻辑框图

LP—保护功能硬压板；SW—保护功能软压板；KG—保护功能控制字

6. 过负荷保护

当主电抗器首端最大相电流大于动作整定值时，主电抗过负荷保护动作，其逻辑框图如图 5-23 所示。

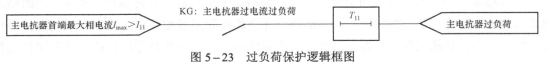

图 5-23　过负荷保护逻辑框图

LP—保护功能硬压板；SW—保护功能软压板；KG—保护功能控制字

三、保护范围

1. 差动保护

差动保护的保护范围是接入电抗器差动保护两侧电流互感器之间的所有电气元件。正常运行及外部故障时差动保护不动作；当电抗器内部以及引出线上发生相间或接地故障时，差动保护可靠动作。

2. 匝间保护

电抗器匝间保护反映电抗器绕组的匝间短路及接地故障。

3. 过流保护和零序过流

过流保护和零序过流保护作为后备保护，在电抗器引线及其本体故障时能够可靠动作。

4. 瓦斯保护

瓦斯保护是反映电抗器油箱内部绕组短路故障及异常的主保护，能够反映电抗器内部铁芯故障、套管内部故障、绕组内部断线、绝缘劣化等内部故障。

5. 油位异常

电抗器运行时要保持油位正常，当油面过高或者过低时均动作于信号。运维人员要按时检查油位计的指示值，利用放油、补油等措施维持正常油位，确保电抗器安全运行。

6. 油面温度和绕组温度保护

油面温度和绕组温度保护均为反映电抗器运行时内部故障等原因引起的油温及绕组温度变化，动作于信号。

四、装置异常的影响及处理

由微机型保护实现的电抗器保护具有完善的自检功能，其对本身硬件系统、二次回路以及定值整定等均具有完善的报警和闭锁功能，下面列出了各种异常的影响及处理方法。

（一）装置硬件系统异常

微机型电抗器保护能够对除出口继电器接点的所有硬件进行实时监测，并根据异常的具体情况决定是否闭锁保护装置。表5-2列出了主要硬件异常的处理方法。

表5-2　　　　　　　　　　　主要硬件异常的处理方法

序号	异常情况	是否闭锁装置	处 理 方 法
1	装置闭锁	是	查看装置详细自检信息并采取针对措施
2	板卡配置错误	是	装置板卡配置和具体工程的设计图纸不匹配，检查板卡是否安装到位和工作是否正常
3	采样模块异常	是	AD采样模块异常，更换采样插件
4	版本错误报警	否	检查软件版本，对装置程序进行升级
5	定值区不一致	否	检查区号开入和装置定值区号，保持两者一致
6	采样数据异常	否	检查交流插件是否安装到位

（二）二次回路问题

电抗器保护相关的二次回路主要包括电流电压回路、直流控制回路和信号回路等，二次回路异常时根据具体情况决定是否闭锁相关保护功能。有关问题及处理方法如表 5-3所示。

表 5-3 二次回路主要问题及处理方法

序号	异常情况	是否闭锁装置	处理方法
1	TA 断线	否	检查电流二次回路接线
2	母线 TV 断线	闭锁匝间保护	检查电压二次回路接线
3	控制回路断线	影响跳合闸功能	检查回路及开关辅助接点
4	事故总信号	否	检查辅助接点

（三）保护定值问题

保护定值问题主要是装置自检发现的与定值相关的问题，包括定值超范围、定值项版本不一致等。此类问题可能存在严重运行风险，一般闭锁保护装置。有关问题处理方法如表 5-4 所示。

表 5-4 保护定值主要问题及处理方法

序号	异常情况	是否闭锁装置	处理方法
1	定值超范围	是	定值超出可整定的范围，根据说明书的定值范围重新整定定值
2	定值项变化	是	检查软件版本，核对执行的定值通知单，变更为正确的定值项
3	定值出错	是	根据说明书及定值通知单，修改为正确的定值
4	定值校验出错	否	根据说明书及定值通知单，修改为正确的定值

（四）辅助系统问题

辅助系统问题主要是指保护装置的直流系统、对时系统等发生异常。对于通过隔离开关或者直接与线路连接的高压并联电抗器，电抗器保护动作跳本侧开关的同时，还要远跳对侧开关，此时如远跳装置或通道发生问题同样影响保护动作。有关问题及处理方法如表 5-5 所示。

表 5-5 辅助系统主要问题及处理方法

序号	异常情况	是否闭锁装置	处理方法
1	直流电源消失	是	检查直流系统
2	利用其远跳的纵联保护装置异常	相应远跳失效	单套失效时及时消缺，双套失效时电抗器停电
3	利用其远跳的纵联保护通道异常	相应远跳失效	单套通道失效时及时消缺，双套通道失效时电抗器停电
4	对时异常	否	检查时钟源和装置的对时模式是否一致、接线是否正确；检查网络对时参数整定是否正确

第六章 断路器保护原理及配置

第一节 断路器三相不一致保护

断路器三相不一致（非全相）运行时，将在电力系统中产生负序电流，负序电流将危及发电机及电动机的安全运行，因此，为防止分相断路器一相断开或拒合后出现非全相运行，应利用非全相保护断开三相断路器，对于发电机—变压器组的非全相保护还应启动断路器失灵保护并解除失灵电压闭锁。

图 6-1 是断路器本体三相不一致保护的动作逻辑示意图，主要由断路器三相位置不一致判别元件和时间元件组成。图中，KCCA、KCCB、KCCC 分别为 A、B、C 三相断路器的动合辅助接点，断路器合闸后其闭合；KCTA、KCTB、KCTC 分别为 A、B、C 三相断路器的动断辅助接点，断路器跳闸后其闭合。当断路器非全相运行时，KCCA、KCCB、KCCC 和 KCTA、KCTB、KCTC 两组接点中分别至少有一个接点要闭合，从而 M、N 两点间将导通，再经过非全相的整定延时后动作跳闸。

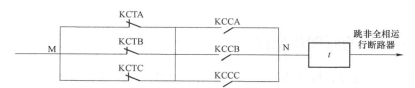

图 6-1 断路器本体三相不一致保护的动作逻辑示意图

图 6-2 是继电保护装置中三相不一致保护动作逻辑示意图，包括断路器三相不一致判别元件、零序和负序电流判别元件及时间元件。继电保护装置实现的三相不一致保护较断路器本体三相不一致保护增加了零序、负序电流判别功能，当断路器三相不一致且保护测量的零序、负序电流大于整定值时，非全相保护经整定延时后动作跳闸。

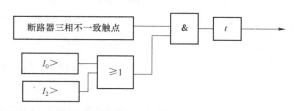

图 6-2 继电保护装置中三相不一致保护动作逻辑示意图

图 6-3 是发电机—变压器组三相不一致保护的动作逻辑示意图。其断路器三相不一致判别逻辑与常规装置一致，发电机—变压器组非全相保护动作后，除经 t_1 时间跳本断路器外，为防止此时因断路器失灵导致发电机严重损害，还要分别经 t_2 和 t_3 时间去解除失灵保护电压闭锁并启动失灵保护。

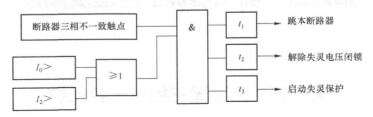

图 6-3　发电机—变压器组三相不一致保护动作逻辑示意图

GB/T 14285—2006《继电保护和安全自动装置技术规程》规定：对 220～500kV 断路器三相不一致，应尽量采用断路器本体的三相不一致保护，而不再另外设置三相不一致保护，如断路器本身无三相不一致保护，则应为断路器配置三相不一致保护。继电保护反措实施细则中规定：220kV 及以上电压等级的断路器均应配置断路器本体的三相位置不一致保护。因此，目前在系统中除断路器不具备等特殊情况外，一般采用断路器本体非全相保护。三相不一致保护动作时间主要考虑与断路器单相合闸时间的配合，对于主变压器、母联断路器等重合闸停用的断路器一般整定为 0.3s，而对于 220～500kV 线路一般整定为 2～4s。

第二节　断路器失灵保护

一、失灵保护的原理及配置

当输电线路、变压器、母线或其他主设备发生故障，保护装置动作跳闸，但故障设备的断路器拒绝动作跳闸，称之为断路器失灵，切除该故障的保护称为断路器失灵保护。对于 220～500kV 分相操作的断路器，一般仅考虑断路器单相拒动的情况。

在实际运行中，断路器机构压力降低闭锁、保护控制回路断线、跳闸线圈异常及操作直流系统异常等均能造成断路器失灵。近年来，在断路器故障跳闸后，由雷击造成断路器重燃进而由失灵保护切除故障的事件也屡见不鲜。

断路器失灵保护作为近后备保护，其通过跳开本厂站内的其他断路器，能有效缩短断路器失灵时故障切除时间并在一定程度上减小停电范围。例如在图 6-4 中，线路 L1 故障时断路器 QF1 拒动，如果没有失灵保护，只能靠各线路对侧的 Ⅱ 或是 Ⅲ 段动作跳开 QF5、QF6、QF7 断路器，不仅该站全停

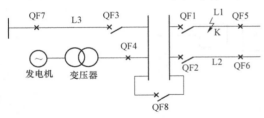

图 6-4　双母线断路器失灵保护故障示意图

而且对侧后备保护动作时间长，同时还存在线路保护灵敏度不足时的拒动风险和后备保护失配造成的越级跳闸风险。由失灵保护判断 QF1 断路器失灵后，经短延时（0.3～0.5s）跳开 QF8 和 QF2，不仅保证了另一条母线继续运行，还缩短了故障切除时间。

对于单双母线失灵保护，断路器失灵时的动作对象是跳开失灵断路器所在母线上的其他所有断路器，其动作对象与母差保护一致，因此为便于运行与设计，工程上一般将母差与失灵保护做在同一保护装置中，即母差失灵保护装置。而对于 3/2 接线，边断路器失灵时要求断开边断路器所在母线上的所有断路器，还要跳同一串内的中断路器，对于线路间隔，远跳对侧，对于主变压器间隔，联跳主变压器其他侧；中断路器失灵时，要求跳同一串上的相邻两个边断路器，并视具体情况远跳线路对侧或跳主变压器其他侧。工程上，3/2 接线失灵保护不做在母线保护装置中，而是与重合闸装置一起做成一套断路器保护装置并按断路器进行配置。

二、单、双母线失灵保护

（一）基本原理

单母线和双母线失灵保护由启动元件、复合电压闭锁元件、时间元件、母线选择元件组成。其动作原理如图 6−4 所示，当线路 L1 发生故障断路器 QF1 拒动时，失灵保护经短延时跳开 QF8 和 QF2 断路器，并保持另一条母线继续运行。当主变压器断路器失灵时，还要求同时跳开主变压器其他侧。目前，国家电网公司"六统一"失灵保护与母差保护为一体化装置，均按双重化配置。早期非"六统一"失灵保护一般配置单套失灵保护，按不同设计采用与母差保护一体化装置或采用单独失灵保护装置。需要指出的是，由于单母线和双母线失灵保护与母差保护共用装置共用出口继电器，因此，失灵保护同母差保护一样具有纵联保护远方跳闸和停、发信逻辑。

（二）单、双母线失灵保护组成

（1）失灵启动元件。失灵保护启动元件是由保护动作跳闸与电流判别元件"与"逻辑构成，由于线路保护可以分相跳闸和三相跳闸，而变压器保护只有三相跳闸，因此两者的启动逻辑略有不同。线路保护的启动逻辑如图 6−5 所示，分相跳闸接点和三相跳闸接点分别与各相电流和零序电流（或负序电流）相与后启动失灵保护。主变压器失灵保护启动逻辑如图 6−6 所示，利用主变压器三相跳闸接点与相电流、零序电流、负序电流任意一个一相与后，启动失灵保护。

（2）复合电压闭锁元件。复合电压闭锁元件是防止失灵保护误动的一种措施，一般由低电压、负序电压和零序电压组成。对于母差与失灵一体化的微机保护装置，母差保护和失灵保护的电压闭锁定值可以分别整定。对于变压器及高压电抗器的失灵保护，为防止其他侧故障时电压闭锁元件的灵敏度不足而导致失灵保护拒动，一般在上述元件保护动作时同时利用该保护动作接点解除失灵保护电压闭锁功能。

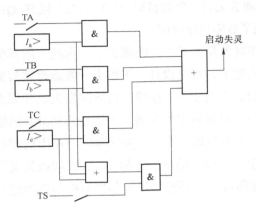
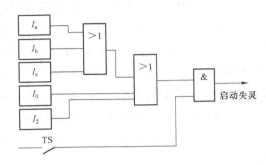

图 6-5　线路保护启动失灵逻辑　　　　　图 6-6　主变压器保护启动失灵逻辑

（3）时间元件。失灵保护启动后，需要经延时后才能动作跳闸，动作时间应大于故障设备断路器的跳闸切除时间（含熄弧时间）与继电保护出口继电器返回时间之和。对于单母线微机保护，失灵保护一般以较短时限（0.15s 左右）跟跳一次失灵断路器，再经一动作时限（0.3s）跳开母线上的其他元件断路器。对于双母线，一般以较短时限（0.3s）跳开与拒动断路器相关的母联及分段断路器，以较长时限（0.5s）跳开故障元件所在母线上的其他断路器，也可以同一时限（0.3s 左右）跳开母联、分段及母线上的其他断路器。

（4）母线选择元件。母线选择元件主要是用来判断各元件运行于哪条母线，从而实现装置有选择跳闸。对于微机保护，判断元件一般采用装置接入一次隔离开关辅助接点位置的方式进行自动判别，不具备条件时，也可在保护屏上设置隔离开关位置模拟装置，通过人工操作的方式提供各母线元件的实际位置。

三、3/2 断路器失灵保护

（一）基本原理

3/2 接线断路器失灵保护按断路器配置，一般与自动重合闸、三相不一致保护、死区保护和充电保护设计在同一装置内，该装置称为断路器保护装置。对于常规变电站断路器保护采用单套配置，而智能变电站则采用双套配置。失灵保护动作原理如图 6-7 所示，如果边断路器 QF1 失灵，失灵保护需要跳开 I 母线所有元件，还要跳开中断路器 QF2 并远方跳闸 QF7 断路器（如果连接元件是变压器，则应跳开变压器各侧断路器）；如果中断路器 QF2 失灵，失灵保护需要跳两个边断路器 QF1 和 QF3 并通过远方跳闸装置跳断路器 QF7 和 QF8（如果连接元件是变压器，则应跳开变压器各侧断路器）。失灵保护远跳不仅可以实现对侧的快速跳闸，还能够实现死区故障跳闸，并防止线路对侧保护因灵敏度不足而拒动。如断路器 QF1 发生死区故障时，I 母线母差保护动作后故障点依然存在，此时线路 L1 对侧的 QF7 号断路器只能通过失灵保护远跳才能快速跳闸，因此，边断路器失灵保护远跳是必要的；当线路 L1 故障，中断路器 QF2 失灵时，此时，同一串内线路 L2 对侧断路器 QF8 保护可能灵敏度不足，不能切除线路 L1 故障，需要通过断路器 QF2 失灵保护远跳断路器 QF8，因此，中断路器失灵保护启动远跳跳开同一串内线路对侧断路器也是必要的。

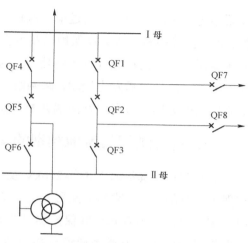

图 6-7 失灵保护动作原理图

（二）3/2 失灵保护组成

（1）故障相失灵。线路分相跳闸接点一直动作，同时同名相的失灵保护过流高定值元件一直动作，说明故障相断路器失灵。失灵保护启动后先经"失灵跳本断路器延时"发三相跳闸命令跳本断路器，再经"失灵动作时间"延时发三相跳闸命令跳开其他断路器。

（2）非故障相失灵。当外部三相跳闸接点"发变三跳"一直动作启动失灵，失灵保护过流低定值元件一直动作，同时失灵过流高定值元件曾经动作 20ms，装置判断为非故障相断路器失灵。失灵保护启动后先经"失灵跳本断路器延时"发三相跳闸命令跳本断路器，再经"失灵动作时间"延时发三相跳闸命令跳开其他断路器。

（3）发变组失灵。外部"发变三跳"一直动作启动失灵，同时低功率因数元件、零或负序电流元件之一动作，失灵保护启动后先经"失灵跳本断路器延时"发三相跳闸命令跳本断路器，再经"失灵动作时间"延时发三相跳闸命令跳开其他断路器。其中，电气量判别元件可经控制字分别控制。

（4）充电保护启动失灵。当利用断路器保护装置的充电保护功能时，如断路器失灵，则本装置失灵保护经"失灵动作时间"延时发三相跳闸命令跳开其他断路器。

（5）失灵保护瞬时跟跳逻辑。3/2 接线断路器失灵保护瞬时跟跳逻辑分为单相跟跳、两相跳闸跟跳三相和三相跟跳三部分，跟跳功能可经控制字控制投退。当该功能投入时，如果保护装置收到单相跳闸信号，且本装置相应高定值电流元件动作，则装置瞬时发一次分相跳闸命令。当本装置收到且仅收到两相跳闸命令且任一相高定值元件动作，装置经 15ms 延时联跳三相。当装置收到三相跳闸命令且任一相高定值元件动作，装置瞬时启动三跳回路，再发一次三相跳闸命令。

第三节　远方跳闸与就地判别装置

远方跳闸是反映一次设备故障或异常的保护动作后，经由光纤、载波等传输媒介动作于对侧断路器切除故障的一种保护功能。随着纵联保护光纤化率的提高，目前远方跳闸传输主要采用光纤通道。当对端的过电压保护、无专用断路器的电抗器保护、非 3/2 接线的母线保护、3/2 接线的断路器失灵保护以及主变压器高压侧未配置断路器的线路—变压器组接线的变压器保护等均需投入远方跳闸功能。为提高远方跳闸保护的安全性，避免保护装置收到错误的远方跳闸信号后发生误动，跳闸端一般要经过就地判别后才执行跳闸，即远方跳闸与就地判别功能分别配置在线路两端并配合使用。远方跳闸动作后闭锁重合闸。

一、远方跳闸与就地判别的实现方式

对于配置双套纵联保护的 220kV 及以上线路，一般利用纵联保护通道及其远传跳闸逻辑实现远方跳闸，并在跳闸端配置专用的就地判别装置或将就地判别功能集成在纵联保护装置内。按规定，利用双套纵联保护实现的远方跳闸均按"一取一经就地判别方式"，即每套纵联保护对应一个远方跳闸通道，并分别经就地判别。例如未配置专用断路器的电抗器保护动作后，在跳本侧断路器同时，还需要通过本侧的纵联保护装置分别启动远方跳闸跳开线路对侧断路器。如图 6－8 所示，线路 M 侧 T 接的电抗器保护动作后，通过两套纵联保护分别远跳对侧，对侧对应纵联保护装置收到远传跳闸命令后，分别经过就地判别后跳 N 侧断路器。

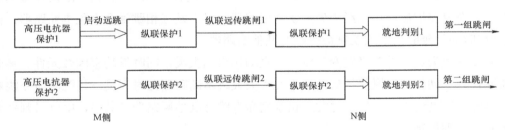

图 6－8　线路两端纵联远传跳闸示意图

对于非 3/2 接线的 220kV 及以上母线保护，为加快线路死区故障时线路对侧保护快速跳闸，对于配置双套光纤差动保护的线路，母线保护动作后通过光纤差动保护的远方跳闸功能加速线路对侧跳闸，跳闸端的光差保护在整定为远跳经本侧启动后，经本侧故障判别后执行跳闸。此方式利用光纤差动保护远跳及就地判别功能，两侧均不需配置专用的远方跳闸和就地判别装置。

对于没有配置纵联保护的线路—变压器组接线，当主变压器一次未配置断路器时，需要通过远方跳闸装置跳对侧断路器，当主变压器一次配置断路器时，需要在主变压器高压侧断路器失灵时启动远方跳闸。此时，需在启动远跳端配置远方跳闸装置，在跳闸端配置就地判别装置，两侧装置经通道交换信息，实现远方跳闸和就地判别功能。由于变压器的非电量保护不能用于启动失灵，因此对于线路—变压器组的远跳，其非电量保护应使用专用接点并与电气量保护可靠分开，跳闸端收到非电量保护动作接点后不启动失灵。

二、就地判别的判据组成

远方跳闸保护装置的就地判据应能可靠反映一次系统的各种故障，保证各种故障时能够可靠开放跳闸，还应便于整定和控制。其主要判据包括：零序、负序电流；零序、负序电压；低电流；电流变化量；低功率因数、低有功功率等。以上判据均能经控制字进行选择性投退。就地判别装置的判别逻辑如图 6-9 所示。

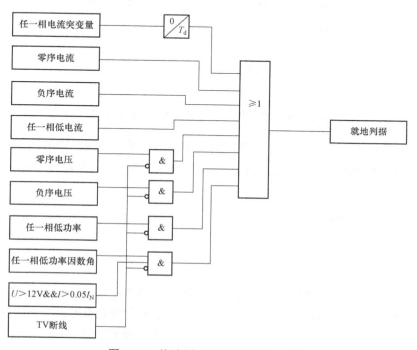

图 6-9　就地判别装置判别逻辑框图

对于对称性三相短路，电流变化量、低有功功率和低功率因数判据较为灵敏；而对于 T 接高抗、母线故障等在本侧已跳闸的情况下，对侧的低电流和低有功功率元件最为灵敏；对于大多数的非对称单相接地和两相短路，零序、负序电流和零序、负序电压元件则更为灵敏。因此各种判据的使用原则和定值大小要根据具体情况进行整定。由于以上判据具有足够灵敏性，在线路区外故障时往往也同时动作，为避免在区外故障时由于通道干扰误收远跳信号造成保护误跳闸，就地判别装置收到以上动作判据 20～40ms 后，再同时收到远跳信号才发跳闸命令，即通道远跳信号要经过延时确认。

第四节　短引线保护

如图 6-10 所示，3/2 接线的出线 L 在线路侧装设隔离开关 QS1，如果线路 L 停电，则该线路的隔离开关 QS1 将断开，此时保护用电压互感器 TV 也将停电，线路主保护因无运行电压及检修作业等原因将停用。此时如线路 L 所在串内的两个 TA 之间发生故障时，将没有快速保护切除，因此，需要设置短引线保护作为线路停电后该段引线的辅助保护。对于未配置线路侧隔离开关的线路，当线路停电时，其串内断路器将同时停电，因此无需配置短引线保护。

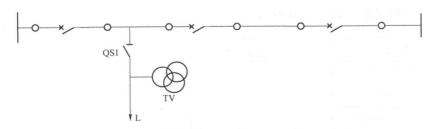

图 6-10　3/2 接线方式短引线保护一次示意图

目前广泛使用的微机短引线保护主要采用比率差动保护，当线路侧隔离开关断开且短引线保护压板及相关控制字均投入时，比率差动保护投入。为防止 TA 断线误动，装置具有 TA 断线闭锁功能。

比率差动动作方程为：

$$I_d > I_{dz}$$
$$I_d > kI_r$$

（6-1）

其中 $I_d = |\dot{I}_{\Phi 1} + \dot{I}_{\Phi 2}|$ 为动作电流，$I_r = |\dot{I}_{\Phi 1} - \dot{I}_{\Phi 2}|$ 为制动电流，$\dot{I}_{\Phi 1}$ 和 $\dot{I}_{\Phi 2}$ 分别对应短引线接入两个断路器的 TA 电流，且分别按 A、B、C 三相构成；k 为制动系数，一般取 0.7 左右，I_{dz} 为差动保护动作定值。程序在设计时，一般当差流大于（1.2～1.3）I_N 时，短引线保护可立即出口；而当差流小于上述值时，考虑到 TA 断线判别需要一个周波时间，因此要经 20ms 延时后出口。短引线的比率差动保护动作原理如图 6-11 所示。

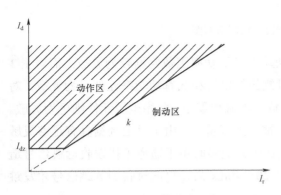

图 6-11　短引线比率差动保护动作原理图

当线路 L 运行，线路侧隔离开关 QS1 投入，短引线保护在线路侧故障时将无选择地动作，此时必须要将短引线保护停用。因此短引线保护一般经隔离开关的辅助接点控制其投入，当隔离开关处于合位时，短引线保护将自动退出。为防止辅助接点异常造成保护误动，规程规定当线路运行时，短引线保护应退出运行，只有线路停电，隔离开关断开且串内断路器环并运行时才将短引线保护投入。

第五节 母联（分段）断路器保护

母联（分段）断路器一般配置充电过流保护和非全相保护，有关非全相保护详见本章第一节，在此主要介绍母联（分段）断路器的充电过流保护。

母联（分段）断路器充电过流保护包括相电流和零序电流保护，主要用于母线充电保护，当母联（分段）断路器串代线路或主变压器间隔时可作为临时保护使用。在特殊方式下（母线无母差保护运行时），也可能根据需要临时投入母联断路器过流保护作为母线故障时解列使用。工程上，母联（分段）断路器一般配置专用的保护装置，早期的母差保护也配置有母联（分段）断路器的充电过流保护。目前国家电网公司"六统一"母差失灵保护将母联（分段）断路器的充电过流保护作为选配功能。正常运行时，母联断路器充电过流保护应退出运行，只有在需要时才临时投入。

一、母联（分段）断路器充电过流保护

充电保护是指新安装或检修后的一次设备在投运时，反映线路、母线或主变压器等投入过程中故障的保护。充电保护仅在线路、母线和主变压器等充电过程中使用，通常采用相电流过流和零序电流保护，经短延时跳闸的方式。图 6-12 是典型的充电过流保护原理逻辑，保护由两段相过流保护和一段零序过流保护组成，当最大相电流大于充电过流 I 段、II 段电流定值或大于充电零序过流定值，且对应的保护功能投入时，分别经各自延时定值动作跳闸。

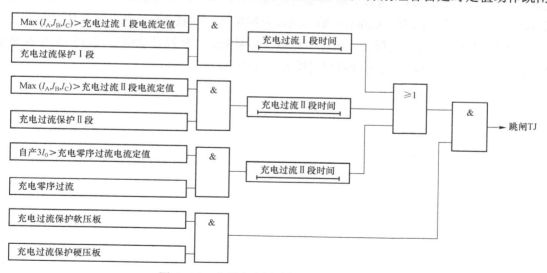

图 6-12 典型充电过流保护原理逻辑框图

充电保护动作后，可启动失灵保护。此外，为防止充电于母联（分段）断路器死区时母差保护误动，充电保护动作应闭锁相应的母差保护。

二、母联（分段）断路器充电保护与母差保护的配合

当利用母联（分段）断路器为母线充电时，为防止母联断路器或母联 TA 故障时母差保护扩大动作范围，无论是利用母差保护内部的充电保护还是利用外部专用充电保护，均需要在充电保护投入时短时闭锁母差保护。如图 6-13 所示，当利用母联断路器由 I 段母线向 II 段母线充电时，如母联断路器和 TA 之间发生故障，此时 TA 无电流，跳开母联断路器可切除故障，但由于 I 段母线的差动保护符合动作条件，会误跳 I 段母线上的所有连接单元。为防止这种误动，充电时应闭锁母线差动保护 300ms，并将大差流过量时作为充电一段的动作条件，不带延时先跳母联断路器，300ms 后若有故障发展或母联断路器失灵则跳运行母线。

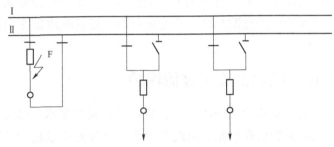

图 6-13　母联断路器死区故障示意图

无论利用母差保护内部母联（分段）保护还是利用外部的专用母联（分段）保护，保护装置均能够自动识别母联（分段）断路器的充电过程，当母联断路器的手合触点由断开变为闭合时，通过追溯一个周波（20ms）前的两段母线电压、母联 TA 电流，判定是否进入充电状态。当检测到至少有一条母线无电压、母联 TA 无电流、装置自动识别为母联断路器对空母线充电（此时展宽 1s），合于故障则闭锁差动 300ms。

第七章 高压直流保护原理及分析

第一节 直 流 输 电 简 介

直流输电工程是以直流电方式实现电能的传输，直流输电与交流输电相互配合构成现代电力传输系统。目前电力系统中发电和用电绝大部分为交流电，要采用直流输电必须进行换流。在送端将交流电变换为直流电（称为整流），经过直流输电线路（或背靠背）将电能送往受端；在受端将直流电变换为交流电（称为逆变）后送到交流系统中去，供用户使用。送端进行整流变换称为整流站，受端进行逆变变换称为逆变站。整流站和逆变站统称为换流站。实现整流和逆变的装置分别称为整流器和逆变器，统称为换流器。

一、直流输电的分类

直流输电分为两端直流输电、多端直流输电和背靠背直流输电三种。目前较常用的为两端直流输电和背靠背直流输电，其中两端直流输电多用于长距离的电力输送，如伊穆直流等；背靠背直流系统多用于电网互联，如中俄黑河背靠背联网，东北华北高岭背靠背联网等。

二、直流输电的优点

（1）直流架空线路杆塔结构简单、造价低、损耗小。

（2）直流线路输送容量大、造价低、损耗小、不易老化，且传输距离不受限制。

（3）直流输电不存在交流电的稳定问题，有利于远距离大容量送电。

（4）直流输电可实现电力系统间的非同步联网，不增加电网的短路容量。联网电网可以保持各自的电能质量（如频率、电压）独立运行，互联电网之间的交换功率可快速方便地进行控制。

（5）双极直流输电系统可以将大地作为备用回路，当一极故障时，可自动转为单极运行，提高了输电系统运行的可靠性。

（6）直流输电可方便地进行分期建设和增容扩建。

（7）直流输电输送的有功及两端换流站消耗的无功可以以手动或自动方式进行快速控制，可改善交流系统的运行性能，并有利于电网的经济运行和现代化管理。

三、直流输电的缺点

（1）换流站设备多、结构复杂、造价高、损耗大、运行费用高。

（2）对于交流侧来说，换流器是一个谐波电源，会产生较大对谐波。

（3）换流器在换流过程中需要大量的无功功率，需要装设同步调相机或静止无功补偿装置。

（4）直流输电利用大地（或海水）为回路时，对接地极附近的金属构件、管道、电缆会造成腐蚀，对周边交流系统接地运行变压器会造成铁芯偏磁饱和，对通信系统等也会造成干扰。

（5）直流断路器灭弧问题解决难度高，断路器制造难度大。

四、直流输电系统常见故障

直流输电系统常见的故障主要有阀短路故障、换相失败（丢脉冲、交流系统扰动）、直流线路故障、直流极母线故障、中性母线故障、控制系统故障导致触发脉冲异常、直流滤波器故障、换流变压器故障、交流滤波器故障等。

第二节　直流输电系统继电保护配置及原理

一、直流输电继电保护的特点

1. 微机化程度高

随着电子技术的发展，直流输电继电保护已进入微机化时代。微机化的直流继电保护具有以下特点：

（1）集成度高。可以将单独运行的换流系统内所有能引起该系统停运的设备故障保护集中在一套保护系统中，单极或双极的保护功能也都尽可能集中在一个保护系统中。

（2）判断准确。由于采用微处理器技术，便于输入信号处理、定量计算、判据设定、延时选择和冗余配置，提高了保护装置动作的准确性和系统的可靠性，便于进行故障分析处理。

（3）便于软件修改。保护装置中的各种功能可通过软件功能和参数的修改进行修正。

（4）经济性好。由于保护功能集中，可节省保护装置的硬件投资；通过软件修改，可提高和完善保护装置的功能。

2. 与直流控制系统关系密切

通过改变换流器触发角来实现对直流系统的控制，直流保护装置的动作也主要通过改变触发角和闭锁触发脉冲来完成。当系统发生故障扰动时，控制系统利用其快速性来抑制故障发展，以维持系统稳定。只有当发生严重故障或控制系统不能解决问题时，直流保护装置才动作来闭锁直流系统，隔离故障设备。

通过直流系统控制和保护的配合，既能快速抑制故障的发展，迅速切除故障，又能在故障消除后迅速恢复直流系统的正常运行。

3. 多重冗余配置

为防止直流保护装置本身故障或异常引起的运行可靠性降低，直流输电系统保护装置采用冗余配置。直流系统保护装置的冗余配置可提高保护装置的可靠性，最终达到提高整个系统可靠性的目的。根据直流系统的重要性和特点来选择直流系统保护的冗余配置方式，一般采用双重化配置（二取一）或三重化配置（三取二）。

二、直流系统保护动作策略

（1）告警和启动录波。使用灯光、音响等方式，并自动启动故障录波和事件记录，便于及时判断故障类型和分析故障原因。

（2）控制系统切换。直流系统异常可能是因为控制系统异常引起。为避免控制系统异常造成不必要的直流闭锁，有些保护首先执行控制系统切换。

（3）紧急移相。紧急移相是将触发角迅速增加到 90°以上，将换流器从整流状态变到逆变状态，以减小故障电流，加快直流系统的能量释放，便于换流器闭锁。

（4）投旁通对。同时触发 6 脉动换流器接在交流系统同一相上的一对换流阀，称为投旁通对。投旁通对可以用于直流系统的解锁和闭锁；直流保护使用投旁通对形成直流侧短路，快速将直流电压降低到零，隔离交直流回路，以便交流断路器快速跳闸。

（5）闭锁触发脉冲。闭锁换流器的触发脉冲，使换流器各阀在电流过零后关断。在双极都闭锁时，同时切除所有交流滤波器。

（6）极隔离。在一极故障停运时，为了不影响另一极正常运行，断开停运极中性母线上的连接断路器和极线侧连接隔离开关，进行极隔离。

（7）跳交流侧断路器。换流变压器交流侧断路器跳闸，断开换流变压器交流侧与交流系统的连接。

（8）锁定交流断路器。跳闸交流断路器，锁定断路器，防止断路器合闸。

（9）极平衡。极平衡是指平衡接地极电流，使流过接地极的电流最小。

（10）重合转换开关。转换开关操作失败时，重合转换开关。

（11）合上站接内接地极开关（NBGS）。合站内接地极开关，降低可能出现的中性线过电压。

（12）启动直流输电线路故障恢复逻辑（DFRS）。直流输电线路保护动作，向极控系统发出直流线路再启动指令。

三、直流系统保护配置

1. 直流换流站保护配置原则

（1）以穆家换流站为例，穆家换流站直流保护采用双重化配置，保护分为极保护、直流滤波器保护、换流变保护和交流滤波器保护四部分。各保护装置的保护范围如下：

极保护：保护范围为换流阀、极母线、极中性母线、双极和接地极线、接地极线路、直流线路、金属回线。

直流滤波器保护：保护范围为直流滤波器。

换流变压器保护：保护范围为换流变压器及引线。

交流滤波器保护：保护范围为交流滤波器及引线。

（2）背靠背换流站直流保护较常规直流系统保护少了极中性母线、双极和接地极、接地极线路、直流线路、金属回线的保护，多了背靠背差动、极保护区接地保护和 12 脉动中性线接地告警保护。

2. 直流系统保护分区

如图 7-1 所示，直流输电系统按照保护范围划分为以下区域：换流变压器保护区；换流器保护区；极母线保护区；中性母线保护区；直流线路保护区；双极保护区；直流滤波器保护区。

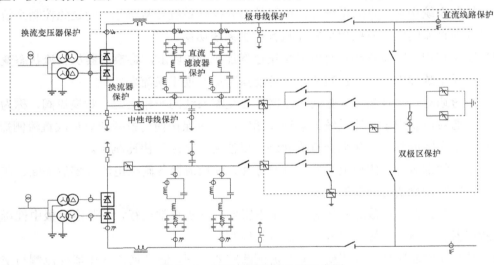

图 7-1　直流系统保护分区示意图

通过保护区域的划分，确保对所有直流设备进行保护。相邻保护区域之间重叠，不存在死区。

3. 直流系统保护硬件结构及要求

直流系统保护可以单独配置，也可以与换流变压器、直流滤波器保护集成在一起，每一套直流保护装置具有全部保护功能，每套保护装置具有独立的、完整的硬件配置，并与其他保护装置之间在物理上和电气上完全独立。任意一套保护装置因故障、检修或其他原因而退出时，不影响其他保护装置正常运行，不影响整个直流系统的正常运行。每套保护装置采取措施以保证单一元件损坏时本套保护不误动，确保保护的可靠性。

四、直流保护基本原理及执行逻辑

以±500kV 伊穆直流输电工程为例，直流系统保护分区配置如图 7-2～图 7-5 所示，直流保护基本原理及执行逻辑如下：

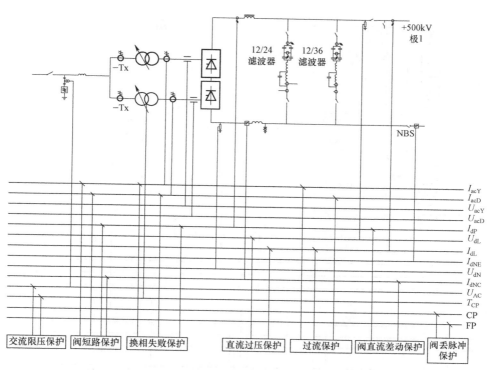

图 7-2　换流器区保护

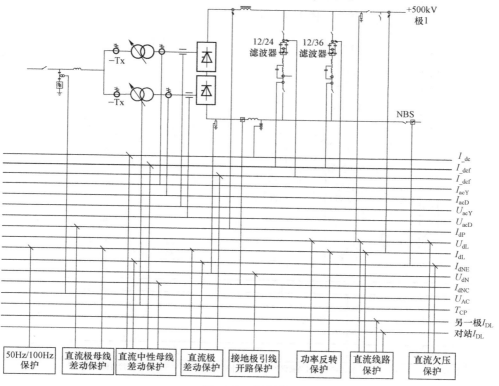

图 7-3　极保护

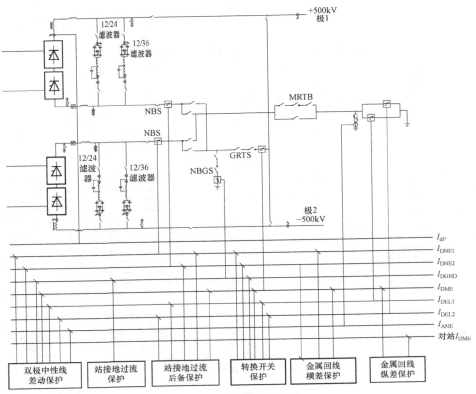

图 7-4　双极保护（一）

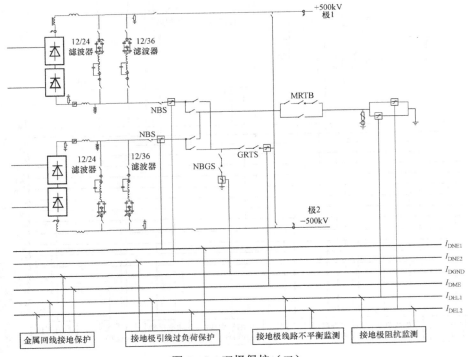

图 7-5　双极保护（二）

1. 阀短路保护

（1）保护晶闸管换流阀免受故障造成损坏。

（2）利用阀短路、换流阀交流侧相间短路或阀厅直流端出线间短路时，换流器交流侧电流大于直流侧电流的故障现象作为保护的判据。

（3）立即闭锁直流，极隔离，跳开交流断路器，启动断路器失灵，锁定交流断路器，启动故障录波。

2. 换相失败保护

（1）检测因交流电网扰动和其他异常换相条件造成的换流阀换相失败。

（2）换相失败的明显特征是交流电流降低，而直流电流升高。换相失败可能是由一种或多种故障，如控制脉冲发送错误、交流系统故障等引起的。阀的误触发或触发脉冲丢失会导致其中一个 6 脉动桥的连续换相失败；交流系统干扰会导致两个 6 脉动换流桥的连续换相失败，保护分别经不同的延时动作。

（3）首先经延时进行极控系统切换，若切换后，仍检测到换相失败，则经延时闭锁直流，极隔离，跳开交流断路器，启动断路器失灵，锁定交流断路器，启动故障录波。

3. 桥差保护

（1）检测每个 6 脉动桥内阀的换相故障、点火故障或换流阀故障等。

（2）比较测量换流变压器阀侧星形绕组和三角形绕组的电流，若超过定值则保护动作。

（3）首先经延时进行极控系统切换，若切换后，仍检测到故障，则降低电流参考值；若仍存在，经延时闭锁直流，极隔离，跳开交流断路器，启动断路器失灵，锁定交流断路器，启动故障录波。

4. 换流器直流差动保护

（1）检测换流器的接地故障。

（2）正常情况下，高压极母线上的电流与中性极线上的电流差值很小，一旦发生故障，差动电流超过定值，保护动作。

（3）首先经延时报警，达到动作值时，经延时闭锁直流，极隔离，跳开交流断路器，启动断路器失灵，锁定交流断路器，启动故障录波。

5. 换流变压器阀侧中性点零序过压保护（中性点偏移保护）

（1）用于检测解锁前的换流变压器阀侧交流连线的接地短路故障。

（2）测量换流变压器二次侧末屏电压，阀闭锁时，正常状态下三相电压的矢量和为零，如果发生单相接地或相间短路故障，三相电压零序分量不为零，超过预定参考值；保护禁止阀解锁。

（3）首先经延时发禁止阀解锁指令，报警，达到动作值后，经延时闭锁直流，极隔离，跳开交流断路器，启动断路器失灵，锁定交流断路器，启动故障录波。

6. 直流过电压保护

（1）保护直流设备免受直流过电压的损坏。

（2）测量直流电压，检测直流极母线上的过电压。

（3）首先经延时进行极控系统切换，若极控系统切换后，仍检测到过电压，则经延时直流闭锁，极隔离，跳开交流断路器，启动断路器失灵，锁定交流断路器，启动故障录波。

7. 换流器过流保护

（1）检测换流设备（特别是阀）的过负荷。

（2）测量直流电流 I_{DNE}，换流变压器阀侧电流 I_{acY} 和 I_{acD}，取得最大值并与保护定值进行比较。

（3）首先经延时进行极控系统切换，若极控系统切换后，仍检测到过电流，则经延时进行报警，再经延时进行功率回降；若功率回降后仍检测到过电流，则经延时直流闭锁，极隔离，跳开交流断路器，启动断路器失灵，锁定交流断路器，启动故障录波。

8. 50Hz 谐波保护

（1）检测阀干扰或控制系统故障引起直流电流中的异常谐波。

（2）对直流电流中的工频进行滤波，如果谐波分量超过预定参考值，保护动作。谐波分量水平较低时，保护只给出报警；谐波分量水平较高时，阀闭锁。

（3）当基波量长时间超过定值时，经延时进行极控系统切换。若极控切换后，故障仍存在，则经延时进行功率回降；若功率回降后故障仍存在，则经延时直流闭锁，极隔离，跳开交流断路器，启动断路器失灵，锁定交流断路器，启动故障录波。

9. 100Hz 谐波保护

（1）检测交流系统干扰引起的直流电流中的异常谐波。

（2）对直流电流中的二次谐波进行滤波，如果谐波分量超过预定参考值，保护动作。谐波分量水平较低时，保护只给出报警；谐波分量水平较高时，阀闭锁。

（3）当二次谐波量长时间超过定值时，经延时进行极控系统切换。若极控切换后，故障仍存在，则经延时进行功率回降；若功率回降后故障仍存在，则经延时直流闭锁，极隔离，跳开交流断路器，启动断路器失灵，锁定交流断路器，启动故障录波。

10. 极母线差动保护

（1）检测直流高压母线的接地故障。

（2）比较阀厅高压母线直流电流 I_{DP} 和出线侧直流电流 I_{DL} 以及直流滤波器电流 I_{f1T1}、I_{f2T1}，如果电流的差值大于整定值，保护将动作。

（3）闭锁直流，极隔离，跳开交流断路器，启动断路器失灵，锁定交流断路器，启动故障录波。

11. 极中性母线差动保护

（1）检测直流中性母线的接地故障。

（2）比较阀厅内低压母线直流电流 I_{DNC} 和接地极线出线的直流电流 I_{DNE}、冲击电容器电流 I_{d_c} 以及直流滤波器电流 I_{D_dcf}，如果电流的差值大于整定值，保护将动作。

（3）报警，闭锁直流，极隔离，跳开交流断路器，启动断路器失灵，锁定交流断路器，启动故障录波。

12. **极差动保护**

（1）检测直流场的接地故障。

（2）比较直流电流 I_{DL} 和接地极线出线的直流电流 I_{DNE} 以及冲击电容器电流 I_{d_c}，如果电流的差值大于整定值，保护将动作。

（3）报警，闭锁直流，极隔离，跳开交流断路器，启动断路器失灵，锁定交流断路器，启动故障录波。

13. **接地极开路保护**

（1）检测接地极引线开路故障。

（2）检测中性母线电压是否大于整定值。

（3）电压较低时经延时合 NBGS 开关，再经延时闭锁直流，极隔离，跳开交流断路器，启动断路器失灵，锁定交流断路器，启动故障录波。电压较高时直接经延时闭锁直流，极隔离，跳开交流断路器，启动断路器失灵，锁定交流断路器，启动故障录波。

14. **直流线路行波保护**

（1）用于检测两个换流站平波电抗器之间的直流线路故障，通过控制系统清除故障电流后，如果条件允许，在故障清除后恢复功率输送。

（2）当直流线路发生故障时，相当于在故障点叠加了一个反向电源，这个反向电源造成的影响以行波的方式向两站传播。保护通过检测行波的特征来检出线路的故障。

（3）立即启动重启逻辑，启动故障录波。

15. **直流线路电压突变量保护**

（1）用于检测两个换流站平波电抗器之间的直流线路的故障，通过控制系统清除故障电流后，如果条件允许，在故障清除后恢复功率输送。

（2）当直流线路发生故障时，会造成直流电压的跌落。故障位置的不同，电压跌落的速度也不同。通过对电压跌落的速度进行判断，可以检测出直流线路的故障。

（3）立即启动重启逻辑，启动故障录波。

16. **直流线路低电压保护**

（1）检测两个换流站平波电抗器之间的直流线路故障，通过控制系统清除故障电流后，如果条件允许，在故障清除后恢复功率输送。

（2）当直流线路发生故障时，会造成直流电压无法维持。通过对直流电压的检测，如果直流电压低持续一定时间，同时没有发生交流系统故障，也没有发生换相失败，则判断为直流线路故障。在通信正常时，接收对站是否有交流系统故障和换相失败的信号。当通信中断后，如果是单极运行方式，保护动作延时加长，与对站交流故障切除时间配合；如果是双极运行方式，则同时检测另一极直流电压，如果其电压也低说明是交流系统故障，否则为线路故障。

（3）经延时启动重启逻辑，启动故障录波。

17. 直流线路纵差保护

（1）检测直流线路接地故障。

（2）作为行波保护的后备保护，尤其是对线路高阻抗接地故障，其保护原理为比较本站及对侧站的直流电流。保护在站间通信正常时有效。

（3）经延时启动重启逻辑，启动故障录波。

18. 交直流碰线保护

（1）检测交直流碰线故障。

（2）检测直流电压的基波含量，如果该值超过某定值，经过设定时间窗的延时后，确定发生交直流碰线故障。保护动作后闭锁重启逻辑，由其他线路保护检测到碰线故障后直接将直流系统停运，不再尝试重启。

（3）经延时闭锁线路重启逻辑。

19. 重启逻辑

（1）在直流线路故障并采取移相措施后，通过重新解锁恢复功率输送，无法恢复成功时将系统停运。

（2）直流线路发生故障时，线路保护动作启动重启逻辑。线路重启逻辑通过移相操作，迅速将直流电压降到零，待故障点去游离后撤销移相命令，系统重新建立到故障前的电流、电压。重启时间、重启后电压、重启次数可设定。设定值允许为零次（不进行重启操作，直接停运）、一或两次全压再启动，一次降压再启动。每次再启动去游离时间可单独设定。

（3）经延时移相进行重启以恢复直流系统正常运行；若重启不成功，立即闭锁直流，极隔离，跳开交流断路器，启动断路器失灵，锁定交流断路器，启动故障录波。

20. 直流欠压保护

（1）在异常运行工况下保护直流设备。

（2）检测直流极母线上的直流电压和中性接地线电流。一方面作为直流接地故障的后备保护，另一方面与 VDCOL 功能配合，作为 VDCOL 的后备保护。

（3）经延时进行极控系统切换，若切换后故障仍存在，则经延时闭锁直流系统，极隔离，跳开交流断路器，启动断路器失灵，锁定交流断路器，启动故障录波。

21. 功率反转保护

（1）在无运行人员发出控制命令的情况下，由于控制系统故障引起潮流反转时，保护系统设备。

（2）测量直流电压和直流电流，如果在设定时间内功率改变方向，并且超过预定参考值，保护动作，系统停运。潮流反转的判据是直流电压超过最小预定参考值，并在一定时间内改变极性。

（3）经延时进行极控系统切换。若切换后故障仍存在，则经延时闭锁直流系统，极隔离，跳开交流断路器，启动断路器失灵，锁定交流断路器，启动故障录波。

22. 空载加压试验监视

（1）在进行空载加压试验时检测直流场设备、极母线的接地故障以及阀的相间短路或接地故障，以防止开路试验时过电压以及短路对设备造成损害。在进行空载加压试验时，某些保护功能自动调整到预先为空载加压试验方式设定的参考值。

（2）如果直流电流超过保护设定的参考值或者直流电压并未升高到期望值，则判断发生接地故障，保护同时检测交流系统的电流。通过比较交流电流和直流电流，进行选择性的动作。

（3）闭锁直流，极隔离，跳开交流断路器，启动断路器失灵，锁定交流断路器，启动故障录波。

23. 双极中性线差动保护

（1）检测从中性母线到接地极线引线之间的故障。

（2）根据不同的运行方式，比较中性母线和接地极引线的直流电流，如果大于整定值，延时跳闸。

（3）双极运行方式，经延时进行极平衡，合 NBGS 开关。若故障仍存在，经延时闭锁直流，极隔离，跳开交流断路器，起动断路器失灵，锁定交流断路器，启动故障录波。单极运行方式，经延时进行移相启动清除故障，若故障无法清除，则经延时闭锁直流，极隔离，跳开交流断路器，启动断路器失灵，锁定交流断路器，启动故障录波。

24. 站内接地过流保护

（1）保护站内接地，避免过高的接地电流流入站内接地网。

（2）检测流过站内接地电流是否大于整定值。

（3）经延时报警，双极运行方式，经延时进行极平衡，合 NBGS 开关。若故障仍存在，则延时闭锁直流，极隔离，跳开交流断路器，启动断路器失灵，锁定交流断路器，启动故障录波。单极运行方式，经延时闭锁直流，极隔离，跳开交流断路器，启动断路器失灵，锁定交流断路器，启动故障录波。

25. 后备站内接地过流保护

（1）保护站内接地，避免过高的接地电流流入站内接地网。

（2）根据 I_{DNE1}、I_{DNE2}、I_{DME}、I_{DEL1}、I_{DEL2}，计算流过站内接地电流是否大于整定值。

（3）经延时报警，双极运行方式，经延时进行极平衡，合 NBGS 开关。若故障仍存在，则延时闭锁直流，极隔离，跳开交流断路器，启动断路器失灵，锁定交流断路器，启动故障录波。单极运行方式，经延时闭锁直流，极隔离，跳开交流断路器，启动断路器失灵，锁定交流断路器，启动故障录波。

26. NBS 开关保护

（1）防止中性母线开关无法断弧时遭到损坏。

（2）NBS 开关处于分位且 I_{DNE} 超过定值时保护动作。

（3）经延时重合 NBS，锁定 NBS，启动 NBSF。

27. NBGS 开关保护

（1）防止中性母线接地开关无法断弧时遭到损坏。

（2）NBGS 开关处于分位且 I_{DGND} 超过定值时保护动作。

（3）经延时重合 NBGS，锁定 NBGS。

28. 后备 NBGS 开关保护

（1）防止中性母线接地开关无法断弧时遭到损坏。

（2）NBGS 开关处于分位，同时根据 I_{DNE1}、I_{DNE2}、I_{DME}、I_{DEL1}、I_{DEL2}，计算入地电流超过定值时保护动作。

（3）经延时重合 NBGS，锁定 NBGS。

29. GRTS 开关保护

（1）防止大地回线转换开关无法断弧时遭到损坏。

（2）GRTS 开关处于分位且 I_{DME} 超过定值。经过一定的时间保护动作，保护动作信号会发送给极控系统的顺控功能，禁止继续进行下一步操作，保持最终的状态。

（3）经延时重合 GRTS，锁定 GRTS。

30. 后备 GRTS 开关保护

（1）防止大地回线转换开关无法断弧时遭到损坏。

（2）根据 GRTS 开关处于分位且根据 I_{DNE1}、I_{DNE2}、I_{DGND}、I_{DEL1}、I_{DEL2}，计算入地电流超过定值。经过一定的时间保护动作，保护动作信号会发送给极控系统的顺控功能，禁止继续进行下一步操作，保持最终的状态。

（3）经延时重合 GRTS，锁定 GRTS。

31. MRTB 开关保护

（1）防止金属回线转换开关无法断弧时遭到损坏。

（2）根据 MRTB 开关处于分位且 I_{DEL1} 与 I_{DEL2} 之和超过定值。经过一定的时间保护动作，保护动作信号会发送给极控系统的顺控功能，禁止继续进行下一步操作，保持最终的状态。

（3）经延时重合 MRTB，锁定 MRTB。

32. 后备 MRTB 开关保护

（1）防止金属回线转换开关无法断弧时遭到损坏。

（2）根据 MRTB 开关处于分位且根据 I_{DNE1}、I_{DNE2}、I_{DGND}、I_{DME2}，计算 MRTB 开关电流超过定值。经过一定的时间保护动作，保护动作信号会发送给极控系统的顺控功能，禁止继续进行下一步操作，保持最终的状态。

（3）经延时重合 MRTB，锁定 MRTB。

33. 金属横线回差保护

（1）检测金属回线站内连线上的接地故障。

（2）根据运行极中性极线电流 I_{DNE1} 或 I_{DNE2} 以及 I_{DME} 来计算差流。该保护只在金属回线运行方式下有效，需要与保护区内的其他保护相配合。

11. 换流变压器过励磁保护

（1）防止换流变压器过励磁时损坏。

（2）当换流变压器过励磁倍数达到保护定值时，保护动作。

（3）经延时发直流闭锁指令至极控系统，同时跳换流变压器进线开关（若是背靠背换流站则跳两侧换流变压器进线开关），启动两侧断路器失灵保护和两侧交流断路器锁定继电器。

12. 换流变压器中性点偏移保护

（1）防止换流变压器阀侧在发生接地故障的情况下换流阀解锁。

（2）在换流阀解锁前起作用，通过阀侧换流变压器套管上的末屏抽头测量换流变压器阀侧零序电压值，当达到定值时保护动作。当换流阀解锁后该保护自动退出。

（3）经延时发禁止阀解锁命令到极控系统，同时跳两侧交流断路器，启动两侧断路器失灵保护和两侧交流断路器锁定继电器。

换流变压器非电量保护主要有本体重瓦斯、分接开关油流继电器、轻瓦斯、油温高、绕组温度高、压力释放、油泵和风扇电机保护、套管 SF_6 压力保护等。

六、直流滤波器保护基本原理及执行逻辑

直流滤波器保护可单独配置，也可与直流保护、换流变压器保护集成在一起，一般采用双重化配置（三重化配置则采用三取二），如图 7-7 所示。每套保护具有独立的、完整的硬件配置和软件配置，每套保护之间在物理上和电气上完全独立，有各自独立的电源回路，测量互感器的二次绕组，信号输入、输出回路，通信回路，主机，以及二次绕组与主机之间的所有相关通道、装置和接口。

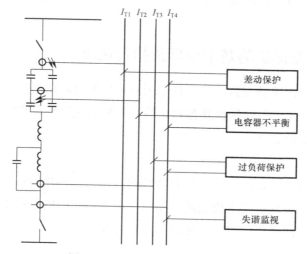

图 7-7　直流滤波器保护配置图

1. 差动保护

（1）检测直流滤波器和并联电容器内部接地故障。保护范围包括整个直流滤波器。

（2）测量直流滤波器高低压侧直流电流，在直流滤波器发生接地故障时将直流滤波器退出运行。

（3）根据高端电流大小输出相应动作接点至极控。跳闸出口为分高压侧隔离开关，或闭锁直流系统，跳交流断路器，所有保护动作均带延时。

2. 电容器不平衡保护

（1）防止电容器因故障造成的过应力而使电容器单元雪崩损坏。

（2）检测直流滤波器 I_{T2} 和 I_{T4} 的电流，如果 I_{T2}/I_{T4} 超过定值，则保护动作。保护需考虑由制造误差和电容元器件老化带来的初始不平衡电流。

（3）1 段延时报警，2 段延时切除滤波器。如果滤波器是该极的最后一组滤波器，则闭锁直流系统（有的工程设置跳闸，有的工程仅报警）。

3. 电抗器过负荷保护。

（1）防止直流滤波器因电抗器谐波过负荷引起的过应力。

（2）检测直流滤波器总的谐波电流，如果超过定值，则保护动作。保护动作延时应能躲过暂态过负荷的影响。

（3）根据高端电流大小输出相应动作接点至极控。跳闸出口为分高压侧隔离开关，或闭锁直流系统，跳交流断路器，所有保护动作均带延时。

4. 失谐监视

（1）监视直流滤波器的调谐状态。

（2）在双极直流滤波器都投入的情况下，检测双极直流滤波器 I_{T4} 的谐波电流差。如果超过定值，则报警。在双极直流滤波器没有都投入的情况下，此保护退出。

（3）延时报警。

七、交流滤波器保护的基本原理及执行逻辑

交流滤波器保护一般单独配置，按元件采用双重化配置，跳闸出口逻辑为二取一出口，如图 7-8～图 7-10 所示。每套保护具有独立的、完整的硬件配置和软件配置，每套保护之间在物理上和电气上完全独立。

1. 差动保护

（1）用于检测交流滤波器组、并联电容器组的内部接地和相间短路故障。

（2）比率制动式差动保护用于检测滤波器组、电容器组的内部接地和相间短路故障。

（3）跳闸，启动断路器失灵保护，锁定交流断路器。

2. 过流保护

（1）保护滤波器分组或并联电容器组，防止过电流的损坏。

（2）测量滤波器分组或并联电容器组上的电流，保护反应工频分量。

（3）报警，跳闸，启动断路器失灵保护，锁定交流断路器。

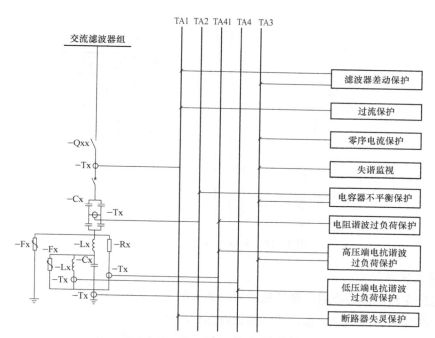

图 7-8　双调谐滤波器保护配置图

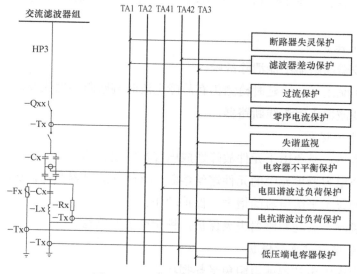

图 7-9　高通滤波器保护配置图

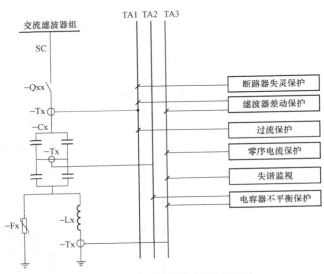

图 7—10 并联电容器保护配置图

3. 零序电流保护

（1）保护交流滤波器小组，使其免受短路故障的损坏。

（2）检测滤波器的零序电流，达到定值时保护动作。

（3）报警，延时跳闸，启动断路器失灵保护，锁定交流断路器。

4. 滤波器小组失谐监视

（1）检测滤波器元件早期的细小变化。

（2）检测滤波器低压端 TA 零序谐波电流，并且检测滤波器阻抗变化。

（3）仅报警。

5. 断路器失灵保护

（1）防止滤波器断路器不能清除故障。

（2）保护动作跳闸后，经延时检测仍有故障电流时判断断路器失灵。

（3）延时跳滤波器大组进线断路器。

6. 电容器不平衡保护

（1）保护电容器，避免由于元件故障造成电容器雪崩损坏。

（2）如果一个电容器单元中的元件熔丝熔断，该桥臂的电容变化，从而导致桥臂中流过不平衡电流，检测该不平衡电流的增大，保护动作。

（3）报警，跳闸，启动断路器失灵保护，锁定交流断路器。

7. 电阻、电感谐波过负荷保护

（1）保护小组内的电抗器或电阻免受热损坏。

（2）通过计算每个元件的功率损耗，对功率损耗按照元件的热时间常数进行积分，从而确定元件上的热应力。

（3）报警，跳闸，启动断路器失灵保护，锁定交流断路器。

八、最后断路器保护基本原理及执行逻辑

若某个断路器的断开将直接导致逆变站（侧）换流单元失去所有交流线路，则称该断路器为最后一台断路器，也简称为最后断路器。最后断路器保护仅在逆变站（侧）配置，整流站（侧）不配置，最后断路器保护功能仅在逆变站（侧）有效。

为防止直流系统运行时逆变站（侧）交流负荷全部失去后，换流站交流系统及其他部分设备因过电压导致绝缘损坏，当出现最后断路器跳闸时，最后断路器保护应闭锁直流系统并切除相关交流滤波器。

1. 站间最后断路器

逆变站（侧）交流线路对侧交流厂站判断最后断路器跳闸时，发送最后断路器跳闸信号给逆变站（侧）。逆变站（侧）接收到最后断路器跳闸信号后，极控系统闭锁直流，并切除相关交流滤波器。

2. 站内最后断路器

逆变站（侧）判断站内最后断路器跳闸时，极控系统闭锁直流，并切除相关交流滤波器。

第三节　直流输电系统常见故障及保护动作行为

一、故障位置选取（以双极输电系统单极常见故障为例）

为便于分析选取以下常见故障：换流变压器阀侧套管故障 1 处（Ftrf-1）、阀故障点 5 处（Fcnvt-1~5）、极母线故障点 1 处（Fpb-1）、单极中性母线故障点 1 处（Fnb-1）、双极中性母线故障点 2 处（Fbpnb-1~2）、直流线路故障 1 处（Fpl-1）、接地极线路故障 2 处（Fgl-1~2）、直流滤波器故障 2 处（Fdcf-1~2），如图 7-11 所示。

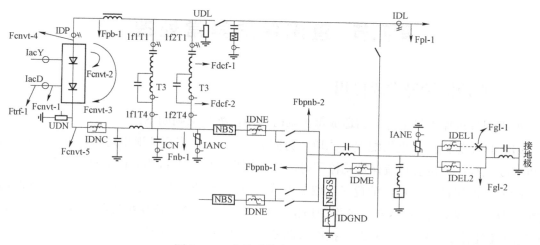

图 7-11　直流系统常见故障示意图

二、故障位置对应保护常见动作情况

（1）Ftrf－1：换流变压器大差、换流变压器小差、换流变压器阀侧绕组过流、阀侧绕组纵差、中性点偏移（阀解锁前单相接地故障）、直流低电压（可能）、换相失败。

（2）Fcnvt－1：阀差动、直流低电压（可能）、换相失败、中性点偏移（阀解锁前单相接地故障）、换流变压器阀侧绕组过流。

（3）Fcnvt－2：阀短路、直流过流、极差动。

（4）Fcnvt－3：阀短路、换流变压器阀侧绕组过流、直流过流、直流低电压、极差动。

（5）Fcnvt－4：阀差动、极差动、直流过流、直流低电压。

（6）Fcnvt－5：阀差动、极差动。

（7）Fpb－1：极母线差动、极差动、直流过流、直流低电压。

（8）Fdcf－1：直流滤波器差动、过流。

（9）Fdcf－2：直流滤波器差动。

（10）Fpl－1：行波保护、电压突变量保护、直流线路低电压、线路纵差、直流低电压、交直流碰线（交直流线路碰线时）。

（11）Fnb－1：中性线差动。

（12）Fbpnb－1：双极中性区差动。

（13）Fbpnb－2：双极中性区差动、金属回线接地、金属回线横差。

（14）Fgl－1：接地极不平衡（告警）、接地极过流。

（15）Fgl－2：接地极不平衡（告警）、接地极过流、接地极阻抗监视。

以上分析不考虑控制系统调节以及保护延时等影响，实际运行时直流系统发生故障的情况比较复杂。根据故障程度和故障类型的不同，故障量的大小以及控制系统是否参与调节等因素均决定直流保护的动作行为，具体故障应具体分析。

第四节 直流保护异常处理

一、直流保护异常或停用

如果因直流保护异常等原因造成保护临时停用，处理原则如下：

（1）直流保护按双重化配置（二取一方式），如一套直流保护退出运行，则直流单套保护可继续运行；当两套直流保护均停用时，立即汇报所辖调度机构并停运直流系统。

（2）直流保护按三重化配置（三取二方式），如一套直流保护退出运行，剩下两套保护按照二取一方式运行；如两套直流保护退出运行，则剩余一套直流保护按照一取一方式运行；当三套直流保护均停用时，立即汇报所辖调度机构并停运直流系统。

二、换流变压器保护异常或停用

如果因换流变压器保护异常等原因造成保护临时停用，处理原则如下：

（1）换流变压器保护按双重化配置（二取一方式），如一套差动保护退出运行，则换流变压器单套保护可继续运行；当两套差动保护均停用时，立即汇报所辖调度机构并停运换流变压器。

（2）换流变压器保护按三重化配置（三取二方式），如一套差动保护退出运行，剩下两套差动保护按照二取一方式运行；如两套差动保护退出运行，则剩余一套差动保护按照一取一方式运行；当三套差动保护均停用时，立即汇报所辖调度机构并停运换流变压器。

三、直流滤波器保护异常或停用

如果因直流滤波器保护异常等原因造成保护临时停用，处理原则如下：

（1）直流滤波器保护按双重化配置（二取一方式），如一套差动保护退出运行，则直流滤波器单套保护可继续运行；当两套差动保护均停用时，立即汇报所辖调度机构并停运直流滤波器。

（2）直流滤波器保护按三重化配置（三取二方式），如一套差动保护退出运行，剩下两套差动保护按照二取一方式运行；如两套差动保护退出运行，则剩余一套差动保护按照一取一方式运行；当三套差动保护均停用时，立即汇报所辖调度机构并停运直流滤波器。

四、单极大地运行方式

单极大地方式运行会造成直流电流入地运行，对接地极附近的金属构件、管道、电缆造成腐蚀，对通信系统造成干扰，直流电流可能会流入邻近的交流变电站直接接地运行的变压器，造成变压器铁芯偏磁饱和过热，甚至损坏变压器。实际运行时应尽量减少单极大地方式运行时间，并密切注意对周边的影响。

五、直流通信异常

直流保护主要功能均由本侧实现，直流通信异常对直流保护的影响较小。正常运行时出现直流通信异常的情况时，保护可以实现自动闭锁或采取相应措施，不需要对直流保护进行处理，但应尽快恢复直流通信的正常运行。

六、直流保护动作闭锁直流系统

根据保护动作信息和故障录波等判断直流系统是否发生故障，以及保护动作行为是否正确合理。如果保护动作行为不合理或存在疑问，应及时分析并查找原因，未查明原因前禁止直流保护投入运行。

七、站间最后断路器跳闸

站间最后断路器跳闸一般按照双重化配置。两套最后断路器跳闸装置与两套最后断路器跳闸接收装置一一对应，正常情况下两套最后断路器跳闸装置和最后断路器跳闸接收装置均处于运行状态，任一套动作即可出口。当站间最后断路器跳闸发生异常需要停用时，应遵循以下原则：

（1）每套最后断路器跳闸装置与对应的接收装置应同时投退；

（2）可以短时退出一套最后断路器跳闸装置和对应的接收装置，不允许两套同时退出；

（3）当两套最后断路器跳闸装置或两套最后断路器跳闸接收装置均异常或退出运行时，应立即汇报所辖调度并停运直流系统。

第八章 发电厂涉网保护原理及分析

第一节 涉网保护的概念

发电机组的涉网保护是指在发电机组的保护和控制装置中，动作行为和参数设置与电网运行方式相关或需要与电网中安全自动装置协调配合的部分，主要包括发电机组失磁保护、失步保护、汽轮机超速保护控制、频率异常保护、过励磁保护、定子过电压保护、定子低电压保护、电厂重要辅机保护、低励限制及保护、过励限制及保护、定子电流限制及定子过负荷保护等，其动作之后会对电网的安全稳定运行造成重大影响。同时，随着大容量机组的不断投入运行，这些机组的运行状况将直接影响到电网的稳定性。

网源协调又称机网协调，是指并网发电厂一、二次设备在运行和管理方面与电网安全稳定运行相互协调配合。网源协调是保证电网和电厂安全稳定运行的基础，也是智能电网韧性电源的重要技术内涵。

厂网分开后，发电机变压器组保护的网源协调问题受到电网公司的重视。调度控制中心对重要机组的涉网保护进行核查，监督管理网内 200MW 及以上发电机组的失磁保护、低频保护和高频保护等，规定了保护的配置选型、出口方式和整定原则以及与电力系统安全自动装置的配合要求。

鉴于美加 8.14 大停电事故的教训，IEEE 继电保护工作组和旋转电机工作组联合撰文指出，系统扰动时许多机组误动跳闸加剧了系统的崩溃。为保证发电机在系统扰动时依然并网运行，提出相关发电机保护与发电机运行极限、自动电压调节控制和输电线路保护之间的配合策略，有助于提高系统稳定水平。

第二节 常规发电厂的涉网保护

一、低励失磁保护

1. 发电机失磁危害

发电机组在运行过程中，部分或全部失去励磁电流的现象称为失磁。完全失磁是指发电机组的励磁电流下降为零，励磁绕组开路、灭磁开关误跳闸、自动调节励磁系统故障、运行人员误操作等都是导致完全失磁的原因。部分失磁即为机组转子电流减小到静态稳定极限对应的转子电流之下，但不为零。对于部分失磁故障，励磁调节系统有调节作用；对于完全失磁故障，则没有调节作用。

发生失磁故障后，机组对系统运行和自身的安全均会造成重大的损害。对系统而言，失磁故障带来危害主要有：机组由向系统发出感性无功变成从系统吸收感性无功，引起系统的电压下降；同时一台机组的电压下降又将引起其他机组增发无功功率，从而使某些发电机变压器组或线路保护可能因过电流而误动作，导致故障范围扩大；有功功率和无功功率的摆动将会诱发系统产生振荡，机组出力越大对系统造成的无功缺额也越大，系统总容量越小则补偿无功缺额的能力也越小，即机组出力与系统总容量的比值越大，失磁故障对系统的不利影响越严重。

国家有关标准规定，在不考虑失磁机组对电网的影响时，汽轮机组应具有一定的失磁异步运行能力，但只能维持失磁后短时运行，且必须快速切负荷。若在规定的短时运行时间内不能恢复励磁，则机组应立即与系统解列；若考虑对电网的影响，机组失磁后是否允许短时运行，应结合电网和机组的实际情况考虑；如果电网不允许发电机异步运行，应立即将失磁机组解列。

运行实践表明，有限的短时异步运行可能使机组恢复励磁，从而避免机组紧急跳闸对设备造成的冲击；若不能及时恢复励磁，短时的异步运行也能使机组负荷在解列之前以合适的速度减少，使其能够转到其他机组。失磁后的机组无论立即从系统中解列还是允许快速切负荷后短时异步运行，都会对电网造成一定的冲击，不利影响较大。机组失磁瞬间可以从输出无功的状态立即阶跃为吸收无功，使电网产生大幅无功变化，因此应严格限制失磁异步运行条件。

2. 基本原理

发电机的励磁系统发生故障出现低励失磁时，发电机测量阻抗、励磁电压、发电机与系统的无功交换等都会与正常运行时有所不同，失磁保护根据这些变化分别构成定子判据、转子判据和逆无功判据。另辅以机端低电压切换厂用和母线低电压加速跳闸判据。各功能模块判据可根据实际工程的需要，通过定值整定实现灵活投退。

3. 保护范围

发电机变压器组。

4. 实现方式

定子判据的阻抗特性可选择为静稳边界圆特性或异步阻抗圆特性。为了防止在其他非失磁情况下的测量阻抗进入动作特性内造成失磁保护误动，设有相应的 TV 断线闭锁措施；为躲过系统振荡的影响，设有延时元件。当发电机必须进相运行时，如按静稳边界阻抗圆整定不能满足要求时，一般可采取无功进相判据躲开进相运行区，逆无功定值可整定，或按异步阻抗圆特性整定。

用户可根据需要选择等励磁电压判据或变励磁电压判据，作为转子判据。

逆无功判据可利用发电机正常运行时向系统发送无功功率，失磁时会出现无功反向，从系统吸收无功的物理特性实现。

为了避免由发电机失磁导致系统电压崩溃或威胁厂用电系统的安全，失磁保护应有低电压判据。电压取用主变压器高压母线 TV 或机端 TV。失磁保护还具有检测励磁电压回路异常的功能，及时给出告警信号，通知运行人员处理。低励失磁保护的逻辑框图如图 8－1 所示。若不投入转子判据，即等励磁电压和变励磁电压元件都退出时，则失磁保护以负序电压元件闭锁。

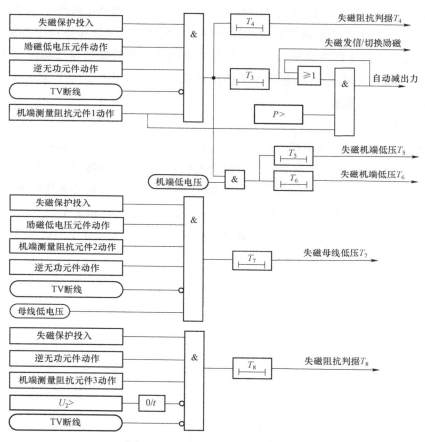

图 8－1　发电机失磁保护逻辑图

5. 对失磁保护的要求

大型发电机失磁会对本机和电网造成严重的危害，因此失磁保护要具有高的可靠性。依据《电网调度系统安全性评价》和 GB 14285—2006《继电保护和安全自动装置技术规程》，失磁保护应该正确判断失磁状态，动作于跳闸，而在正常进相运行时，失磁保护不能误动作；应该选用不同原理复合判据，以保证动作的准确可靠，防止外部非失磁故障情况下误动作。发电机组失磁保护中静稳极限阻抗应基于系统最小运行方式的电抗值进行校核；励磁调节器中的低励限制应该与失磁保护协调配合，遵循低励限制灵敏度高于失磁保护的原则，低励限制线应与静稳极限边界配合，且留有一定的裕度。

二、失步保护

1. 发电机失步危害

发电机组发生失步大都起因于失磁故障不能及时切除，故障点距机组越近，故障持续时间越长，越易导致机组失步。系统运行中，机组的功角不断增大，标志着机组与大系统之间发生了非周期性地失去同步。电压、电流、功率都是功角的正弦函数，因此随着功角的不断增大，电压、电流、功率将出现周期性的振荡。通常，发电厂电气主接线方式采用单元接线，电抗较大，而与机组相连的系统等值电抗往往较小，因此，系统失步振荡中心常位于机端附近，导致厂用电的电压周期性地严重下降，并且失步振荡电流的幅值与三相短路电流可比拟，长时间反复出现振荡电流会使发电设备和辅机设备遭受力和热的损伤，破坏系统的正常运行，甚至最终导致系统瓦解。

2. 基本原理

失步保护反映发电机测量阻抗的变化轨迹，能可靠躲过系统短路和稳定振荡，并能在失步摇摆过程中区分加速失步和减速失步。失步保护采取多直线遮挡器特性，电阻直线将阻抗平面分为多区域。图 8-2 中 A 点的 X_A 为发电机暂态电抗 X_d'。B 点的 X_B 为系统联系电抗，含系统电抗 X_s 和变压器电抗 X_t（归算到发电机端电压）。若发电机测量电抗小于变压器电抗 X_t，说明振荡中心落在发电机变压器组内部。图中 R_s 为电阻边界定值，R_j 由程序固定设成 $0.5R_s$。

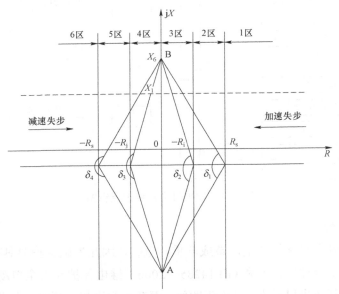

图 8-2　发电机失步保护的多区域特性

图中 1～3 区与 6～4 区在阻抗平面上对 jX 轴对称，在同步发电机运行方式下有：

（1）系统正常运行时，发电机测量阻抗大于 R_s，其变化轨迹不进入 2～5 区内；

（2）发电机加速失步时，测量阻抗从 1 区依次穿过 2、3、4、5、6 区，在每个区内的停留时间超过对应的时间；

（3）发电机减速失步时，测量阻抗从 6 区依次穿过 5、4、3、2、1 区，在每个区内的停留时间超过对应的时间；

（4）短路故障时，测量阻抗在 2～5 任一区停留小于对应的时间时就进入下一区；

（5）稳定振荡时，测量阻抗穿过部分区后又逆向返回，而不是同向依次穿过所有区。

当保护装置检测出发电机失步时，及时发出信号。当失步振荡中心落在发电机变压器组内部时，对滑级次数进行计数更新，当达到整定的滑极次数 N_{sb} 后发出跳闸命令。失步保护内部采用闭锁措施，能在两侧电动势相位差小于 90°时才发跳闸脉冲，断路器能在不超过其遮断容量的情况下切断电流，从而保证断路器的安全性。为了提高失步保护的可靠性，增加有功功率变化作为辅助判据。

3．保护范围

发电机变压器组。

4．实现方式

发电机失步保护实现的逻辑框图如图 8-3 所示。振荡中心在区内时，失步保护滑极次数通常整定为 2。

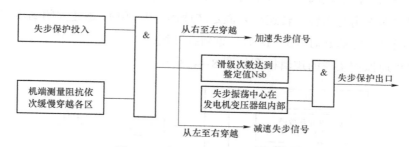

图 8-3　发电机失步保护逻辑框图

5．对失步保护的要求

对于火电机组，一般与系统联系更紧密。这时失步保护应能正确区分失步振荡中心所处的位置。当失步振荡中心位于发电机变压器组内时，电流会很大，需要动作于跳闸，当失步振荡中心位于发电机变压器组外时应能可靠发出信号。失步保护要能保证系统静态稳定和动态稳定的要求。

失步保护反映机组失步振荡引起的异步运行，既要防止机组损坏，又要尽量减小对电力系统稳定运行造成冲击。为此，200MW 及以上的机组都配置有失步保护和完备的带励磁失步振荡应急措施，以确保机组具有一定的耐受失步振荡的能力。为了防止失步故障蔓延，应允许机组短时失步运行，为机组解列设置一定的延迟，使电网和机组具有重新恢复同步运行的可能。

进行失步保护整定计算和校核时应满足以下要求：失步保护应能正确判断失步中心的位

置，在机组进入失步运行工况时及时发出失步启动的告警信号；失步中心位于失步保护范围外部时，并列运行的机组应留有应急方案，经过一定时间延迟跳开机组失步振荡产生的电流超过允许的最大值时，应跳开机组，且保证断路器断开电流不超过允许的最大开断电流；失步中心位于失步保护范围内部时，且滑极次数达到整定值，应立即动作于机组跳闸，对投入并列的多台机组通过延时策略进行配合。

三、电超速保护

1. 发电机超速危害
发电机转速过快时将损坏汽轮机和发电机，严重超速时可能引起发电机组重大设备事故。

2. 基本原理
电超速保护反映三相电流的大小，当三相电流同时低于整定值时动作，电流取自发电机机端 TA 或中性点 TA（可选择）。该保护一般和触点配合使用。

3. 实现方式
发电机电超速保护系统包括危急安保器、快关汽门及超速保护控制器三个部分。危急安保器的作用是当汽轮机的转速超过最大连续运行定值后（一般为额定转速的 110%），通过遮断油门关闭速关阀和调节汽阀，使汽轮机停车，防止发电机组因严重超速而引起重大事故。超速保护控制器的作用是当转子转速达到额定转速的 1.03 倍时，迅速关闭高压调节汽门和中压调节汽门，经过一定的延时 0.3～1s 后，重新打开汽门。

发电机电超速保护实现的逻辑框图如图 8-4 所示。

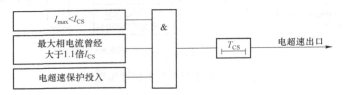

图 8-4　发电机电超速保护实现逻辑图

4. 电超速保护范围
发电机变压器组。

5. 对电超速保护的要求
发电机电超速保护的作用是控制发电机组的转速，防止因机组转速过快而损坏汽轮机和发电机。同时，电超速保护动作后也会对电力系统的稳定运行产生影响。在暂态过程中，电超速保护中的快关汽门可减小发电机的加速面积，增大发电机的减速面积，从而大大提高电力系统的暂态稳定性。但是，快关汽门会导致汽轮机高压缸的压比降低、锅炉再热器超压以及汽轮机的推力瓦推力增加，从而引起轴向位移增大，且快关汽门产生的冲击可能对发电机组轴系产生不良影响。

四、频率异常保护

1. 发电机频率异常危害

在电力系统正常运行中，突然甩负荷或切机等操作将造成系统有功功率不平衡，进而导致频率偏离额定值、消耗机组的轴系寿命。低频或过频运行会使汽轮机叶片受到疲劳损伤，这种不可逆的疲劳损伤累积到一定程度，会使叶片断裂，造成严重故障。系统发生高频现象时，可能会给机组轴系和其他部件造成冲击，严重影响机组的性能和安全运行。频率异常可能会破坏电网的安全运行，甚至诱发继电保护的连锁动作，造成大面积停电。

频率的偏离程度与有功功率缺额，系统的负荷频率特性和发电机的单位调节功率等因素有关。常用的调频手段包括调速器的一次调频和调频器的二次调频，两者均能对系统中出现的异常频率进行调整。但是依靠调速器进行的一次调频只能限制周期较短、幅度较小的负荷变动引起的频率偏移，而调频器可以通过自动或手动调整使静态频率特性平行偏移，因此能够承担长周期、大幅度的调频任务。

2. 基本原理

频率异常保护由频率测量元件和时间累积计数器组成。频率异常保护包括低频保护、过频保护和频率累积保护。另外，为防止发电机启停过程中频率异常保护误发信号，频率保护没有电流元件闭锁。

3. 实现方式

（1）逻辑框图。发电机频率异常保护逻辑框图如图8-5所示。

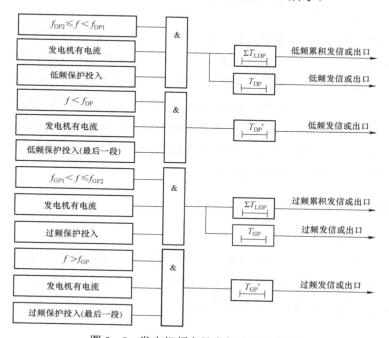

图8-5　发电机频率异常保护逻辑框图

（2）整定内容和取值建议。

频率异常各段定值和累计时间应与发电机允许的频率范围一致，另外还需要考虑与低频减负荷装置的配合。

大型汽轮发电机组对电力系统频率偏离值有严格的要求，在电力系统发生事故期间，系统频率必须限制在允许的范围内，以免损坏机组（主要是汽轮机叶片）。

带负载运行的 300MW 及以上的大型汽轮发电机组，频率允许的范围为 48.5～50.5Hz（当额定频率为 50Hz 时）。表 8-1 为大机组频率异常运行允许时间建议值。

表 8-1 　　　　　　　　　　大机组频率异常运行允许时间建议值

频率（Hz）	允许运行时间		频率（Hz）	允许运行时间	
	累计（min）	每次（s）		累计（min）	每次（s）
51.5	30	30	48.0	300	300
51.0	180	180	47.5	60	60
48.5～50.5	连续运行		47.0	10	10

当频率异常保护需要动作于发电机解列时，其低频段的动作频率和延时应与电力系统的低频减负荷装置协调，原则是：其动作频率应低于低频减负荷装置的最低动作频率，以避免出现频率连锁恶化的情况。

4. 保护范围

发电机变压器组。

5. 对频率异常保护的要求

系统出现有功功率缺额，频率下降时，电力系统要求汽轮发电机允许低频运行时间与系统频率可能恢复的时间相协调，防止出现连锁反应。发电机低频保护与低频减负荷装置存在协调配合问题，在低频减负荷有效发挥作用之前，应避免发电机低频保护动作切除机组，恶化功率缺额情况。同时，要避免出现系统缺少有功功率，低频不稳定时直接切除机组，加剧不稳定。

由于低频减负荷装置的动作延时和电力系统的惯性，在减负荷后系统频率的恢复有一定延时，因此在功率缺额严重的系统中，即使采用低频减负荷装置，系统也不可避免地出现频率持续降低。对此，低频保护应动作跳闸。

五、过励磁保护

1. 发电机、变压器过励磁危害

发电机、变压器会因为电压升高或频率降低而出现过励磁现象，一般表现为铁芯过热，虽然机组、变压器发生过励磁时并非每次都造成设备的明显损坏，但是多次反复过励磁，将会因过热而使绝缘老化，降低设备的使用寿命。

2. 基本原理

过励磁保护反映过励磁倍数而动作，定义过励磁倍数 N 如下：

$$N = \frac{B}{B_e} = \frac{U/f}{U_e/f_e} = \frac{U^*}{f^*} \tag{8-1}$$

式中：B、B_e 分别为磁通量、额定磁通量；U、f 分别为电压、频率；U_e、f_e 分别为基准电压、额定频率；U^*、f^* 分别为电压标幺值、频率标幺值。

过励磁保护包括两种方案：方案 1 的过励磁保护由定时限两段组成，即定时限告警段和跳闸段。方案 2 的过励磁保护由定时限和反时限组成，其中定时限设告警段，反时限动作特性曲线（见图 8-6）由输入的反时限下限过励磁倍数、反时限上限过励磁倍数等分成 7 段，每段都有一个跳闸时限，落在相邻段之间的跳闸时限采用线性插值计算。

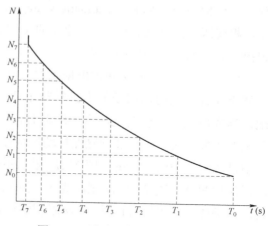

图 8-6　过励磁保护反时限特性曲线

3. 实现方式

（1）逻辑框图。过励磁保护逻辑框图如图 8-7 所示。

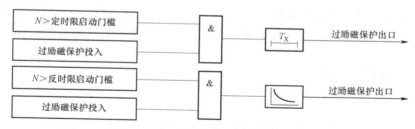

图 8-7　过励磁保护逻辑图

（2）整定内容和取值建议。

1）定时限过励磁保护各段的过励倍数和各段延时。定时限过励磁保护通常分为两段，第 I 段为信号段，第 II 段为跳闸段。

过励磁保护的第 I 段动作值 N 可取为发电机或变压器额定励磁的 1.1～1.2 倍，一般取 1.1 倍。第 I 段的动作时间可根据允许的过励磁能力适当整定。信号段的动作时间不宜过短，防止在发电机、变压器短时过励磁时发出不必要的信号。动作时间不宜过长，只要运行人员有足够的时间处理过励磁故障即可。

第 II 段为跳闸段，可整定 $N = 1.25 \sim 1.35$ 倍，一般取 1.3 倍。为保障发电机或变压器的安全，可取跳闸时间小于允许的时间。

2）反时限过励磁整定。按发电机或变压器制造厂家提供的反时限过励磁曲线选取。

4. 保护范围

发电机变压器组。

5. 对过励磁保护的要求

为了能够对各种极限运行工况及时做出反应，确保安全运行，现代的机组都配有完备的限制和保护功能。AVR（automatic voltage regulator，自动电压调节器）上配有 V/Hz 限制，发电机变压器组都装有过励磁保护，两者之间存在着一定的配合关系，共同为励磁系统和机组提供完善的限制和保护措施。

V/Hz 限制与过励磁保护根据磁通密度限制机组过励磁运行。过励磁保护根据发电机变压器组允许过励磁的耐受能力进行整定计算，应与发电机或变压器过励磁特性较弱者相匹配，当发电机与变压器之间有断路器时，应分别为发电机和变压器配置过励磁保护。V/Hz 限制器的参数设置应与过励磁保护动作特性协调配合，如果机组配有定时限过励磁保护和反时限过励磁保护两套方案，则 V/Hz 限制不但要与定时限过励磁保护配合，还要与反时限过励磁保护配合，遵循 V/Hz 限制先于过励磁保护动作，具有更高的灵敏度。从某种意义上来讲，过励磁保护可以看作是 V/Hz 限制的后备。

对于发电机变压器组，其过励磁保护装于机端，如果发电机与变压器的过励磁特性相近（应由制造厂提供曲线），当变压器的低压侧额定电压比发电机额定电压低（一般约低 5%）时，则过励磁保护的动作值应按变压器的磁通密度整定。这样既保护了变压器，又对发电机是安全的。若变压器低压侧额定电压等于或大于发电机的额定电压，则过励磁保护的动作值应按发电机的磁通密度整定，对发电机和变压器都能起到保护作用。当发电机及变压器间有断路器而分别配置过励磁保护时，其定值按发电机与变压器允许的不同过励磁倍数分别整定。

六、定子过电压保护

1. 过电压危害

发电机定子绕组除长期处于工作电压产生的强电场中，还时常遭受来自电网雷电波或厂站操作过程中产生的超强电场的瞬时冲击作用。严重的过电压冲击不仅可能使原有的绝缘缺陷被直接击穿，而且会引起发电机定子槽内的电场分布不均，进一步诱发定子绝缘介质局部放电，并逐步削弱其绝缘水平，最终导致严重危及大型发电机安全运行的定子绝缘事故。

2. 基本原理

发电机定子过电压保护用于保护发电机各种运行工况下引起的定子绕组过电压。定子过电压保护反映发电机机端相间电压的大小，设一段定值；根据工程需要，也可设置为两段定值。

3. 实现方式

（1）逻辑框图。发电机定子过电压保护逻辑框图如图 8-8 所示。

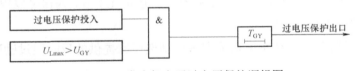

图 8-8　发电机定子过电压保护逻辑图

（2）整定内容和取值建议。发电机定子过电压保护的整定值，应根据电机制造厂提供的允许过电压能力或定子绕组的绝缘状况决定。过电压动作电压 U_{GY} 和动作延时元件 T_{GY} 的确定：

对于 200MW 及以上汽轮发电机，动作电压取 1.3 倍额定电压，即 $U_{GY}=1.3U_{Ge}$，动作时间 $T_{GY}=0.5s$，动作于解列灭磁。

对于水轮发电机，动作电压取 1.5 倍额定电压，即 $U_{GY}=1.5U_{Ge}$，动作时间为 $T_{GY}=0.5s$，动作于解列灭磁。

对于采用晶闸管励磁的水轮发电机，动作电压取 1.3 倍额定电压，即 $U_{GY}=1.3U_{Ge}$，动作时间为 $T_{GY}=0.3s$，动作于解列灭磁。

4. 保护范围

发电机变压器组。

5. 对定子过电压保护的要求

发电机的励磁调节、进相运行等操作会影响到电压稳定，破坏稳定极限。因此定子过电压、低电压保护定值应与稳定极限配合，以保证机端电压满足运行的要求，以及机组无功功率的合理分配。

第三节 核电厂的涉网保护

与常规发电厂相同，核电厂也配置了低励失磁保护、失步保护、电超速保护、频率异常保护、过励磁保护、定子过电压保护等涉网保护。核电机组配置的过励磁保护、定子过电压保护与常规发电厂基本相同。受核电机组自身运行特性影响，低励失磁保护、失步保护、电超速保护、频率异常保护与常规发电厂存在不同程度的差异。

一、低励失磁保护

1. 基本原理

部分核电建设中，考虑到核电厂安全运行的特殊性，引进了西门子等国外保护装置。这些国外保护装置与国内常用的阻抗圆特性不同，通过测量同步电机机端的三相电流和三相电压，计算电流和电压的正序分量，从而计算出机端导纳；再以静稳、动稳导纳特性为边界，从而在导纳平面上进行保护动作判断。用正序分量计算导纳判据，能保证在不对称运行情况下保护也能反映发电机是否失磁。由于发电机 $P-Q$ 曲线经过简单变换可以转换成导纳平面，所以导纳平面的优点是可以更好地结合 $P-Q$ 曲线进行整定。发电机 $P-Q$ 曲线如图 8-9 所示。

（1）失磁保护导纳平面与 $P-Q$ 曲线。当同步发电机过励磁运行时，发电机 $P-Q$ 曲线受原动机输入功率和转子励磁绕组温升的限制；当发电机欠励磁运行时，发电机 $P-Q$ 曲线受原动机输入功率和定子绕组端部温升以及静稳极限的限制。

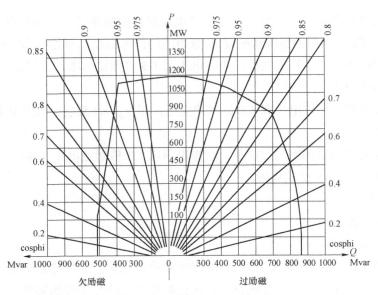

图 8-9 发电机 $P-Q$ 曲线图

发电机机端导纳 Y 表达式（U^* 为发电机机端电压 $\dot{U}$ 共轭相量）为：

$$Y = \frac{\dot{I}}{\dot{U}} = \frac{\dot{I}U^*}{\dot{U}U^*} = \frac{P - \mathrm{j}Q}{U^2} = G + \mathrm{j}B \qquad (8-2)$$

$$G = \frac{P}{U^2} \qquad (8-3)$$

$$B = \frac{-Q}{U^2} \qquad (8-4)$$

由式（8-2）～式（8-4）可知失磁保护导纳平面与 $P-Q$ 曲线的关系。

（2）失磁保护与发电机静稳极限。发电机输出无功功率 Q 的表达式为：

$$Q = \frac{EU}{X_\mathrm{d}} \cos\delta - \frac{U^2}{X_\mathrm{d}}\left(1 + \frac{X_\mathrm{d} - X_\mathrm{q}}{X_\mathrm{q}}\sin^2\delta\right) \qquad (8-5)$$

当处于静稳极限时 $\delta = 90°$，由于隐极同步发电机 $X_\mathrm{d} = X_\mathrm{q}$，所以静稳极限时无功功率为：

$$Q = -\frac{U^2}{X_\mathrm{d}} \qquad (8-6)$$

对应静稳极限时的机端导纳为：

$$B = -\frac{Q}{U^2} = \frac{1}{X_\mathrm{d}} \qquad (8-7)$$

此 B 值即为核电厂失磁保护静稳边界与 B 轴交点值。由上式可见，采用导纳特性作为同步发电机静稳极限动作判据还具有和机端电压大小无关的优点。图 8-10 中标出了静态稳定极限与无功轴在点 $1/X_\mathrm{d}$ 处相交。

图 8-10 中的加粗折线为发电机在导纳平面上的静稳导纳边界。静态导纳边界左侧为导

纳动作区，右侧为导纳制动区。图中 I_N 为发电机额定电流，φ_N 为发电机额定功率因数角，I_{EN} 为发电机额定工况时的励磁电流，δ_N 为发电机额定工况时的功角，I_W 为发电机有功电流，I_b 为发电机无功电流。第一象限为发电机过励磁运行时的导纳轨迹，第二象限为发电机欠励磁运行时的导纳轨迹。

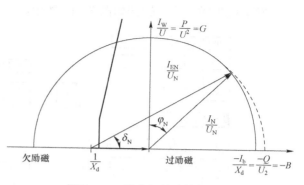

图 8-10 发电机导纳特性框图

（3）失磁保护与发电机动稳极限。如果系统负荷突然大幅度变化、运行方式突然变化、系统突然故障，发电机出现暂态量及相应的暂态反应，这就涉及发电机动稳问题。隐极同步发电机动稳极限功角约为 $100° \sim 120°$。基点 B 约等于 $1/X_d'$（X_d' 为发电机暂态电抗）。如果发电机运行时机端导纳进入动稳特性曲线左侧，则判发电机已失去动态稳定，发电机将无法稳定运行，应立即跳闸。发电机 $P-Q$ 曲线与静稳极限、动稳极限关系如图 8-11 所示。

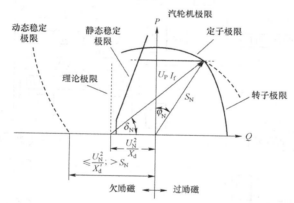

图 8-11 发电机 $P-Q$ 曲线与静稳极限、动稳极限关系图

X_d—同步电抗；X_d'—暂态电抗

2. 实现方式

失磁保护采用三段导纳特性。特性 1 为报警段，特性 2 和特性 3 为跳闸段。励磁开关合闸时，特性 2 和特性 3 分别经过较长延时出口；励磁开关分闸时，特性 2 和特性 3 经过短延时出口。

特性 1、特性 2 为具有相同延时的两条特性曲线组合来模拟同步电机的静态稳定极限。设置延时可以确保电压调节装置有足够的时间来提高励磁电压。特性 3 接近发电机的动稳极限曲线，当导纳测量值越过该曲线时，发电机将失去稳定，因此要求立即出口。

为防止保护误动设置 TV 断线闭锁。导纳计算要求设定最低测量电压。当出现严重的电压下降（短路）或者定子绕组电压消失时，保护装置内部集成的交流电压监视功能将闭锁失磁保护。

发电机失磁保护逻辑图如图 8-12 所示。

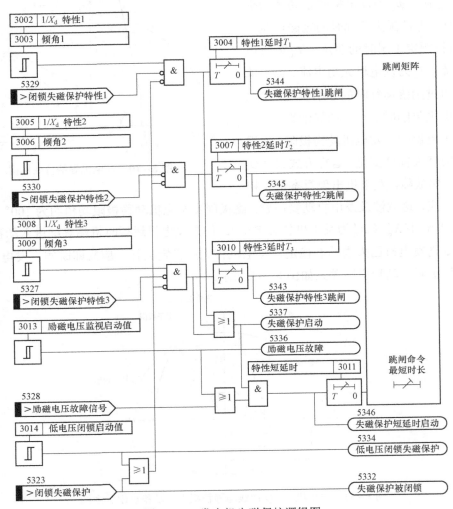

图 8-12　发电机失磁保护逻辑图

二、失步保护

1. 基本原理

部分核电失步保护的动作判据基于阻抗测量原理，根据机端测量阻抗的运动轨迹以及系统振荡中心的位置来判断是否从电网解列。

用图示的方法说明发电机的失步工况。图 8-13 中标示出了发电机的机端电压 U_G 和电网的等效电压 U_N。发电机阻抗、变压器阻抗和系统阻抗位于这两个电压之间共同组成了总阻抗 Z_{tot}。

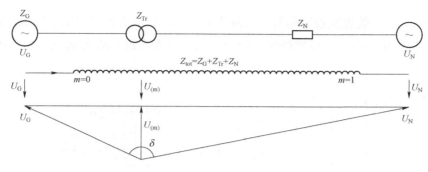

图 8-13 电力系统的等效模型

保护装置所在的测量点位置将总阻抗分为两部分，分别为 mZ_{tot} 和（$1-m$）Z_{tot}。测量点所在位置 m 处的阻抗为：

$$\left.\begin{array}{l} Z_m = \dfrac{U_m}{I_m} \\[2mm] I_m = \dfrac{U_G - U_N}{Z_{tot}} \\[2mm] U_m = U_G - mZ_{tot}I \end{array}\right\} \qquad (8-8)$$

由于 $U_G = U_G e^{-j\delta}$，$U_N = U_N e^{-j\delta}$，$\delta = \delta_G - \delta_N$，可得：

$$Z_m = \left(\dfrac{1}{1 - \dfrac{U_N}{U_G} \cdot e^{-j\delta}} - m \right) Z_{tot} \qquad (8-9)$$

参照以上给出的公式，可以通过图 8-14 显示测量点所在位置 m 处阻抗矢量的变化轨迹图。坐标原点对应于测量点的位置（即电压互感器的安装位置）。将电压幅值的比值 U_N/U_G 固定在某个常数而让相角差变化，则可以画出一个阻抗矢量的变化轨迹圆，轨迹圆的圆心和半径由比值 U_N/U_G 确定。轨迹圆的圆心总是位于一根斜线上，斜线的倾角取决于阻抗矢量 Z_{tot} 的角度。阻抗测量值的最小值和最大值分别对应于相角差 $\delta = 0°$ 和 $\delta = 180°$ 的时刻。如果测量点的位置正好位于系统的电气中心，则当相角差为 $\delta = 180°$ 时测量电压为零，从而测量阻抗为零。

如图 8-15 所示，当振荡中心落在主变压器到网络区域，即进入特性 2，滑极次数（进

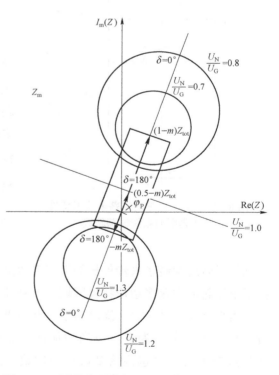

图 8-14 测量点所在位置 m 处的阻抗矢量轨迹图

入次数）达到 n_1 次，装置发报警信号。当振荡中心落在发电机到主变压器区域，即进入特性1，严重危及厂用电安全，应尽快跳闸，滑极次数（进入次数）达到 n_2 次，装置出口。

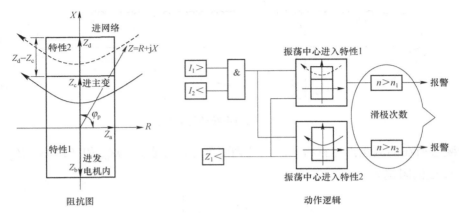

图 8-15　发电机失步保护阻抗图及动作逻辑

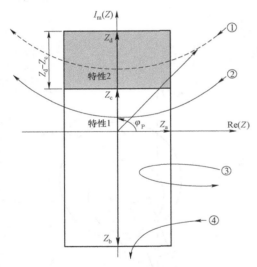

图 8-16　失步保护的振荡多边形特性
以及典型的系统振荡轨迹

由于系统发生振荡时三相电流是对称的，所以检测系统振荡的首要判据是三相电流是否对称。因此，要求电流负序分量低于负序电流整定值，并且正序分量超越正序电流整定值。

阻抗轨迹的典型特征是实部分量在穿越振荡特性区域后其符号发生了改变，如图 8-16 中的①、②。还有一种情况，阻抗轨迹从振荡特性区域一侧进入，然后从同一侧穿出。在这种情况下，系统振荡将趋于稳定，如图 8-16 中的③、④。所以，穿越振荡多边形特性的对称轴（虚轴）的点对于判断发电机失步有决定性意义。由于阻抗特性发生变化，此特性相当于功率方向变化一次。由于 $P = \dfrac{EU}{X_d} \sin\delta$，相当于功角 δ 在 $180°$ 左右变化一次。

当保护装置识别到发电机失步工况，也就是说阻抗矢量轨迹穿越了失步保护的振荡多边形特性区域，装置就会发出相应的信号，此信号将会指出穿越的振荡多边形特性区域。此外计数器的计次增加（滑极次数）。

当滑极次数达到1，就启动了失步保护。可以整定启动命令保持时长，在保持时长过后启动信号就复归为零。每当增加计数器的计次时，这个保持时长就会重新起动一次。当阻抗矢量轨迹穿越振荡多边形的次数达到整定的滑极次数时，保护装置就会发出跳闸命令。

阻抗多边形的倾角与系统阻抗角有关，失步启动命令保持时长与系统振荡周期有关。Z_b

是指向发电机的反方向阻抗整定值，即为发电机直轴暂态电抗，Z_c 是指向系统方向的正方向阻抗，整定为变压器短路电抗的 0.7～0.9 倍。Z_d 代表深入电网的阻抗整定值。

为防止保护误动设置 TV 断线闭锁。

2. 实现方式

核电机组失步保护逻辑框图如图 8-17 所示。

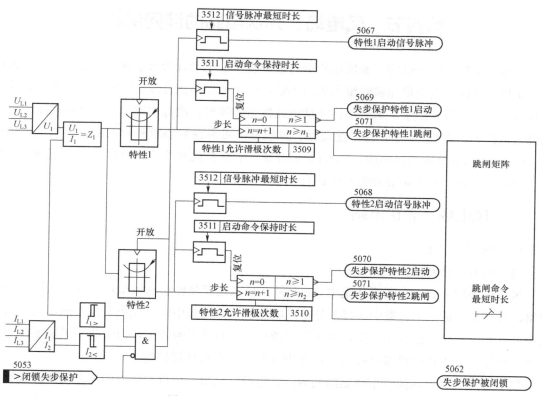

图 8-17　核电机组失步保护逻辑框图

三、电超速保护

核电机组电超速保护与常规发电厂基本一致，不同之处主要在于转速判据。当汽轮机转速满足以下两种条件之一时，核电机组关闭高压调节汽门和中压调节汽门，满足恢复条件后，核电机组高压调节汽门和中压调节汽门恢复开启。

（1）转速在 98% 以上时，转速加速度达到 4.4%（66r/s），关闭高压调节汽门和中压调节汽门；

（2）转速加速度降到 4.312%（64.68r/s），恢复高压调节汽门和中压调节汽门。

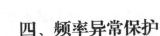
四、频率异常保护

核电机组频率异常保护与常规发电厂基本一致，不同之处在于核电机组采用低电压闭锁判据，即：当测量电压下降到整定的定值 U_{min} 以下时，由于保护装置已经不能再精确地从测量电压中计算出系统频率，保护装置将会闭锁频率保护，同时发电机频率保护受 GCB（发电机出口断路器）合位及 TV 断线闭锁。

第四节　风电场、光伏电站的涉网保护

风电、光伏并网容量的不断增加给电力系统安全稳定运行带来了新的问题和挑战。风电场、光伏电站内的发电单元需经集电系统将输出的电能汇集到升压站，因此站内电气系统拓扑较复杂、电气设备众多。风电场、光伏电站发生故障时，故障切除范围应尽可能小，以满足继电保护的"四性"（选择性、速动性、灵敏性、可靠性）要求和新能源电站的低电压穿越（Low Voltage Ride Through，LVRT）的要求。若保护配合不当，将扩大断电范围、降低发电效率，严重情况下可能影响系统的安全稳定运行。

一、风电场、光伏电站

1. 涉网保护配置

（1）风电场涉网保护配置。

风电场并网方式有分散式和集中式：分散式接入是容量较小的风电场分散接入地区配电网络，以就地消纳为主；集中式接入是在风能资源丰富区集中开发风电基地，通过输电通道集中外送，以异地消纳为主，接入电压等级较高，对系统影响较大。由于我国风能资源的地区不平衡性，风电场建设多具有大规模集中开发、远距离外送的特点。

集中式接入风电场的典型网架结构为：风电机组采用"一机一变"的单元接线方式经低压电缆连接至风电机组升压变压器（升压变压器通常安装在户外箱式壳体中，通常将其称为风电机组箱式变压器。为简便，下文将此类型变压器统一简称为箱变）低压侧，按照就近原则，各台风电机组分组汇集，经集电线路将生产的电能送至升压变电站，升压后经送出线路外送至电网。

我国风电场的典型电气接线和保护配置如图 8-18 所示。风电场主要电气设备包括风电机组、箱变、集电线路和集电母线等。风电机组保护包括本体保护和涉网保护，均动作于风机出口低压断路器。箱变一般在高压侧配置熔断器和隔离开关，低压侧不配置专门的保护。集电线路主保护为电流速断保护，后备保护为限时电流速断保护和零序电流保护。无论发生什么类型的故障，都是三相联动跳开集电线路出口断路器，不配备重合闸以及方向元件。当发生单相接地故障时，若中性点采用经接地变压器和小电阻的方式接地，则通过零序电流保护切除故障；若中性点采用经消弧线圈的方式接地，则通过小电流选线的方式切除故障。在

经济性允许的情况下，集电母线可配置母线差动保护。风电场主变压器一般按照降压变压器方案配置保护，采用双套不同原理的差动保护作为主保护，保护动作跳开主变压器两侧断路器，在高压侧配置过电流保护和零序过流保护作为后备保护。

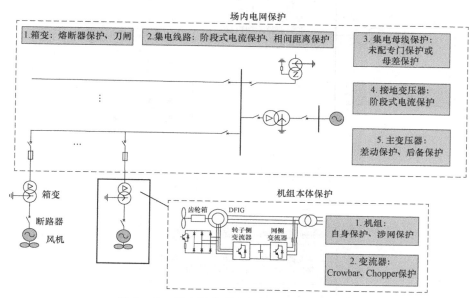

图 8-18 风电场典型电气接线和保护配置图

（2）光伏电站涉网保护配置。

我国光伏电站主要有两类：① 分布式发电分散式接入，所发电能以就地消纳为主，主要接入配电网；② 集中式发电，所发电能以异地消纳为主，主要接入电压等级较高的输电线路。目前已并网发电的大中型光伏电站均为不含储能的不可调度式发电系统，多采用单级（DC/AC）并网逆变结构。

集中式光伏并网发电系统的典型网架结构为：站内光伏发电单元首先经箱变一级升压后，其输出的电能先后经由集电电缆、架空线汇集至升压站，光伏电能经两级升压、两级汇集后输送至电网。

图 8-19 给出了光伏电站的典型电气接线和现有保护配置图。

光伏电站主要电气设备包括光伏发电单元、集电电缆、架空线等。其中，光伏发电单元由光伏组件、逆变器及箱变构成。逆变器是并网光伏系统的核心，为了逆变器的安全，光伏发电单元配置了多种保护，动作于逆变器出口低压断路器。其保护配置主要有逆变器直流侧过压保护、过流保护以及 Chopper 保护等；逆变器输出交流侧过/欠压保护、过/欠频保护、短路保护和防孤岛保护等。随着光伏并网技术的发展，现场还要求光伏电站在电网故障时具有一定的 LVRT 能力。目前，光伏电站 LVRT 能力和防孤岛保护问题已成为制约其发展的瓶颈。

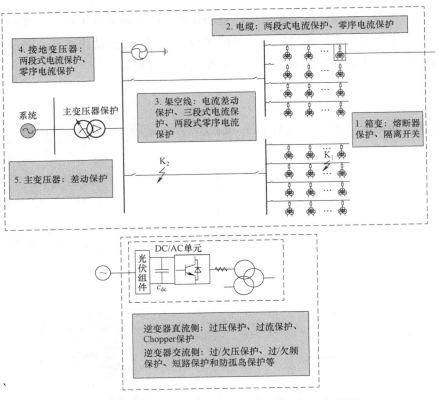

图 8-19 光伏电站典型电气接线和现有保护配置图

2. 低电压穿越要求

（1）风电场低电压穿越要求。

为了能使风力发电得到大规模的应用，而且不危及电网的稳定运行，当电网发生电压跌落故障时，风电机组必须在一定范围内不脱离电网，并且要类似常规电源向电网提供有功功率（频率）和无功功率（电压）支撑。电力部门针对风力发电机组并网发电，已经出台了一些相关标准，但目前不同国家甚至同一国家的不同地区可能有不同的规定，并且有些规定还在不断地修改。

我国的国家标准 GB/T 19963—2011《风电场接入电力系统技术规定》对风电场低电压穿越能力的要求如图 8-20 所示，其规定：

1）风电场并网点电压跌至 20%额定电压时能够保证不脱网连续运行 625ms 的能力；

2）风电场并网点电压在发生跌落后 2s 内能够恢复到额定电压的 90%时，风电场内的风电机组能够保证不脱网连续运行。

（2）光伏电站低电压穿越要求。

小容量的光伏电站在电网故障时可自动脱离电网，但当并网容量达到一定规模时，如果仍自动脱网将导致电网频率波动，给电网的安全稳定带来严重影响。为适应高穿透功率的光伏发电并网运行，同时保证电网的安全稳定，光伏电站必须具备一定的 LVRT 能力。

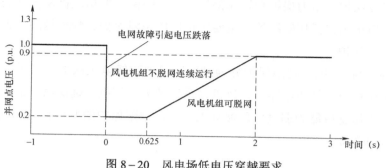

图 8-20 风电场低电压穿越要求

GB/T 19964—2012《光伏发电站接入电力系统技术规定》提出了光伏电站的 LVRT 要求，如图 8-21 所示。该标准要求：大型光伏电站应具备一定的耐受异常电压的能力，在电网故障期间保持一定时间不脱网，并为电网稳定性提供支撑。具体规定为：

1）当并网点电压跌落至 0 时，光伏发电站应能连续不脱网运行 0.15s；光电站能够在故障发生期间电压跌落后 2s 内恢复到标称电压的 90%。

2）当并网点电压跌落至图 8-21 所示的曲线 1 以下时，光伏电站可以从电网切出。

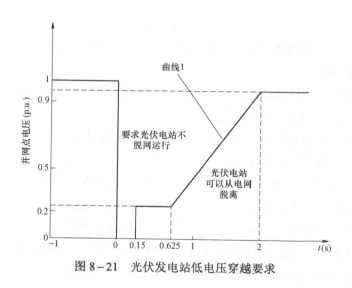

图 8-21 光伏发电站低电压穿越要求

二、风电场、光伏电站涉网保护实现方式

1. 发电设备涉网保护

（1）风电机组涉网保护。风电场主要电气设备包括风电机组、箱变、集电线路和集电母线等。风电机组体积大、造价昂贵，其继电保护的配置应以"保证机组的安全运行"为最高原则。风电机组保护包括本体保护和涉网保护，均动作于风机出口低压断路器。其中，本体保护根据风机各零部件的温度、振动等方面的耐受能力来整定，主要包括温升保护、振动超

183

限保护、电缆扭绞保护、压力保护和转速保护等；涉网保护根据风机零部件的耐压、耐流能力整定，动作于风机出口低压断路器，主要包括电压越限保护、频率越限保护、两段式电流保护和三相不平衡保护等。

1）电压越限保护。电压越限保护分为过电压保护和低电压保护，用于电压过高或过低时，保护动作于风机出口低压断路器，风机与系统解列并停机，确保风机的安全。风电机组位于电网末端，电压支撑能力弱且电压波动大。电压越限保护的典型整定原则为：

a. 瞬态过电压保护：

$$U_{set} = K_{rel}U_N \qquad\qquad (8-10)$$

式中：K_{rel} 为可靠系数，取为 $1.1\sim1.2$；U_N 为风力发电机的额定电压。

动作时限一般为 $t = 0.1\,s$。

b. 持续过电压保护：

$$U_{set} = K_{rel}U_N \qquad\qquad (8-11)$$

式中：K_{rel} 为可靠系数，取 $1.07\sim1.15$；U_N 为风力发电机的额定电压。

动作时限一般为 $t = 1\,min$。

c. 低电压保护：

$$U_{set} = K_{rel}U_N \qquad\qquad (8-12)$$

式中，K_{rel} 为可靠系数，取 $0.8\sim0.85$；U_N 为风力发电机的额定电压。

动作时限一般为 $t = 0.1\,s$。

2）频率越限保护。频率越限保护用于频率波动较大时，及时将风电机组切除，避免其遭受损害。频率越限保护的典型判据为：

a. 低频率保护：系统频率小于 $49.5\,Hz$ 时，动作时间为 $0.1\,s$。

b. 过频率保护：系统频率大于 $50.5\,Hz$ 时，动作时间为 $0.1\,s$。

3）电流保护。电流保护用于防止大电流对风力发电机造成损坏。速断保护主要作为双馈电机绕组内部短路故障的主保护。反时限过电流保护反映双馈电机的负荷过载，根据过载程度不同，满足反时限特性，为后备保护。典型的电流保护判据为：

a. 电流速断保护按发电机内部相间短路电流整定，动作时间为 $0\sim0.05\,s$。

b. 反时限过电流保护动作电流一般按额定电流的 2 倍整定，动作时间 $t = f(I)$，通常为 $1\sim3\,s$。

4）三相不平衡保护。风电机组并网运行时，需对三相不平衡度进行检测。若三相不平衡度过大，保护应动作，使风电机组脱网停机。风电机组并网后，满足下列两种情况中的任意一种时，三相不平衡保护应动作，切除相应的风电机组。

a. $P > 0.5P_N$，且三相中有一相电流与其他两相电流差大于 $20\%\sim25\%$。

b. $P < 0.5P_N$，且各相电流差大于 $50\%\sim80\%$。

5）变流器保护。一个风电场由多台风电机组组成，本文讨论的风电机组涉网保护除包括风力机和发电机外，还包括背靠背四象限变流器。变流器为电力电子器件，其耐压和过流能力较弱，需配置动作时限为毫秒级的快速电子保护。目前风电场主流的风电机组类型为双馈风电机组（DFIG）和永磁直驱风电机组（PMSG）。DFIG 定子直接与电网相连，转子通过背靠背四象限变流器连接电网，为 DFIG 提供交流励磁，维持风电机组的变速恒频运行，定子和转子同时向电网输送电能。PMSG 定子通过背靠背四象限变流器直接与电网相连，转子为永磁体。

DFIG 变流器：当电网故障造成风电机组机端电压跌落时，转子电流将增大，严重时将引起转子侧变流器过流或变流器直流侧电容过压。根据现场调研及文献资料，现有风电场中，DFIG 变流器的保护可分为以下两类：① 在转子侧配置撬棒（Crowbar）保护；② 兼有转子侧的 Crowbar 保护和直流电容侧的直流卸荷回路（Chopper）保护。Crowbar 电阻用于限制转子回路过电流，Chopper 卸荷电阻用于限制直流母线过电压。

PMSG 变流器：当电网故障造成风电机组机端电压跌落时，PMSG 机侧变流器的输出功率骤降，而由于风机变桨距较慢，不能及时进行有功限制，导致变流器直流侧电容过压。为防止过高的直流侧母线电压损坏变频器，一般在直流电容侧增加 Chopper 保护电路，直流电容电压过高时将触发 Chopper 保护回路，通过 Chopper 卸荷电阻消耗直流侧过多能量，使直流母线电压回落并稳定在一定范围内。

（2）光伏逆变器涉网保护。光伏逆变器为光伏发电单元重要的电气设备，其本身所配备的各类保护功能较为完善，具体如下。

1）逆变器直流侧保护。直流侧装设过压保护、过流保护以及 Chopper 保护等。

a. 过流保护。直流量判据为：

$$I_{dc} \geqslant K_{rel} I_m \qquad (8-13)$$

式中：K_{rel} 为可靠系数，取 1.1；I_m 为正常工作时直流侧的最大工作电流；I_{dc} 为直流侧电流。直流量判据能够准确反映逆变器内部功率开关元件短路故障和逆变器交流出口处发生的两相故障。

b. 过压保护。逆变器通过持续检测直流母线电压，当连续数次检测到直流电压高于电压允许值范围时，逆变器断开交流接触器，停止向电网供电。

c. Chopper 保护（直流母线卸荷电路）。传统光伏电站直流侧装有过压保护。当外部发生故障或并网点电压跌落时，并网逆变器的输出功率将受到限制，能量积聚在并网逆变器直流侧，导致直流侧电压迅速升高。不具备 LVRT 能力的并网逆变器，在电压过高时直流侧过压保护瞬时动作，逆变器在 0.1s 内脱网。然而，具有 LVRT 能力的并网逆变器在电压跌落到一定程度时不能脱网，这就要求故障时既要保持逆变器不脱网运行，又不能损坏逆变器。因此，光伏电站 LVRT 对逆变器直流侧保护提出了更高的要求，光伏逆变器需要安装直流侧卸荷电路，如图 8-22 所示。

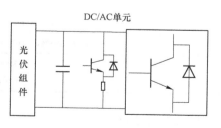

图 8-22　光伏逆变器直流侧卸荷电流示意图

2）逆变器交流侧保护。交流侧装设过/欠压保护、过/欠频保护、短路保护和防孤岛保护等。

a. 过/欠压保护。逆变器对电网电压进行持续检测，当检测到电网电压超出规定的电压允许值范围时，逆变器断开交流接触器。如果电网电压在低电压穿越允许范围内跌落，低电压穿越功能动作，同时逆变器报警运行；在低电压穿越允许时间内，电网电压没有恢复，则逆变器断开交流接触器，停止向电网供电。

b. 过/欠频保护。光伏电站应具备一定抗系统频率异常扰动能力，表8-2给出了大中型光伏电站在电网频率异常时的运行时间要求。

表8-2　　　　　　大中型光伏电站在电网频率异常时的运行时间要求

频率范围	运 行 要 求
低于48Hz	根据光伏电站逆变器允许运行的最低频率或电网要求而定
48~49.5Hz	低于49.5Hz时要求至少能运行10min
49.5~50.2Hz	可以实现连续运行
50.2~50.5Hz	频率高于50.2Hz时，光伏电站应具备能够连续运行2min的能力，同时具备0.2s内停止向电网线路送电的能力，实际运行事件由电力调度部门决定；此时不允许处于停运状态的光伏电站并网
高于50.5Hz	在0.2s内停止向电网线路送电，且不允作处于停运状态的光伏电站并网

c. 短路保护。逆变器对电网电流进行持续检测，当检测到电网电流大于1.5倍额定电流时，逆变器断开交流接触器，停止向电网供电。

d. 防孤岛保护。常见的孤岛检测主要有被动式和主动式。被动式即基于检测光伏系统并网处电压、频率、相位等信息来进行判断；主动式通过对并网逆变器的控制信号（电流、频率、相位、功率等）加入一定的扰动后，观察被检测参数的变化。若参数变化在所设定的阈值之外，则发生孤岛现象；若参数变化在所设定的阈值之内，则未发生孤岛现象。一旦检测到孤岛现象逆变器断开交流接触器，使逆变器与电网脱离。

表8-3给出了IEEE2000-929标准对孤岛检测时间的要求。表中，T_{max}为最大跳闸时间；表中的电压等级、频率已换算为我国标准的380V/50Hz。

表8-3　　　　　　孤 岛 检 测 时 间 要 求

区域	PCC点出电压和频率	T_{max}（s）
A1	$U>137\%$	0.03
A2	$U<50$ 或 $f<49.4Hz$ 或 $f>50.5Hz$	0.12
A3	$50\%\leq U\leq88\%$，$110\%\leq U\leq137\%$且 $49.4Hz\leq f\leq50.5Hz$	2
A4	$88\%\leq U\leq110\%$ $49.4Hz\leq f\leq50.5Hz$	正常运行

2. 场站涉网保护

（1）风电场涉网保护。风电场内各台风电机组由集电系统将电能汇集并外送至大电网，本文讨论的风电场涉网保护是指风电场内部设备的保护，主要包括箱变、集电线路、集电母线和主变压器等。

1）风电机组箱变保护。风电场中，每台风电机组接有一台箱变。从经济性角度出发，箱变一般在高压侧配置熔断器保护、避雷器保护和负荷开关。熔断器保护作为箱变本体短路及过载保护，避雷器保护用于防御过电压，负荷开关用于正常分合电路。低压侧不配置专门的保护，但有风电机组的电流保护动作于箱变低压侧断路器（风机出口断路器），实现箱变故障的隔离。

当箱变本体和低压侧发生故障或过载时，熔断器应可靠熔断。熔断器熔断电流的选择应遵循以下两个原则：当箱变本体及低压侧发生故障时，熔断器应可靠快速熔断，并且为了保证继电保护的选择性，熔断时间应当很短，一般要求小于 0.1s；当区外故障以及流过最大负荷电流、励磁涌流时，熔断器应可靠不熔断。

2）集电线路保护。风电场集电线路现有保护配置较简单，通常采用常规集电线路保护配置方案。在线路出口配置单端量的阶段式电流保护，而相间距离保护选配，简单地将风电机组简单作为负荷进行处理，不考虑各风电机组提供的短路电流及其特性。常见的保护有：集电线路的相间短路保护，相间距离保护和接地短路保护。接地短路保护的配置与中性点接地方式有关，现有风电场集电线路的常见中性点接地方式包括中性点不接地、中性点经消弧线圈接地以及中性点经小电阻接地。

3）集电母线保护。

a. 未配置专门的母线保护。在我国，35kV 及以下电压等级母线在配电网中一般不配置专门的保护，由发电机和变压器的后备保护实现对母线的保护。在风电场升压变电站中，集电母线沿用配电网的方法设计，不配置专门的保护，依靠主变压器后备保护切除故障，动作时间长。

b. 配置专门的母线保护。风电场集电母线是风电场电力系统中的重要组成元件，一旦发生故障将导致风电机组退出运行。集电母线的可靠性及安全性将直接影响风电场的正常运行，因此风电场集电母线有必要装设专门的母线保护装置。《风电并网运行反事故措施要点》（国家电网调〔2011〕974 号）中第 7 条也明确规定：汇集线系统中的母线应配置母线差动保护，同时母线应配置复合电压闭锁过电流保护作为差动保护的后备保护。

4）接地变压器保护。配置电流速断保护、过电流保护作为内部相间故障的主保护和后备保护；配置两段式零序电流保护作为接地变压器单相接地故障的主保护和系统各元件单相接地故障的总后备保护，其中零序电流取自接地变压器中性点回路中的零序电流互感器。

5）主变压器保护。目前风电场主变压器一般按照降压变压器方案配置保护，采用双套不同原理的差动保护作为主保护，保护动作跳开主变压器两侧断路器，动作时间一般取 0.1～0.2s。而后备保护只需在高压侧配备。

（2）光伏电站涉网保护。与风电场涉网保护类似，光伏电站的涉网保护包括箱变保护、集电线路保护、接地变压器保护等。

1）箱变保护。同风电机组箱变，考虑到经济性以及适用性的要求，光伏电站内箱变多采用双分裂美式变压器，箱变高压侧配置有负荷开关和高压熔断器保护，其中负荷开关用来正常投切负荷电流，高压熔断器用作短路保护。当逆变器或箱变发生电气量故障时，箱变低压侧对应断路器内自带的保护动作切除该断路器。箱变内非电气量故障时，箱变自带的瓦斯或温度继电器动作切除高压侧负荷开关及低压侧两台断路器。箱变高压侧主要依靠熔断器实现保护，不但要确保熔断器在高压侧发生故障时能够实现有效熔断，而且也应该同集电线路保护及低压侧断路器之间具有选择性，确保箱变能够在关停一台逆变器的情况下不影响另一台逆变器的正常工作。

2）集电线路保护。

a. 35kV 电缆上设有两段式电流保护和两段式零序电流保护。

b. 35kV 架空线上设有三段式电流保护和零序电流保护，各保护在线路两端均配置。

3）接地变压器、母线、主变压器保护。光伏电站中接地变压器、母线和主变压器的继电保护配置方案同风电场中对应电气设备的保护。

三、风电场、光伏电站涉网保护新技术

1. 配合故障穿越控制的继电保护新方案

（1）低电压保护方案。

光伏电站低电压穿越要求与风电场低电压穿越要求类似，本书仅以风电场为例来介绍低电压保护方案。GB/T 19963—2011《风电场接入电力系统技术规定》对风电场的低电压穿越能力提出了要求。在风电场送出线及外部系统故障，风电场处于 LVRT 期间时，场内的所有风电机组应不脱网持续供电，以满足风电场低电压穿越的要求。因此单台风电机组的低电压保护应与风电场的故障穿越要求相配合。而由前文分析可知，风电机组的现有低电压保护方案以"保障自身安全"为最高原则，若灵敏度过高，在 LVRT 期间，低电压保护方案即可能将风电机组切除，不满足系统对风电场的低电压穿越要求。为协调风电场故障穿越控制与保护之间的配合关系，提出了以下两种风电机组低电压保护新方案：

1）从动作时限角度出发，风电机组现有低电压保护的整定阈值不变，通过动作时间的延长来躲过标准中规定的低电压穿越时间。

2）从整定阈值角度出发，为了实现风电场的 LVRT 要求，应提高风电机组的低电压耐受能力，调整低电压保护的阈值。其具体方案详述如下：

适应风电场 LVRT 要求的风电机组低电压保护应满足以下要求：① 给电网保护切除故障预留时间；② 给风电场内部保护切除故障预留时间；③ 兼顾风电机组的安全和系统供电可靠性。

考虑到风电机组的安全，低电压期间，应采用适当的 LVRT 策略来提高风电机组的低电压耐受能力，确保机组和变流器的安全，且穿越时间不宜过长。考虑到供电可靠性，在低电

压穿越期间，希望风电机组能够不脱网连续运行，且保护能够在低电压穿越时间内动作并切除故障（最短低电压穿越时间为 0.625s）。

根据上述要求，构建于适应风电场 LVRT 要求的风电机组低电压保护方案，其动作特性如图 8-23 中所示。图中，"风电场 LVRT 要求"曲线纵坐标对应风电场并网点（主变压器高压侧）电压，"风电机组低电压保护"曲线纵坐标对应风机机端（箱变低压侧）电压。

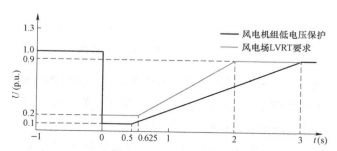

图 8-23　适应风电场 LVRT 要求的风电机组低电压保护动作特性

图 8-23 表明：

1）风电场送出线外部系统故障时，并网点电压一般高于 20%，风机机端电压高于并网点电压。从图中可以看出，此时风电机组允许低电压运行的时间高于风电场允许的低电压运行时间，机组低电压保护显然满足风电场 LVRT 要求。

送出线外部系统保护应在最短低电压穿越时间 0.625s 内切除故障，避免 LVRT 失败。已知送出线外部系统主保护与后备保护联合工作时能够在 0.5s 内动作，加上保护延时（约 0.125s），即系统保护能够在最短低电压穿越时间内将故障切除，不会导致 LVRT 失败，实现了 LVRT 要求与机组保护和系统保护的协调配合。

2）风电场送出线及风电场内部故障时，风电场内部网络电压严重下降，但受箱变高阻抗的影响，风机机端电压仍具有一定残压。为了和场内故障继电保护动作时间配合，预留 0.5s 不动作。

3）风电机组本体故障时，机端电压几乎跌落至 0，风电机组保护立刻发出跳闸指令，机端断路器瞬时动作。

4）当风电机组端电压持续恢复不理想时，在 3s 后可以发出跳闸指令将风电机组切除。

以上两种风电机组的低电压保护方案均实现了与故障穿越、继电保护的协调配合，兼顾了风电机组安全与系统可靠性，在风电场故障穿越期间具有良好的适用性。

（2）高电压保护方案。

高电压穿越是对并网风电机组或光伏单元在电网出现短时过电压时仍保持并网运行的一种特定运行功能的要求。目前国内尚无正式发布的新能源场站高电压穿越标准，参考高电压穿越能力测试规程，高电压穿越的基本要求如图 8-24 所示。

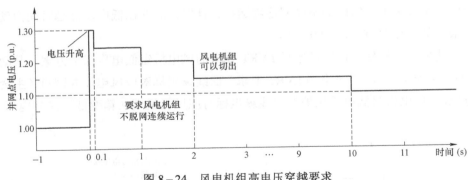

图 8-24 风电机组高电压穿越要求

根据规程规定，风电机组要具有在测试点电压升高至 130%额定电压时能够保证不脱网连续运行 100ms、电压升高至 125%额定电压时能够保证不脱网连续运行 1000ms、电压升高至 120%额定电压时能够保证不脱网连续运行 2000ms、电压升高至 115%额定电压时能够保证不脱网连续运行 10s、电压升高至 110%额定电压时能够保证不脱网连续运行的能力。

风电场大规模脱网事故多因风电场内部接地故障引发，由于中性点接地方式不合理导致接地故障恶化，引起风电机组机端电压降低，造成不具备低电压穿越能力的风电机组脱网。由于风电场无功补偿装置控制与保护设置不合理，使得故障切除后出现电压升高现象，引发更多机组高电压脱网，造成脱网事故进一步恶化。

高电压脱网问题暴露出风电场电压保护定值不规范的问题。不同风机厂家机组的过电压保护定值和动作时间不统一，定值的整定仅考虑了机组本身的需求，未能考虑当地电网特点；升压站电容器的过电压定值也仅考虑本身的耐压能力，而未考虑机组的过电压保护特性。为防止高电压脱网，应协调升压站电容器组和机组的过电压保护定值，通过保护时限和保护定值的配合，保证在系统出现高电压时，电容器组过电压保护快于机组保护动作，减少系统无功剩余，降低系统电压，防止机组脱网。

风电场无功补偿电容器组的过电压保护定值应与风力发电机组过电压保护定值相互配合，并综合考虑箱变参数、集电线路参数、机组动态无功能力、电容器组以及机组耐压能力等因素，应循序以下整定原则：

1）风力发电机组过电压保护定值原则上应大于电容器组过电压保护定值，但不应超过机组本身的耐受电压能力。

2）对于集电线路较长的风电场，末端风电机组的过电压保护定值可以适当提高；对于运行可靠性较高的风电场，建议根据风电机组动态无功能力、集电线路参数和箱变参数核算每台机组处的过电压保护定值。

3）电容器组的过电压保护定值的整定应综合考虑断路器的开断频数以及电容器自身耐压能力等因素，并与风电机过电压保护定值配合。必要时，可以减小整定时间，实现与风电机组过电压保护定值的配合。

4）对于具有高电压穿越能力的风电机组，应相应地调整升压站电容器的过电压保护策略，优先采用带有反时限特性的继电保护装置。风电机组高电压穿越曲线与电容器组动作曲线之间的差值不宜小于箱变和集电线路的电压之和。

（3）相间保护。

为解决阶段式电流保护应用于风电场集电线路存在的问题，对传统阶段式电流保护方案进行改进，提出了计及熔断器反时限特性和风电机组 LVRT 特性的风电场集电线路保护新方案。图 8-25 给出了风电场典型网架结构图。图中，p_i 为接入集电线路上的馈线支路上的第 #i 风电机组的接入点，i 从 1 到 w，w 为本集电线路上风电机组的台数。

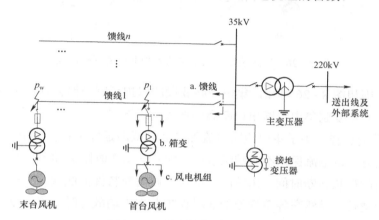

图 8-25　风电场典型网架结构

1）电流保护 I 段。

a. 启动电流的整定。为兼顾选择性和速动性，电流保护 I 段的保护范围应不伸入至任何一台箱变中，因此其整定电流 I_{set}^{I} 必须大于最大运行方式下首台风机接入点（见图 8-25 的 p_1 点）三相短路时集电线路的出口电流 $I_{p1.max}$，即：

$$I_{set}^{I} = K_{rel}^{I} I_{p1.max} \qquad (8-14)$$

式中：K_{rel}^{I} 为电流保护 I 段的可靠系数，一般取 1.2～1.3。

b. 动作时限的选择。由整定方案知，电流 I 段保护范围不伸入任何一台箱变中，因此其无需与箱变的熔断器保护配合，动作时限 t^{I} 可取为 0，兼顾了保护的选择性和速动性要求。

2）电流保护 II 段。

a. 启动电流的整定。电流保护 II 段应在任何情况下都能够保护本线路的全长，且具有足够的灵敏度，因此其整定原则为：本条集电线路末端（见图 8-25 的 p_w 点）发生相间故障时，保护有足够的灵敏度，即：

$$I_{set}^{II} = \frac{1}{K_{sen}^{II}} I_{pw.min} \qquad (8-15)$$

式中：K_{sen}^{II} 为电流 II 段保护的灵敏度系数，一般大于 1.5。

图 8-26 给出了所述启动电流整定方案下集电线路电流保护 II 段的保护范围示意图。图

中，e_1 点、e_2 点，…，e_w 点分别为在各箱变处的 II 段保护范围末端。

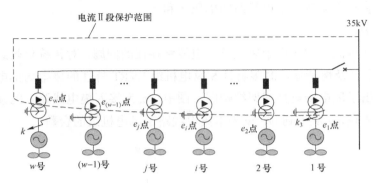

图 8-26　所述整定方案下电流保护 II 段的保护范围

分析整定原则和图 8-26 可知，集电线路 II 段的保护范围必然会延伸至各箱变中，且伸入范围的大小随着箱变到集电线路出口距离的增大而逐渐减小。

b. 动作时限的选择。由于集电线路电流保护 II 段范围延伸至各箱变中，为保证选择性，箱变故障时，集电线路电流保护不应越级跳闸，因此其动作时限必须大于 II 段保护范围内箱变故障时熔断器的最长熔断时间。由熔断器的反时限熔断特性曲线知，流过熔体的熔断电流越小，熔断时间越长。显然在各箱变处的 II 段保护范围末端故障时，流过故障箱变对应熔断器的电流是最小的。

深入分析可知，虽然 II 段保护伸入各台箱变的范围大小不一样，但在各箱变处的 II 段保护范围末端发生相间故障时，流过故障箱变对应熔断器的电流大小是一致的，且等于此时集电线路出口的短路电流，即保护 II 段的启动电流 I_{set}^{II}。此时对应的熔断电流和熔断时间分别用符号 I_{Fmin}^{I}、t_{Fmax}^{I} 表示，则 $I_{Fmin}^{I}=I_{set}^{II}$（风机提供的短路电流相较于系统提供的短路电流很小，忽略不计）。

综上所述，为保证选择性，电流保护 II 段的动作时限选择需比 t_{Fmax}^{I} 高出一个时间阶梯 Δt_1，即：

$$t^{II} = t_{Fmax}^{I} + \Delta t_1 \tag{8-16}$$

式中：Δt_1 的数值一般取为 0.3～0.5s。

在上述整定方案下，当集电线路电流保护 II 段伸入箱变的保护范围内任意点发生故障时，箱变熔断器保护的熔断时间均小于集电线路 II 段保护的动作时间，可以优先切除故障，故集电线路保护不会越级跳闸，满足保护的选择性要求。

3）电流保护 III 段。

电流保护 III 段无法正确区分 LVRT 电流和故障电流，导致非故障集电线路的 III 段保护误动作。由于非故障线路的 LVRT 电流由线路流向母线，故障线路的故障电流由母线流向线路，两者方向相反，因此有学者提出通过增加方向元件的方法来规避上述误动作问题。但实际上不同于传统同步发电机，风电机组的等效序阻抗具有受控时变特性，这将导致方向元件灵敏性不足或误判，因此简单地增加方向元件并不能很好地解决保护Ⅲ段误动的问题。采用基于 MAS（多代理系统）的电流相关保护Ⅲ段方案可以有效解决电流保护Ⅲ段误动的问题。

电流保护Ⅲ段应可靠保护本集电线路全长，且作为箱变的后备保护，其保护范围伸入至各箱变100%。因此为保证选择性，Ⅲ段动作时限应大于各箱变故障时熔断器的最长熔断时间。

由系统拓扑知，末台箱变低压侧故障（见图 8−26 的 k 点）时，流过故障箱变熔断器的短路电流最小，其对应的熔断时间最长，此时对应的熔断电流和熔断时间分别用符号 I_{Fmin}^{II}、t_{Fmax}^{II} 表示。因此，电流保护Ⅲ段的动作时限选择需比 t_{Fmax}^{II} 高出一个时间阶梯 Δt_1，即：

$$t^{III} = t_{Fmax}^{II} + \Delta t_1 \tag{8-17}$$

任何一台箱变的任意位置发生故障时，由箱变的熔断器保护优先切除故障，集电线路保护不会越级跳闸，满足保护的选择性要求。

将 I_{Fmin}^{I}、t_{Fmax}^{I}、I_{Fmin}^{II} 和 t_{Fmax}^{II} 标注于熔断器的熔断特性曲线中，如图 8−27 所示。从图中可以看出，熔断器保护具有反时限熔断特性。从动作时限角度出发，t_{Fmax}^{I} 和 t_{Fmax}^{II} 将熔断曲线划分为了三部分。借鉴传统保护的配合思路，本书将熔断器保护等效理解为三段式保护，其各段保护范围已标注于图 8−27 中。

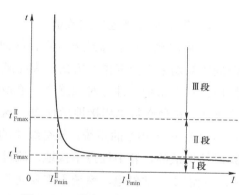

图 8−27　熔断器保护的熔断特性曲线

a. 熔断器Ⅰ段保护：

保护判据：$I \geqslant I_{Fmin}^{I}$；

动作时限 t_F：根据流过熔体的电流值 I 由熔断曲线确定，且满足 $t_{Fmax} \leqslant t_{Fmax}^{I}$。其中，$I_{Fmin}^{I}$、$t_{Fmax}^{I}$ 分别为熔断器保护Ⅰ段的动作电流和最大动作时间。

b. 熔断器Ⅱ段保护：

保护判据：$I_{Fmin}^{II} \leqslant I < I_{Fmin}^{I}$；

动作时限 t_F：根据流过熔体的电流值 I 由熔断曲线确定，且满足 $t_{Fmax}^{I} < t_{Fmax} \leqslant t_{Fmax}^{II}$。其中，$I_{Fmin}^{II}$ 和 I_{Fmin}^{I}、t_{Fmax}^{I} 和 t_{Fmax}^{II} 分别为熔断器保护Ⅰ段的动作电流、动作时限的上下界。

c. 熔断器Ⅲ段保护：

保护判据：$I < I_{Fmin}^{II}$；

动作时限 t_F：根据流过熔体的电流值 I 由熔断曲线确定，且满足 $t_{Fmax} > t_{Fmax}^{II}$。其中，I_{Fmin}^{II}、t_{Fmax}^{II} 分别为熔断器Ⅱ段保护的最大动作电流和最小动作时间。

由式（8−16）、式（8−17）可知，集电线路电流保护与箱变熔断器保护的配合原则应满足：集电线路电流保护的Ⅱ段、Ⅲ段动作时限应分别与箱变熔断器保护的Ⅰ段、Ⅱ段最大熔断时间配合。

图 8-28 给出了上述整定方案下集电线路电流保护的各段保护范围示意图。

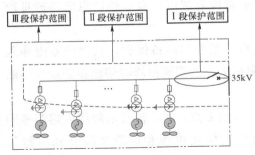

图 8-28　所述整定方案下电流保护的
各段保护范围示意图

（4）接地保护。

现有风电场及光伏电站集电线路中性点主要有三种接地方式，分别为中性点不接地方式、中性点经消弧线圈接地方式和中性点经小电阻接地方式。中性点不接地或经消弧线圈接地的集电系统属于小电流接地系统，其发生单相接地故障时能可靠选线，快速切除。经电阻接地的集电系统属于大电流接地系统，其发生单相接地故障时能通过相应保护快速切除，同时应兼顾风电场、光伏电站发电单元运行电压适应性的要求。

1）集电系统接地方式改造。

a. 集电系统固有接地方式存在的问题。风电场、光伏电站发电单元箱变高压侧和主变压器低压侧均采用角形接线方式，因此风电场、光伏电站集电系统为中性点不接地系统。此种接地方式下系统中性点对地绝缘，单相接地故障时，线电压仍然对称，三相系统的平衡未遭到破坏，它允许带单相接地运行 2h。这种接地方式比较适用于系统出线为架空线路，且对地电容电流小于 10A 的系统。架空线路的单相接地故障（如雷击闪络）多为空气绝缘击穿，是瞬时接地故障，若中性点不接地，流过故障点的电流仅为电容电流，数值很小，很快自动熄弧，能恢复正常供电，系统不需要切除部分线路，有利于系统的稳定运行。而电缆头绝缘击穿属于绝缘材料击穿闪络、绝缘性能损坏，是永久性故障。若电缆头单相接地故障不能被及时清除，故障可能扩大为三相故障，造成系统跳闸、大量风电机组脱网。

同时，这种方式给保护切除故障带来很大的难度。由于在小电流接地系统中，发生单相接地故障时，故障线路和非故障线路仅流过微弱的电容电流，给故障选线带来困难。而且，电缆头等设备故障若没有及时清除，可能诱发连锁脱网事故，因此需要对集电系统的接地方式进行优化改造，以提高风电场、光伏电站的故障穿越能力，确保系统的安全稳定运行。

b. 接地方式改造措施。中性点经小电阻接地和中性点经消弧线圈接地是两种最常见的风电场、光伏电站接地系统改造方式。对于小电阻接地（零序电流保护）或消弧线圈接地方式（小电流接地选线装置），当发生单相接地故障时相应的保护应能可靠选线、快速切除故障，单相故障不会发展为相间或三相故障，从而在源头上避免了故障的扩大。

对于以架空线路为主的风电场、光伏电站，电容电流较小，且 90%以上的故障都是瞬时性的，当电容电流小于 10A 时，中性点宜采用不接地方式；当电容电流大于 10A 时，中性点应采用经消弧线圈或小电阻接地方式。对于以电缆线路为主的风电场、光伏电站，电容电流较大，且多为永久性故障，中性点宜采用小电阻接地方式。电阻值的选取原则为：在满足继电保护要求的前提下，阻值取大值。对于以架空线路为主的新能源电站，首先要提高电缆终端质量，在雷电活动较强烈的地区，建议采用"消弧线圈+选线功能"的中性点接地方式。

在雷电活动较弱的地区，建议选用小电阻接地方式，保证及时切除发生电缆或电缆终端故障的集电线路。

2）接地保护方案。

a. 小电流接地选线装置。当集电系统采用中性点不接地或中性点经消弧线圈接地方式时，系统配置小电流接地选线装置，以便可靠快速地选出故障线路，这是快速切除单相接地故障的基础。在系统谐波含量较大或发生铁磁谐振接地时不应误报、误动。同时，小电流接地选线装置应具备跳闸出口功能，即在发生单相接地故障时能快速切除故障线路，若不成功，则通过跳相应升压变压器各侧断路器方式隔离故障。

b. 零序电流保护。风电场、光伏电站在 35kV 母线处安装 Z 形接地变压器以实现中性点经小电阻接地运行方式。此种情况下，若集电线路发生单相接地故障，则通过零序电流保护切除故障，其整定与配合原则如下：

a）零序电流 I 段按照本集电线路末端发生单相接地故障时保护有足够的灵敏度进行整定，灵敏度系数不小于 2，动作时限可取为 0s。

b）零序电流 II 段按照可靠躲过正常运行时流过的不平衡电流进行整定，动作时限可比零序电流 I 段多一个时间级差。

第九章 继电保护装置动作信息解读

现代电网设备的自动化水平发展迅速，故障录波器、保护故障信息子站和故障测距等二次装置在电网中得到了广泛应用。这些设备除了能够实现传统的功能外，还具有强大的事件记录和波形存储功能。在电网事故分析和处理中，需要借助这些设备对故障进行分析判断，因此，从电网调度运行管理角度出发，需要对这些设备进行一些必要的了解。

第一节 故障录波图解读

微机保护装置和故障录波器都具有故障录波功能，其作用主要是记录电网中各种扰动发生的过程，为分析故障和检测电网运行情况提供依据。通过分析故障录波图，可以了解故障过程中电流/电压的幅值和相位、故障性质、故障持续时间，以及保护装置、断路器的动作时间等信息。

保护装置和故障录波器的故障录波都是靠故障特征明显的电气量启动的，有电流/电压突变量，电流/电压越限、频率变化量等。录波记录的数据分为模拟量和开关量两类，这些数据都基于相对同一时标绘制。现在各主流录波器厂家都有自己的波形分析软件，提供了丰富的功能和分析手段，同时，录波器也可以将采集到的录波数据转换为 COMTRADE 标准格式，有利于各种波形分析软件共享数据。不同厂家的软件图形结构不尽相同，信息标注的方式差别也很大，但都分为故障分析简报和故障波形图两部分。

一个完整的故障录波图应能够记录整个故障过程，提供从故障发生前至系统平息的全过程记录，根据不同时段的特点，允许采用不同的采样频率。通常，故障录波器每次启动后的记录包含 A、B、C、D、E 五个时段。

A 时段：系统大扰动开始前的状态数据，输出原始记录波形和有效值，记录时间≥0.04s。

B 时段：系统大扰动后初期的状态数据，输出原始记录波形、每一周波的工频有效值和直流分量值，记录时间≥0.1s。

C 时段：系统大扰动后的中期状态数据，输出连续的工频有效值，记录时间≥1.0s。

D 时段：系统动态过程数据，每 0.1s 输出一个工频有效值，记录时间≥20s。

E 时段：系统长过程的动态数据，每 1s 输出一个工频有效值，记录时间≥10min。

其中，A、B 时段的采样频率一般不低于 5kHz，C、D、E 时段的采样频率相对较低。进行故障分析时，主要是针对 A、B 段波形，即从故障发生到切除这段过程的波形进行分析。

一、录波图关键点识别与分析

1. 从故障录波图中读取事件时间

从故障录波图中，可以直接读取各事件的相对时间，即以电流或电压波形变化比较明显的时刻为基准，读取各事件发生的相对时间。

（1）故障持续时间：从电流开始变大或电压开始降低，到故障电流消失或电压恢复正常的时间，如图 9-1 所示，故障持续时间为 39ms。

（2）保护动作时间：从故障开始到保护出口的时间，即从电流开始变大或电压开始降低，到保护输出触点闭合的时间。

（3）断路器跳闸时间：从保护输出触点闭合到故障电流消失的时间。

（4）保护返回时间：指从故障电流消失时刻到保护输出触点断开的时间。

（5）重合闸出口动作时间：从故障消失开始计时到发出重合命令的时间。

（6）断路器合闸动作时间：从重合闸输出触点闭合到再次出现负荷电流的时间。

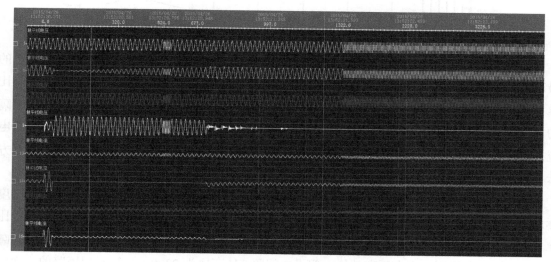

图 9-1　典型故障录波图

为了方便分析事故的发展，可以将各过程时间汇集成时间轴，如图 9-2 所示。

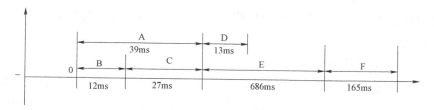

图 9-2　故障波形时间轴

197

2. 从故障录波图中读取电流、电压有效值

可以利用故障波形图中的电流、电压波形,测量故障期间电流、电压的有效值。如图 9-3 所示,A 相故障,A 相电流通道上呈现故障电流(B、C 相仅呈现负荷电流),A 相电压明显降低,而非故障相 B、C 相电压相位基本没有变化。

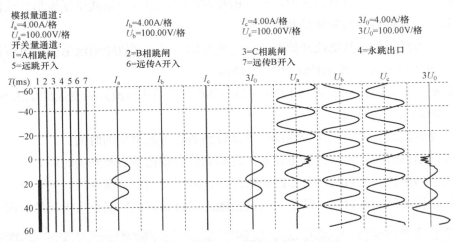

图 9-3 故障电流、电压有效值分析

(1)故障电流计算方法。以图 9-3 为例,先以 A 相电流通道上的故障电流波形两边的最高波峰在刻度标尺上的位置,计算其标尺格数后除以 2,乘以图中显示的"I:4.0A/格"比率(不同故障波形比率会不同),再除以 $\sqrt{2}$,就得到二次电流有效值;再乘以故障设备间隔的 TA 变比,即得到一次电流有效值。假设本间隔 TA 变比为 1200/1,则 A 相短路的一次电流 I_{ka}=总格×电流标度 $I/2\sqrt{2}$ ×变比=0.95×4/2$\sqrt{2}$ ×1200/1=1612(A)。零序电流的计算方法与 I_{ka} 相同,实际计算出的是 $3I_0$。

(2)故障电压计算方法。先以 A 相电压通道上的故障电压波形两边的最低波峰在刻度标尺上的位置,计算出两边波峰之间的标尺格数除以 2,乘以图中显示的"U:100V/格"比率(不同故障波形比率会不同),再除以 $\sqrt{2}$,就得到二次电压有效值;再乘以故障设备间隔的 TV 变比,即得到一次电压有效值。假设本间隔 TV 变比为 2200/1,则 A 相短路的一次电压 U_{ka}=总格×电压标度 $U/2\sqrt{2}$ ×变比=1.1×100/2$\sqrt{2}$ ×2200/1=85.6(kV)。零序电压的计算方法与 U_{ka} 相同,实际计算出的是 $3U_0$。

如果使用录波器厂家提供的波形分析软件,也可以直接在图形分析界面上查看标线处的电流、电压有效值。

3. 从故障录波图中读取电流、电压相位

利用故障波形图中的电流、电压波形,测量故障期间电流、电压的相位,可以分析故障时的测量阻抗角。通过测量电流、电压波形过零的时间差,来计算电流、电压的相位关系。如图 9-4 中电流过零点滞后电压过零点 4ms,相当于电流滞后电压的角度为 18°×4=72°。

因此，分析录波图时，第四条是非常重要的。对于单相故障，故障相电压超前故障相电流约 80°；对于两相故障，则是故障相间电压超前故障相间电流约 80°。"约 80°"就是线路的阻抗角。

3. 两相接地短路故障录波图解读

分析两相接地短路故障录波图的要点如下：

（1）两相电流增大，两相电压降低，出现零序电流、零序电压。

（2）电流增大、电压降低为相同两个相别。

（3）零序电流相量位于两故障相电流间。

（4）故障相间电压超前故障相间电流约 80°，零序电流超前零序电压约 110° 左右。

4. 三相短路故障录波图解读

分析三相短路故障录波图的要点如下：

（1）三相电流增大，三相电压降低。

（2）没有零序电流、零序电压。

（3）故障相电压超前故障相电流约 80°，故障相间电压超前故障相间电流约 80°。

三、故障录波分析软件简介

下面以国电武仪 WGL_Analyze2008 录波分析软件为例，简要介绍故障录波器波形分析软件的基本使用方法。WGL_Analyze2008 录波分析软件配置在厂站端录波管理单元或调度端录波主站，可对 WGL 系列录波器生成的 ASCⅡ码或二进制的 COMTRADE 文件进行分析。同时，WGL_Analyze2008 也可打开其他厂家故障录波器生成的 COMTRADE 文件。

1. 打开录波文件

WGL_Analyze2008 录波分析软件图形界面除标准的菜单、工具栏外，被分割为几个区域，如图 9−6 所示。

（1）数值。显示主标线对应时刻的二次采样值，点击工具栏上的"1/2"按钮可使数值在一次值或二次值之间切换。

（2）波形。打开录波文件时，软件显示第一个波形页面包含的模拟量波形和开关量状态。波形区域包含有白色光标和红色、绿色两根游标。其中，白色光标始终对应录波启动的时刻，即"0"时刻，不能移动；红色、绿色游标可通过鼠标和"←""→"方向键定位，用以确定波形横向放大的区间、波形打印区间以及数据分析区间。

（3）波形分析窗。波形分析窗口用来直观显示分析录波波形的谐波分量、序分量及阻抗轨迹等。

（4）启动时刻。录波器启动的时刻，即"0"时刻的绝对时间，精确到毫秒。

（5）游标位置。从左到右依次显示红色标线位置（ms）、绿色标线位置（ms）、两根游标的时间差（ms）、横向比例。

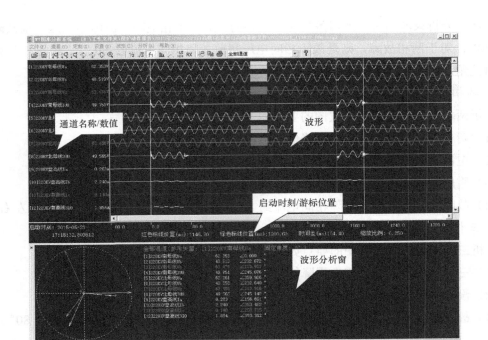

通道名称/数值

波形

启动时刻/游标位置

波形分析窗

图 9-6　国电武仪 WGL_Analyze2008 录波分析软件图形界面

单击工具栏上的 ▤ 按钮，可以查看录波文件的有关信息，包括录波启动时刻、记录时间、采样段数、总采样数目等。

2. 游标的操作

打开录波文件时，红色标线指向"0"时刻（即启动时刻），绿色标线没有显示。红色标线为主标线，且两根游标没有锁定。在波形区域单击鼠标右键，选择相关的菜单项可以改变游标的设置。

（1）设置红色标线。在波形区域单击鼠标右键，弹出右键菜单，选择"设置红色标线"项。此时，红色标线随鼠标移动，单击鼠标左键，红色标线固定在相应位置。一般将红色标线作为第一标线，设置在故障开始时间。

（2）设置绿色标线。在波形区域单击鼠标右键，弹出右键菜单，选择"设置绿色标线"项。此时，绿色标线随鼠标移动，单击鼠标左键，绿色标线固定在相应位置。一般将绿色标线作为第二标线，设置在故障切除时间。

（3）改变主标线。打开文件时，软件默认红色标线为主标线。在波形区域单击鼠标右键，弹出右键菜单，选择"改变主标线"项，可在红色标线和绿色标线之间切换主标线。主标线顶端和末端带有箭头，通过键盘上的左、右方向键，可以移动主标线的位置。

（4）锁定两个标线。在波形区域单击鼠标右键，弹出右键菜单，选择"锁定两个标线"项，可以锁定两个标线的相对位置。锁定两个标线后，改变任一标线的位置，另一标线也随之移动，两个标线的相对位置保持不变。

3. 波形分析

WGL_Analyze2008 波形分析的基本算法为傅氏算法，包括谐波分析、矢量分析和序分量分析，数据窗为主光标之后一个周波。波形分析的结果显示在界面下方的波形分析窗口。

（1）谐波分析。谐波分析可以选择默认的谐波棒图方式，用于观察所选通道的各次谐波分量，如图9-7所示。

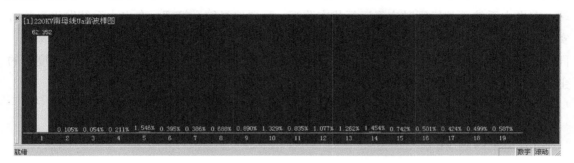

图9-7 谐波分析

（2）矢量分析。矢量分析功能可以显示所观察通道的矢量与参考矢量的相对位置，参考矢量固定角度默认为0°，如图9-8所示。

图9-8 矢量分析

（3）序分量分析。对所选通道的模拟量应用对称分量法进行分解，即可得到对应的正序、负序和零序分量。软件可以将某一相电压、电流的分解图形同时显示出来，便于对比，如图9-9所示。

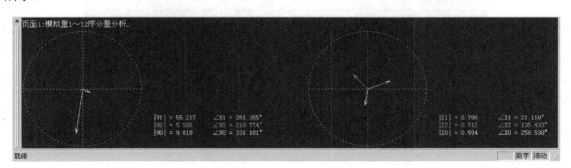

图9-9 序分量分析

第二节　继电保护故障信息解读

继电保护故障信息管理系统是为电网提供二次设备运行信息的支撑平台，其主要功能是采集继电保护、录波器等变电站内智能装置的运行、故障和配置信息，并将信息上送到调度端。在电力系统正常运行时实现运行状态监视、配置信息综合管理，在电力系统发生事故时实现快速的事故分析。继电保护故障信息系统不仅是继电保护运行、管理的技术支持系统，同时也是电网故障的信息支持、辅助分析和决策系统。系统一般由运行于各网省级调度端的主站、地区级调度端的分站及厂站端的子站构成。

继电保护故障信息管理系统的功能主要可以分为运行监视和故障分析两方面。

一、运行监视

继电保护故障信息管理系统能实现对继电保护设备及子站运行状态的监视。通过图形化界面，可以了解需查询的保护装置或子站是否正常运行。当子站系统与主站系统通信出现异常，或保护装置与子站系统出现异常时，能以告警形式反映出来，如图 9-10 和图 9-11 所示。

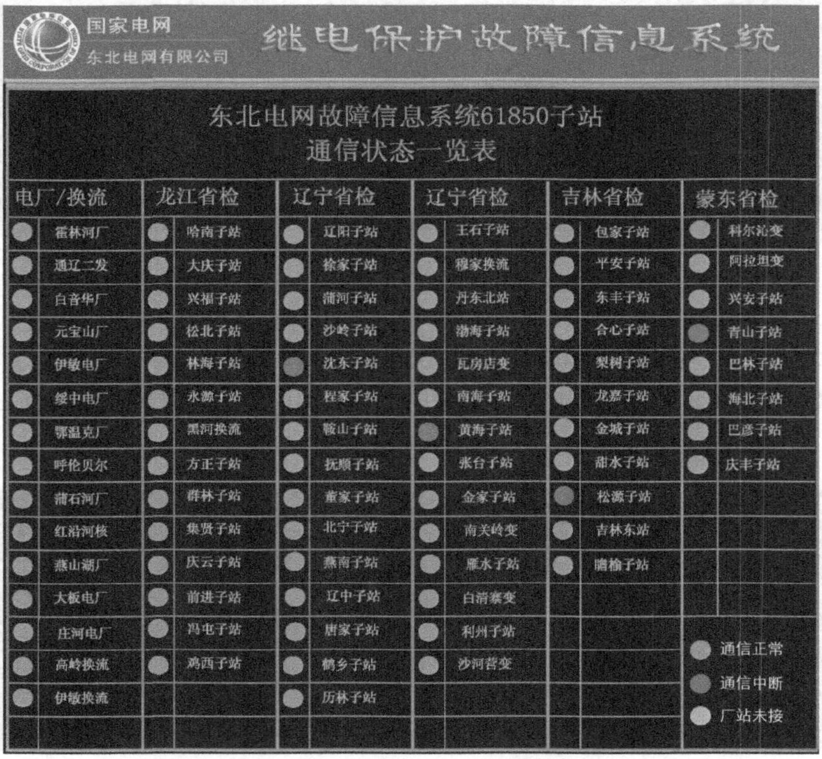

图 9-10　故障信息管理系统厂站通信状态监视

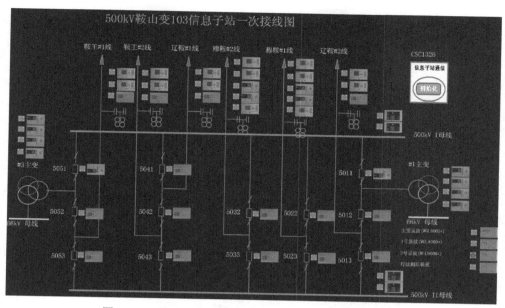

图9-11　故障信息管理系统站内保护设备通信状态监视

对接入系统的保护装置进行查询，可以召唤装置的运行定值、通信状态、软压板状态、开入量、模拟量、录波和实时事件等信息，如图9-12所示。

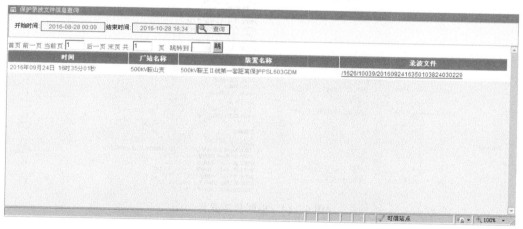

图9-12　保护装置信息查询

二、故障分析

根据继电保护装置、故障录波器和故障测距装置上送的报告，系统通过预设定的条件进行分析和智能分类，将某一次系统故障关联的数据打包，形成完整的电网故障报告。电网故障报告集成了保护动作信息、故障录波器数据和故障测距结果等信息，方便查看，如图9-13和图9-14所示。

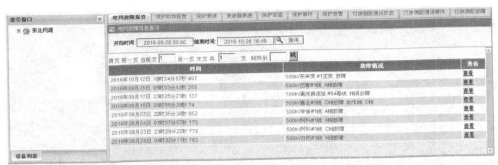

图 9-13　电网故障报告查询

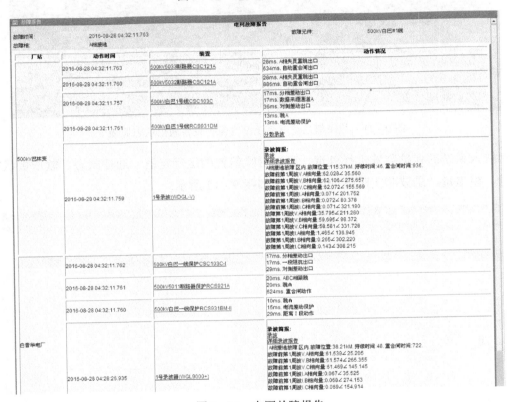

图 9-14　电网故障报告

　　故障测距结果信息集成在故障报告底部，包括线路全长、故障点距离始端和终端的距离以及故障点的杆塔编号，便于调度人员了解故障点的确切位置，如图 9-15 所示。

| 行波测距结果 | 2016-08-28 04:32:11.758 | 故障线路：白巴#1线　全长 152.686公里　杆塔总数 354级
故障点距起始点(白音华电厂) 42.8kM　距终点(巴林变) 109.9kM
故障杆塔号：96#塔
维护单位：赤峰局 |

图 9-15　行波测距结果信息

　　通过系统自带的波形分析工具，可以打开保护装置或录波器上送的波形文件，方便对录波波形进行分析。

第十章 电网故障继电保护动作行为分析

第一节 继电保护动作行为案例分析

一、电流互感器选择

1. 电流互感器（TA）配置原则

对于电流互感器，继电保护专业应根据实际情况提出本专业所需要的二次绕组的类型和数量要求。TA 具体配置应避免出现保护死区。

（1）3/2 断路器接线（见图 10-1）。

对于采用 3/2 断路器主接线的 500kV 变电站，继电保护专业要求 TA 的配置如下：

用于线路的母线侧断路器的 TA 要求配置 4 个 TPY 级的二次绕组和 1 个 5P 级的二次绕组，其中：2 个 TPY 级的二次绕组用于线路保护，2 个 TPY 级的二次绕组用于母线保护，1 个 5P 级的二次绕组用于断路器失灵保护的电流判别元件及线路故障录波和故障测距。

对于完整断路器串，中间断路器要求配置 4 个 TPY 级的二次绕组和 2 个 5P 级的二次绕组，其中：4 个 TPY 级的二次绕组分别用于两回线的线路保护，2 个 5P 级的二次绕组分别用于断路器失灵保护的电流判别元件及两回线的故障录波和故障测距。

对于不完整断路器串，用于线路的中间断路器的 TA 要求与用于线路的母线侧断路器的 TA 要求相同。

对于系统稳定控制装置及振荡解列装置，当有 TA 接入要求时，一般考虑分别串接在线路保护之后。

（2）双母线接线（见图 10-2）。

对于采用双母线主接线的 220kV 变电站，继电保护专业要求 TA 的配置如下：

用于线路（变压器）的断路器的 TA 要求配置 5 个 5P 级的二次绕组，其中：2 个二次绕组用于线路保护，2 个二次绕组用于母线保护，1 个二次绕组用于线路故障录波和故障测距。

用于母联的断路器要求配置 3 个 5P 级的二次绕组，其中：2 个二次绕组用于母线保护，1 个二次绕组用于母联保护及故障录波。

用于分段的断路器要求 5 个 5P 级的二次绕组，其中：4 个二次绕组分别用于分段两侧的母线保护，1 个二次绕组用于分段保护及故障录波。

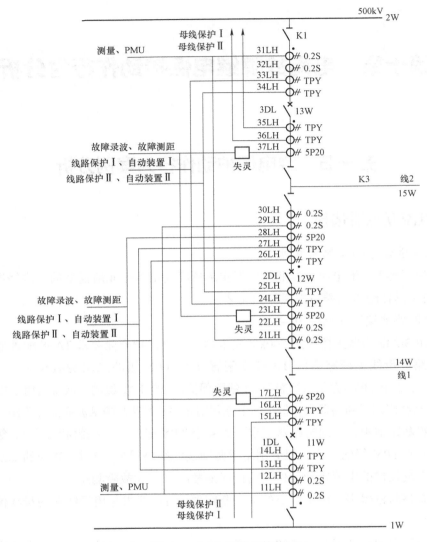

图 10−1　3/2 断路器接线

2. 电流互感器二次参数选择

（1）电流互感器二次绕组的数量和准确级应满足继电保护、自动装置、电能计量和测量仪表的要求。

（2）保护用电流互感器的配置应避免出现主保护死区。

（3）对中性点有效接地系统（500kV、220kV），电流互感器宜按三相配置。

（4）两套主保护应分别接入电流互感器的不同二次绕组，单套配置的保护应接入电流互感器专用的二次绕组，后备保护可与主保护共用二次绕组；故障录波器、故障测距装置宜与保护共用一个二次绕组。

（5）电流互感器二次额定电流应采用 1A，二次负荷一般为 10～15VA，也可根据实际负荷需要选择。

（6）计量用电流互感器绕组的准确度等级应采用 0.2S 级。500kV 测量用的电流互感器准确级宜采用 0.2 级，其他测量用的电流互感器准确级宜采用 0.5 级。

（7）保护用的电流互感器准确级：500kV 线路保护宜采用能适应暂态要求的 TPY 类电流互感器；220kV 线路保护可采用 P 类电流互感器；母线保护、失灵保护可采用 P 类电流互感器。P 类保护用电流互感器的准确限值系数宜为 5% 的误差。

（8）500kV 变电站（3/2 接线）电流互感器二次参数配置见表 10-1。

（9）220kV 变电站电流互感器二次侧参数推荐配置见表 10-2。

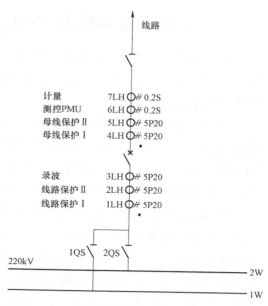

图 10-2　双母线接线

表 10-1　　　　　　　　　　　　电流互感器二次参数配置

电压等级 项目	500kV	220kV	35（66）kV
主接线	3/2 接线	双母线（双母线双分段）	单母线
二次额定电流	1A	1A	1A
准确级	TPY/TPY/0.2S/0.2/ TPY/TPY /5P（边） TPY/TPY/0.2S/0.2/5P/0.2/ 0.2S/ TPY/TPY（中）	TPY/TPY/0.2S/0.5/5P/5P/5P （主变压器进线）； 5P/5P/ 0.5/5P/5P（母联）； TPY/TPY/5P/0.5（公共绕组）	5P /（5P）/0.5S（电抗器、电容器 及站用变压器）； 5P/（5P）/0.5 /TPY/TPY（断路器 或主变压器套管）
二次绕组数量	中间互感器：9（或 8）母 线互感器：7	主变压器：7 出线：6 母联：5 分段：6 公共绕组：4	电抗器、电容器及站用变：2（或 3） 主变压器：4（或 5）

表 10-2　　　　　　　　　　220kV 变电站电流互感器二次参数推荐配置

电压等级（kV） 项目	220	110	35（10）
主接线	双母线（双母线分段）	双母线（双母线分段）	单母线分段
二次额定电流（A）	1	1	1
准确级	5P/5P/5P/5P/0.5S/0.2S 或 5P/5P/5P/5P/5P/0.5S/0.2S（线路 出线、母联、主变压器进线）	10P/10P/0.5S/0.2S 或 10P/10P/ 10P/0.5S/0.2S（出线、母联）	5P/5P/5P/0.2S 或 5P/5P/5P/0.5S/ 0.2S（主变压器进线）
二次绕组数	线路出线、母联、母联：6 （7）	出线、母联：4（5） 主变压器进线：5	主变压器进线：4（5）

二、不同故障点故障继电保护动作行为

（1）电流互感器布置在断路器单侧的双母线接线方式见图 10-3，不同位置发生故障时，相关保护的动作情况如下：

1）K_1 点故障：故障点在母线上，两套母线保护动作。对于线路保护而言，故障点在纵联保护范围之外，保护不动作。如果母线保护拒动，则由该母线出线对侧线路保护中的后备保护动作。

2）K_2 点故障：故障点在断路器与电流互感器之间，两套母线保护动作，线路保护不动作。母线保护虽然动作，但是故障点并未切除，线路对侧仍

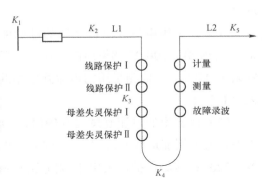

图 10-3　电流互感器在断路器单侧布置

然提供故障电流。为实现断路器与电流互感器间故障时对侧保护快速切除故障，母差动作时需远方跳闸，分相电流差动保护用"远跳"方式实现，允许（闭锁）式纵联保护用"其他保护动作发信（停信）"方式实现。

3）K_3 点故障：故障点在线路保护和母线保护用电流互感器之间，两套母线保护动作，两套线路保护动作（同时线路对侧保护同时动作）。

4）K_4 点故障：故障点在 U 型电流互感器底部（故障多发区），两套线路保护动作（同时线路对侧保护同时动作），两套母线保护不动作。如果断路器拒动，则由线路保护启动失灵保护，跳开母线上所有元件。

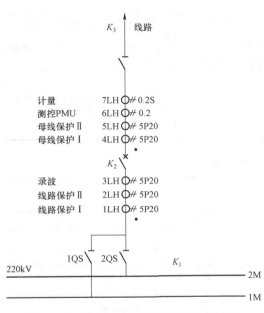

图 10-4　电流互感器在断路器两侧布置

5）K_5 点故障：故障点在线路上，保护动作行为与 K_4 点故障一致。

（2）电流互感器布置在断路器两侧的双母线接线方式见图 10-4，不同位置发生故障时相关保护的动作情况如下：

1）K_1 点母线故障：两套母线保护动作，同时启动对侧线路保护远方跳闸。对于线路保护而言，故障点在纵联保护范围之外，纵联保护不动作。如果母线保护拒动，则由该母线出线对侧线路保护中的后备保护动作。

2）K_2 点断路器内部及引线故障：故障点在线路保护和母线保护用电流互感器之间，两套母线保护动作，两套线路保护动作（同时线路对侧保护同时动作）。

3）K_3 点线路故障：两套母线保护不动作。

如果断路器拒动，则由线路保护启动失灵保护跳开母线上所有元件。

（3）3/2断路器接线方式（电流互感器布置在断路器两侧，见图10-5）不同位置发生故障，相关保护的动作情况如下。

1）K_1点母线故障：两套母线保护动作。由于故障点在线路纵联保护范围之外，线路纵联保护不动作。如果断路器拒动，则由母线保护启动断路器失灵保护，跳开相邻中断路器，并通过"远跳"方式跳开线路对侧断路器。

2）K_2点断路器内部及引线故障：故障点在线路保护和母线保护范围内，两套母线保护动作，跳开母线上元件；两套线路保护动作，跳开中、边断路器（同时线路对侧保护同时动作）。

3）K_3点线路故障：两套母线保护不动作，两套线路保护动作。如果边断路器拒动，由断路器失灵保护启动跳开母线上所有断路器。如果中断路器拒动，则由断路器失灵保护跳开相邻断路器。

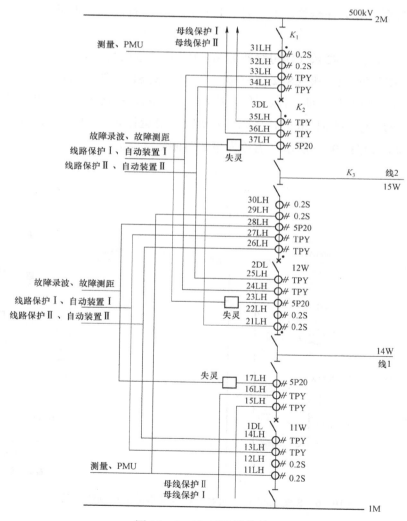

图10-5　3/2断路器接线

第二节 误分合断路器引发电网事故案例

一、事故经过

某电网 500kV S 变电站（简称 S 变）是一座枢纽变电站。该站 500kV 系统有 4 条线路和 1 台 500kV/220kV 联络变压器。4 条线路为 SL 乙线、LS#1 线、LS#2 线、TS 线，分别与 LS 变、LY 变、T 电厂（两台 300MW 发电机组）相联；联络变压器连接 500kV 与 220kV 系统。2003 年 11 月 4 日 12 时 35 分，S 变发生多个元件跳闸，造成 T 电厂#3、#4 机组与系统解列。

事故前，S 变 500kV 系统接线方式为：Ⅰ 母线在停电中，LS1#线、1#母联兼侧路（带 LS#2 线）、1#主变压器在 Ⅱ 母线运行，TS 线在 Ⅲ 母线运行，SL 乙线在 Ⅳ 母线运行，#2 母联兼侧路开关（母联方式）在合位，Ⅱ、Ⅲ、Ⅳ 母线并列运行。Ⅰ、Ⅲ 母联分段 5013 开关在断位。

12 时 35 分，S 变 LS#2 线（1#母联兼侧路 5012 开关带送）、TS 线、SL 乙线均三相跳闸，T 电厂 TS 线三相跳闸，LY 变 LS#2 线三相跳闸，LS 变 SL 乙线开关在合位。12 时 54 分，经详细检查 S 变 500kV Ⅱ、Ⅲ、Ⅳ、Ⅴ 母线及一次所属设备均正常，并进行 LS#2 线、SL 乙线、TS 线恢复送电。15 时 20 分，系统恢复到跳闸前运行方式。S 变 500kV 一次系统接线及事故前、后潮流如图 10−6 所示（黑色为事故跳闸断路器）。

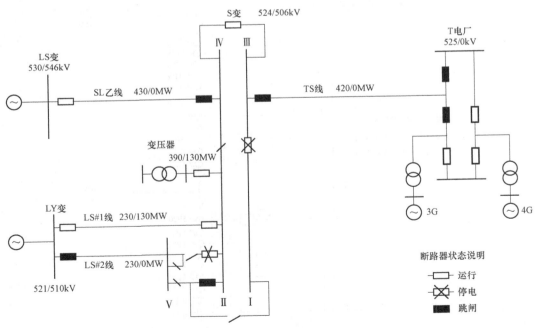

图 10−6　S 变 500kV 一次系统接线及事故前后潮流示意图

二、事故原因分析

1. 保护动作及录波情况

（1）保护动作情况。12 时 35 分，S 变 500kV Ⅲ、Ⅳ母差保护动作，LS#2 线两侧分相电流差动保护动作，T 电厂 TS 线两套高频闭锁零序保护动作，LS 变 SL 乙线保护未动。

（2）录波情况。

1）S 变录波。12 时 34 分 39 秒 972 毫秒，TS 线与#2 母联兼侧路潮流突然下降为零（见图 10－7）；12 时 34 分 44 秒 503 毫秒，录波结果显示，TS 线与#2 母联兼侧路 B 相出现故障电流，15 毫秒后 C 相出现故障电流，A 相无电流，46 毫秒后故障电流消失（见图 10－8）。

2）T 电厂录波。录波结果与 S 变侧基本一致，见图 10－9。

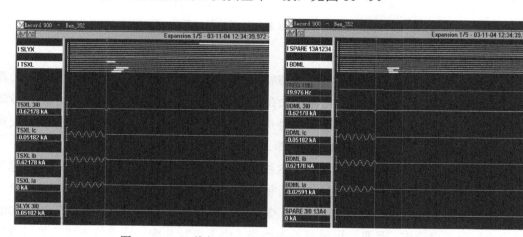

图 10－7　TS 线与#2 母联兼侧路潮流突然下降为零录波图

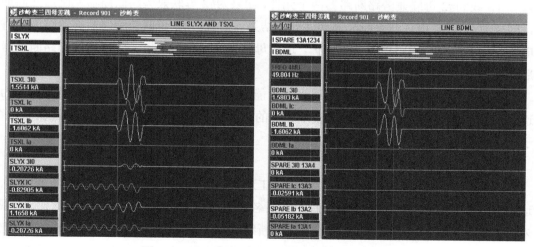

图 10－8　TS 线与#2 母联兼侧路出现故障电流

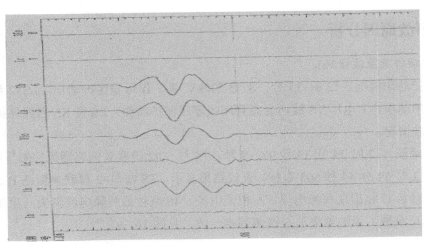

图 10-9 TS 线（T 电厂侧）录波图

2. 疑点分析

（1）故障类型。从两侧录波结果看，故障特征为转换性两相接地故障。但从 S 变录波图看，12 时 34 分 39 秒 972 毫秒 TS 线电流消失在先，12 时 34 分 44 秒 503 毫秒时才出现故障电流。根据当时的录波数据分析与计算，并经进一步根据其他几个变电站的录波报告，发现该故障不是两相接地故障，应为单相断线故障。

（2）故障点。从 T 电厂录波图可以看到 TS 线有电容电流，并结合相关保护动作报告信息及计算结果，确认为 S 变侧断路器在跳闸 4.53s 后非同期合闸，从而产生一系列元件跳闸的结果。

（3）跳闸断路器的确定。如果为 TS 线 S 变侧断路器跳闸后非同期合闸，那么 BUS1000 母差保护动作应为误动作，且Ⅲ、Ⅳ母差均误动作。由于当时 S 变一次系统方式为Ⅲ号母线上只有 TS 线和#2 母联兼旁路断路器两个元件，如果为#2 母联兼旁路断路器跳闸后非同期合闸，同样会造成 T 电厂与系统非同期并列的结果。而且，#2 母联兼旁路断路器跳闸会将本身电流互感器的电流回路退出母差保护，造成母差保护动作，因此，#2 母联兼旁路断路器跳闸后非同期合闸的可能性最大。

（4）跳闸原因。实际运行中，断路器不可能自动跳合，因此，初步判定很可能是人为因素造成上述事故。于是在进一步进行技术分析的同时，排查人为误操作因素。经过认真排查，终于查清了事故的真正原因。

3. 事故原因

（1）误操作经过。在 S 变扩建基建工程施工现场，施工单位人员进行#2 主变压器间隔（未投运）调试工作。在查找试验电源过程中，两名施工人员误入运行中的#2 母联兼侧路间隔，在未经确认的情况下擅自打开#2 母联兼侧路断路器中控箱，将中控箱的远方/就地操作把手切换到就地位置，并手动分闸#2 母联兼侧路断路器，经 4.53s 后又合上#2 母联兼侧路断路器，在分合#2 母联兼侧路断路器后，将远方/就地操作把手切换到远方位置，又分别对 A、B 两相断路器进行了上述操作。2 人发现误操作后，迅速离开#2 母联兼侧路间隔，回到#2 主变压器间隔。以上操作造成 T 电厂#3、#4 机与 500kV 系统解列，又与 500kV 系统非同期并列，S 变Ⅲ、Ⅳ号母线差动保护动作等一系列跳闸情况的发生。

（2）保护动作情况分析。

1）母差保护动作的情况。在母差保护设计原理中，为快速切除母联断路器与电流互感器（TA）之间故障，母差保护动作或母联断路器断开时，将母差保护使用的母联 TA 短接；在控制室进行母联断路器合闸时，解除该短接回路（用保护辅助屏的手动合闸继电器接点）。该施工人员在就地手动分开#2 母联断路器，母联 TA 退出母差回路，就地合闸时母联 TA 不能接进Ⅲ、Ⅳ号母差保护，由于 TS 线非同期并列，使Ⅲ母、Ⅳ号母差动保护均生产差流，母差保护动作，将 TS 线和 SL 乙线开关跳闸。而母联断路器被切到就地控制方式后，将远方跳合闸回路断开，母差保护动作无法将母联断路器跳闸，所以母联断路器未跳闸。

S 变Ⅱ、Ⅳ号母线间无断路器（隔离开关未断开情况下相当于一条母线），Ⅳ母差保护动作后，应连切Ⅱ号母线。但由于 GE 公司生产的中间继电器存在质量问题，在长期励磁的情况下继电器过热，接点严重氧化，使母差保护切Ⅱ号母线元件联锁回路未能接通，Ⅱ号母线上的 LS#1 线和主变压器断路器跳闸。

2）LS#2 线差动保护误动的原因。9 月 17 日，S 变运行人员在＃1 母联兼侧路带 LS#1 线运行方式结束后，将＃1 母联兼侧路保护屏与 LS#1 线保护屏电流回路接线端子均短接（封＃1 母联兼侧路电流互感器。现场规程规定只将＃1 母联兼侧路保护屏接线端子短接，LS#1 线保护屏电流回路接线端子不短接）。11 月 4 日，运行人员 LS#2 线侧路带送操作过程中，只将＃1 母联兼侧路保护屏电流回路接线端子打开，而没有将 LS#1 线保护装置中短接#1 母联兼侧路电流互感器回路断开（相当于 LS#2 线分相电流差动保护电流回路短接），导致#2 母联非同期合闸过程中 LS#2 线分相电流差动保护误动作，如图 10－10 所示。

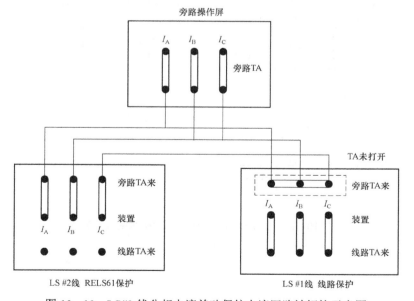

图 10－10　LS#2 线分相电流差动保护电流回路被短接示意图

三、结论

本次事故中基建工程施工现场安全管理存在漏洞，施工人员误入运行间隔，将运行中的500kV #2 母联断路器误拉合，是本次事故的直接原因。事故中，由于 GE 公司生产的中间继电器接点严重氧化，使母差保护联切回路未能接通，Ⅱ号母线上的元件未跳闸；而运行人员在 LS#2 线侧路带送操作过程中，操作不当导致#2 母联非同期合闸过程中 LS#2 线分相电流差动保护误动作。

第三节 3/2 接线母线侧电流互感器永久性故障案例

一、故障简介

2015 年 8 月 28 日 10 时 10 分，某网 500kVCH#2 线跳闸，两侧均为两套主保护动作，选 A 相，重合不成功跳三相。C 变电站 500kV#1 母线跳闸，两套母差保护动作，CH#1 线 5031 断路器、#2 变 5021 断路器、#3 变 5012 断路器断开。CH#2 线故障测距为：C 变电站侧测距 0.452km，HH 侧测距 104.08km，线路全长 102.681km，为常规型线路。变电站系统接线如图 10-11 所示。

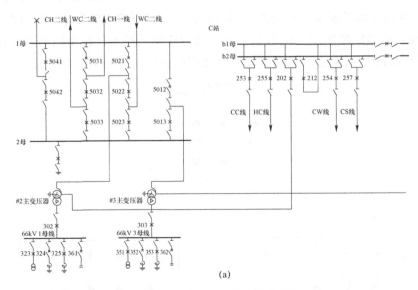

(a)

图 10-11 C 变电站和 HH 变电站接线图（一）

（a）C 变电站

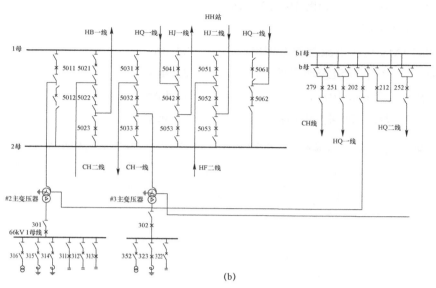

图 10-11　C 变电站和 HH 变电站接线图（二）

（b）HH 变电站

10 时 38 分，C 变电站报：C 变电站 CH#2 线 5041 断路器三相合入状态，5041 断路器 A 相母线侧 TA 炸开。申请将 5041 断路器隔离，网调同意。10 时 45 分，C 变电站报：C 变电站 CH#2 线 5041 断路器隔离完毕，CH#2 线及 500kV#1 母线具备试送条件。10 时 58 分，C 变电站报：现场检查发现 CH#2 线 5042 断路器 A 相、B 相母线侧 TA 伞裙有裂痕，CH#2 线暂不具备试送条件。

二、保护配置

CH#2 线线路保护一为 RCS—931AMS 纵联电流差动保护，保护二为 CSC—103AC 纵联电流差动保护。

C 变电站#1 母线保护一为 RCS—915E 母线差动保护，保护二为 BP—2CS 母线差动保护。

三、故障及保护动作情况分析

1. C 侧（5041/5042 断路器）

（1）故障情况。A 相最大故障电流约为 10.01kA，A 相故障电压约为额定电压的 2%，故障大约 46ms 后 CH#2 线两套线路保护及 C 变电站#1 母线两套母差保护动作切除故障，C 变电站 5042 断路器跳开 A 相，5031、5021、5012 断路器跳开三相，5041 断路器受损三相未跳开。约 965ms 时，5042 断路器保护重合闸动作出口；约 1040ms 时 5042 断路器重合于 A 相故障，A 相最大故障电流约为 17.19kA，A 相故障电压约为额定电压的 2.5%，故障大约 43ms 后 CH#2 线两套线路保护及 C 变电站#1 母线两套母差保护再次动作切除故障，C 变电站 5042

开关跳开三相。故障录波图如图 10-12 所示。

（2）保护动作情况。

RCS—931AMS 纵联电流差动保护出口：　　　24.8ms

CSC103—AC 纵联电流差动保护出口：　　　25.4ms

BP—2CS 母线差动保护出口：　　　　　　12.4ms

RCS—915E 母线差动保护出口：　　　　　11.6ms

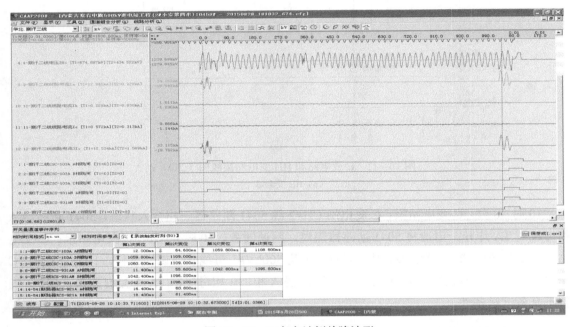

图 10-12　C 变电站侧故障波形

2. HH 侧（5021/5022 断路器）

（1）故障情况：A 相最大故障电流约为 3.4kA，A 相故障电压约为额定电压的 57.1%，约 41ms 后故障切除。约 992ms 时，5022 断路器保护重合闸动作出口；约 1055ms 时，5022 断路器重合于 A 相故障，A 相最大故障电流约为 3.5kA，A 相故障电压约为额定电压的 58.3%，约 51ms 后故障切除，保护三跳。故障录波图如图 10-13 所示。

（2）保护动作情况。

RCS—931AMS 纵联电流差动保护出口：　　　23ms

CSC103—AC 纵联电流差动保护出口：　　　22ms

四、结论

经分析，500kV CH#2 线故障为 C 变电站 5041 断路器母线侧 TA 永久性故障，断路器未跳开，线路两侧保护动作行为均正确。

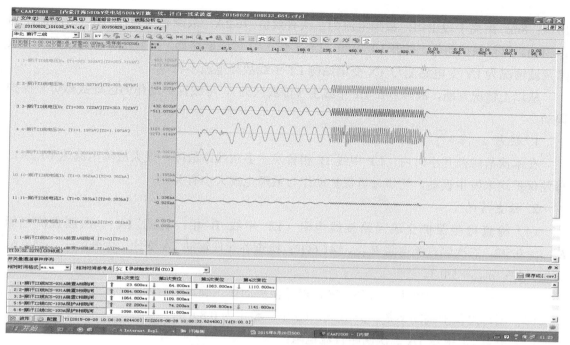

图 10-13　HH 变电站侧故障波形

第四节　区外故障电流波形畸变情况下母差保护动作案例

一、故障前运行方式和故障情况简介

LY 变电站 220kV 母线为双母三分段接线方式，当时运行方式如图 10-14 所示（黑色表示断路器在合位）。

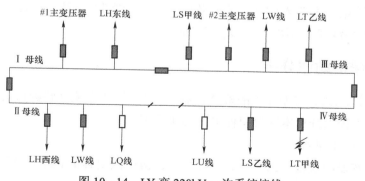

图 10-14　LY 变 220kV 一次系统接线

故障前，LY 变电站 220kV Ⅳ号母线元件 LT 甲线、LS 乙线、#2 母联断路器在合位，LU 线断路器在断位。故障时，LT 甲线微机保护动作，打印报告情况为 LT 甲线 25ms 高频零序出口；8ms 距离Ⅰ段出口，故障电流为二次有效值 76.2A；故障相别为 B 相；故障测距为 1.63km。母差保护动作，跳开 LT 甲线、LS 乙线、#2 母联断路器，并联跳Ⅱ号母线元件。故障录波情况为 LY 变电站侧与 TX 变电站侧 LT 甲线故障电流不相等。

从以上情况判断，故障点在 LT 甲线上（母线区外），母线保护动作为区外故障母差保护误动。

1. 疑点

在本次故障前几小时内，LT 甲线 B 相曾发生多次线路故障，最大故障电流达 67.2A，母差保护均未发生误动，初步分析保护动作与故障电流大小有关。

2. 检查情况

（1）检查母差保护交流回路接线电阻（LT 甲线 B 相：辅助 TA 一次侧直流电阻 $R_{FLH1}=0.5\Omega$，二次侧直流电阻 $R_{FLH2}=41.6\Omega$）；检查各元件辅助 TA 变比，主变：$n_{FLH}=5/0.6$，其他元件：$n_{FLH}=5/0.3$。

（2）模拟母差保护区内、区外故障，母差保护动作正确。

（3）测母差保护制动系数：$a=0.78$。（a 出厂整定为 0.8）

（4）测量 LT 甲线 TA 二次回路直流电阻：

TA 二次绕组直流电阻：$R_{LH2}=0.8\Omega$；TA 二次电缆直流电阻：$R_2=2.4\Omega$ 则从保护看 TA 二次回路等效电阻为：

$$R_{2BLH}=n_{FLH}(R_{LH2}+2R_2+R_{FLH1})+R_{FLH2}=1069.4（\Omega）\tag{10-1}$$

电流互感器在完全饱和情况下，区外故障母差保护不误动的条件是：

$$R_{2BLH}<a \cdot R_c/(1-a)-R_z/2=0.8\times110/0.2-5.33=434.67（\Omega）\tag{10-2}$$

式中：R_c 为差回路电阻；$R_z/2$ 为制动电阻。

实际测量中，$R_{2BLH}>a \cdot R_c/(1-a)-R_z/2$，说明电流互感器在完全饱和情况下，区外故障母差保护可能误动作。

（5）模拟故障电流为 76A 时（二次有效值），LT 甲线 TA 饱和时，母差保护动作。

（6）测量 LT 甲线 TA 二次负担：$Z_L=3.4\Omega$。

二、母差保护动作分析

根据对 LY 变 220kV 母差保护的检查、试验及 LT 甲线电流互感器伏安特性试验所得出的有关数据，从理论上分析本次母差保护的动作原因。

1. 已知条件（LT 甲线）

（1）电流互感器的参数：LCLWB-220 型，D 级，额定容量 60VA，额定负载 2.4Ω。

（2）电流互感器的变比：$n_L=1250/5$。

（3）电流互感器的二次绕组电阻：$R_2=0.8\Omega$；（测量值）。

（4）电流互感器的二次负载：$Z_L=17V/5A=3.4\Omega$。

（5）电流互感器的伏安特性：$U_0=f(I'_e)$，I_e为互感器励磁电流；

（6）通过电流互感器一次绕组的故障电流（由微机保护报告电流折算）为：

$$I_D=n_L(108+107.5)/2\sqrt{2}=250\times76.2$$
$$=19\,047.7（A）$$

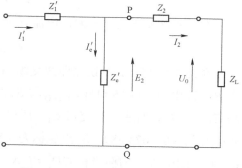

图10-15　电流互感器等值阻抗回路

2. 电流互感器等值阻抗回路

如图10-15所示。

3. LT 甲线母差保护电流互感器伏安特性（B相）及二次允许负担

（1）求电流互感器二次绕组的阻抗Z_2：

$$Z_2=R_2/\cos\varphi2=0.8/\cos40°=1.04（\Omega）\tag{10-3}$$

（2）求I'_1，I'_e：

$$I'_1=2I_D/n_L=2\times19\,047.7/250=152.38（A）\tag{10-4}$$
$$I'_e=0.1I'_1=15.2（A）$$

（3）根据LT甲线电流互感器的伏安特性$U_0=f(I'_N)$求出感应电动势E_2：

$$E_2=U_0-I'_eZ_2\tag{10-5}$$
$$E_2/9\,I'_e=Z_2+Z_L\tag{10-6}$$

4. 母差保护电流互感器10%误差超标

从以上计算可以看出，LT甲线故障电流一次值为19 047.7A时，母差保护允许二次负担为1.40Ω。实际测量母差保护（LT甲线）二次负担为3.40Ω，大于允许值。说明在故障当时，母差保护不满足电流互感器10%误差要求，电流互感器存在波形畸变或饱和的可能。电流互感器等值阻抗对应表如表10-3所示。

表10-3　　　　　　　　　　　　　电流互感器等值阻抗对应表

I'_e（A）	0.1	0.4	0.8	1	2	4	5	10	15.2（估算）
U_0（V）	266	302	310	312	320	324	326	335	350
E_2（V）	225.8	301.5	309.1	310.9	317.9	319.8	320.8	324.6	334.2
Z_2+Z_L（Ω）	250.9	83.75	42.93	34.54	17.66	8.88	7.13	3.61	2.44
Z_L（Ω）	249.8	82.71	41.89	33.50	16.62	7.84	6.09	2.57	1.40
m10	0.2	0.8	1.6	2	4	8	10	20	30.4

5. 用做图法求母差保护电流互感器实际误差

将图10-15回路以P—Q为界分成两部分，则$U_{P-Q}=I_2(Z_2+Z_L)$，由于$I_2=I'_1-I'_e$，上式变为

$$U_{P-Q} = (I'_1 - I'_e)(Z_2 + Z_L) = I'_1(Z_2 + Z_L) - I'_e(Z_2 + Z_L) \tag{10-7}$$

在理想状态下（$I'_e = 0$），电流互感器二次负载上的压降以 U_i 表示，即：

$$U_{P-Q} = U_i = I'_1(Z_2 + Z_L) \tag{10-8}$$

在图 10-16，10%误差曲线交纵轴于 A_1 点，当 $I'_e = I'_1$ 时，$I_2 = 0$，从而 $U_{P-Q} = 0$，交横轴于 B_1 点。由图 10-15 可知，U_{P-Q} 与 E_2 为同一个电压，因此，在图 10-16 上做 $U_i = I'_1(Z_2 + Z_L)$ 与 $E_2 = f(I'_e)$ 曲线，得交点 C_1。所以 $I'_1 = 152.38A$，$Z_2 + Z_L = 4.44\Omega$ 时，$U_i = 674.88V$，即 A_1 点坐标为（0，674.88），B_1 点坐标为（152.38，0）。做 $A_1 B_1$ 连线，与 $E_2 = f(I'_e)$ 曲线相交于 C_1 点，求出 C_1 点的横坐标 $OD_1 = 77A$。于是，电流互感器在 $I_D = 19\,047A$、$Z_2 + Z_L = 4.44\Omega$ 时的误差为

$$\Delta I = I'_e / I'_1 = 77/152.38 = 50.53\%$$

取 $\Delta I = 50\%$。 $\tag{10-9}$

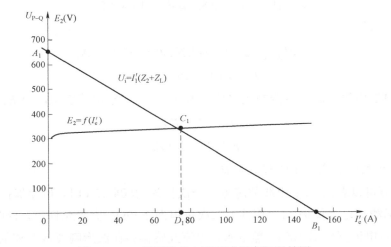

图 10-16　做图法求电流互感器实际误差图

6. 电流互感器误差为 50%时母差保护的动作情况分析

（1）电流互感器完全饱和时，母差保护的等效回路如图 10-17 所示。图中，差回路电流为：

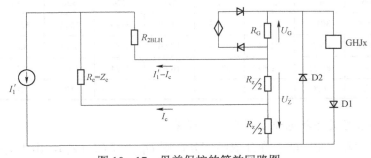

图 10-17　母差保护的等效回路图

$$I_c = [(R_{2BLH} + R_z/2)/(R_c + R_{2BLH} + R_z/2)] I_1' \qquad (10-10)$$

（2）分析 50%误差下母差保护动作情况，母差保护等效回路如图 10-18。电流互感器的等效阻抗为：

$$Z_e' = E_2/I_e' = 322.1/38 = 8.48（\Omega） \qquad (10-11)$$

忽略 Z_2 及电流互感器二次回路电缆、辅助电流互感器阻抗，则

$$R_{2BLH}' = n_{FLH}^2 Z_e' = (5/0.3)^2 \times 8.48 = 2355.56（\Omega） \qquad (10-12)$$

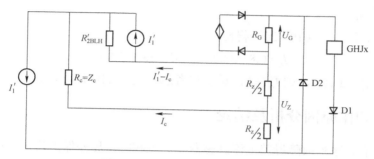

图 10-18　母差保护等效回路图

由式（10-11）可推导出：

$$I_c R_c = (I_1' - I_c)R_{2BLH} + (I_1' - I_c)R_z/2 \qquad (10-13)$$

由图 10-12 的等效电路可以得出：

$$I_c R_c = (I_1' - I_c - I_1'') R_{2BLH}' + (I_1' - I_c)R_z/2 \qquad (10-14)$$

由于从做图法中得出 $\Delta I = 50\%$，所以

$$I_1'' = I_1'/2 \qquad (10-15)$$

将式（10-16）代入式（10-15），整理得，

$$I_c = I_1'(R_{2BLH}'/2 + R_z/2)/(R_c + R_{2BLH}' + R_z/2) \qquad (10-16)$$

其中：　　　　　　$R_c = 110\Omega$，$R_z = 10.66\Omega$

则 $I_c = 76.2 \times 0.479 = 36.50（A）$

$$I_c' = \sqrt{2} I_c/n_{FLH} = \sqrt{2} \times 36.50 \times 0.3/5 = 3.10（A）（瞬时值） \qquad (10-17)$$

故障时刻流入母差保护选择元件及启动元件的电流为

$$I_{BPH}' = \sqrt{2}(I_1' - I_1'')/n_{FLH} = \sqrt{2} \times 38 \times 0.3/5 = 3.22（A） \qquad (10-18)$$

在理想状态下，母差保护的动作方程为

$$I_c = aI_{BPH} \qquad (10-19)$$

其中：$a = R_z/(n_{CLH}R_G + R_z/2) = 0.8$（出厂前整定好），实际的 $a' = I_c'/I_{BPH}' = 3.10/3.22 = 0.963$，大于 0.8，说明保护将动作。考虑实际回路中，$U_G > U_z$ 时保护动作，则有：

$$I_c = aI_{BPH+} \qquad (10-20)$$

其中：$K = I_{GDZ}(R_{GHJ} + R_G + R_z)/(n_{CLH}R_G + R_z/2) + U_{D1}/(n_{CLH}R_G + R_z/2)$

根据厂家提供的数据，可知：

I_{GDZ}：干簧继电器动作电流，0.045A；

U_{D1}：二极管正向压降，0.7V；

R_{GHJ}：干簧继电器线圈电阻与所串电阻，100Ω；

n_{CLH}：差变流器变比，1:4；

R_G：工作电阻，2Ω；

$R_z/2$：制动电阻，5.33Ω；

求得 $K=0.433A$。

将 K 值、a 值代入式（10—20）得出：

$$I_c = 0.8 \times 3.22 + 0.433 = 3.01（A）$$

根据实际计算，$I_c' = 3.10A$，则 $I_c' > I_c$，说明在考虑系数 K 的情况下，保护可以动作。

三、保护动作原因分析及结论

从试验结果看，区外故障母差电流互感器完全饱和时，母差保护将误动作；根据对试验数据进行计算可知，在故障电流下电流互感器误差将达到 50%，此误差下母差保护将误动作。因此可以得出，母差保护动作的原因是由于故障时母差保护电流互感器二次故障电流波形畸变，误差过大，造成的母差保护误动作。

第五节　交流电源窜入直流系统造成断路器跳闸案例

2013 年 6 月 9 日 14 时 21 分 20 秒，YN 变电站 500kV 四串联络 5042 断路器 B 相在无保护动作情况下跳闸，重合成功。

一、异常前运行方式及异常经过

1. 异常前运行方式

500kV 为 3/2 接线方式，第四串为不完整串，5043 为 DN 线Ⅱ母线侧断路器，5042 为四串联络断路器。

220kV 接线方式为双母线接线，分裂运行。

2 号主变压器带Ⅳ母运行，接有 YJ#2 线、YH#2 线、YL#2 线、LY#2 线。3 号主变压器带Ⅲ母运行，接有 YJ#1 线（新建线路、未投运）、YH#1 线、YL#1 线、LY#1 线，母联断路器在分位。

当日系统无异常，小雨天气；省送变电公司在现场进行新扩建的 220kV　YJ#1 线保护Ⅰ屏带开关传动试验工作，开有变电第一种工作票一张，其余无作业。

2. 异常经过

14 时 21 分 20 秒，变电站后台监控系统显示 5042 断路器第二组出口跳闸，重合闸动作，

#1 充电屏直流母线绝缘故障，其余无异常现象。

现场检查一次设备无异常，5042 断路器 B 相计数器动作一次；DN 线两套线路保护均未动作，5042 断路器辅助屏重合闸动作灯亮，B 相分闸灯亮。

二、设备简介

1. 一次设备

5042 断路器为北京 ABB 公司 2011 年产品，型号为 550PM63—40 型 500kV 断路器，操动机构采用液压弹簧机构，于 2011 年 10 月 28 日投运。

220kV YJ#1 线断路器为新东北电气（沈阳）高压开关有限公司 2011 年产品，型号为 LW54A—252，弹簧机构，基建正在调试，未投入正式运行。

2. 保护装置

DN 线保护 I 屏为南瑞继保 RCS931DM 产品，II 屏为北京四方 CSC103A 产品，5043 断路器辅助屏为北京四方 CSC121A 产品，整套保护装置 2011 年 10 月 28 日投运，2012 年 3 月进行全部定检。

5042 断路器辅助屏为北京四方 CSC121A 产品，2011 年 10 月 28 日投运，2012 年 3 月进行全部定检。

220kV YJ#1 线保护 I、II 屏为深圳南瑞 PRS−753 产品，操作箱为深圳南瑞 WBC−11D 产品，整套保护装置 2011 年生产，当时正在调试。

3. 变电站二次直流系统

变电站两套直流系统均为烟台东方电子 2009 年产品，2009 年 11 月投运。

三、异常查找

鉴于当 5042 断路器跳闸时存在直流接地现象，同时省送变电公司正在进行扩建的 220kV YJ#1 线保护带开关传动试验，所以重点检查二次回路。

1. 直流接地点查找

通过排查，发现 500kV DN 线联切 5042 断路器电缆（编号 42W−125）的 1 芯（233B−B 相第二组跳闸）对地绝缘为零。该电缆为 DN 线保护屏 II 至 5042 辅助屏的屏间电缆（共 7 芯，使用 6 芯），型号为 ZR—KVVP2，长度 20m。现场更换备用芯后，直流接地现象消失。

2. 保护装置及二次回路检查

对 DN 线和 5042 断路器的保护装置及二次回路进行检查，未发现异常现象和保护动作信息。

3. 直流绝缘检查装置检查

220kV 保护小室 I、II 段直流馈线屏在 14 时 20 分 55 秒和 14 时 20 分 00 秒，分别发生直流接地故障，I 段 1min 后复归。此时送变电公司正在该室进行 YJ#1 线第一套保护（设计接在第 II 段直流母线）传动试验。

静接点　　　动接点

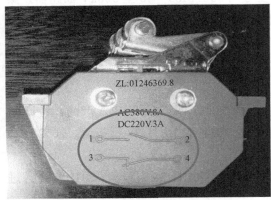

图 10-19　断路器行程开关接点图

路器合闸回路如图 10-21 所示。

500kV 保护小室 Ⅱ 段直流馈线屏在 14 时 20 分 10 秒发生直流接地。14 时 21 分 19 秒，5042 断路器第二组操作电源发出接地告警信号，同时断路器跳闸。

4. 5042 断路器检查情况

对 5042 断路器进行检查，弹簧压缩量刻度、气压均正常，操动机构未发现异常。B 相第二组跳闸线圈的动作电压 100V，满足要求（合格范围为 66～143V）。

5. 其他

送变电公司现场人员反映，新建 220kV YJ#1 线断路器合闸时发生直流瞬间接地现象，不是每次都有，但频率较高。经查原因为：由于行程开关交流和直流共用一个动接点，致使断路器合闸储能时交、直流拉弧，交流瞬间串入直流而发生接地。行程开关接点如图 10-19 所示，储能电机控制回路如图 10-20 所示，断

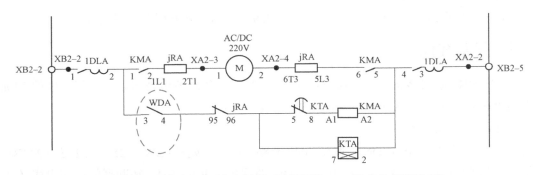

图 10-20　储能电机控制回路图（行程开关 3-4 接点为交流接点）

四、原因分析

1. 5042 断路器跳闸原因

5042 断路器跳闸前，送变电公司调试人员利用变电站运行直流电源进行 YJ#1 线保护带开关传动试验，致使交流串入直流（Ⅰ、Ⅱ 段直流同时接地），5042 断路器 42W—125 电缆 233B 芯接地后直接跳闸。

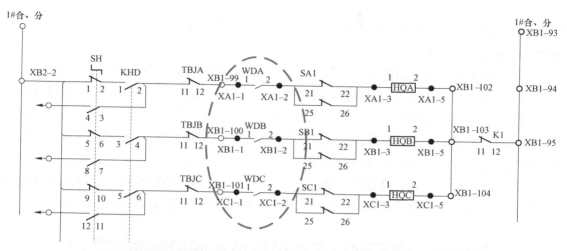

图 10-21 断路器合闸回路图（行程开关 1-2 接点为直流接点）

2. 5042 断路器 42W—125 电缆接地原因

2012 年 3 月，42W—125 电缆进行过绝缘测试，测试结果合格。控制电缆规程规定，交流耐压 3000V、5min 绝缘应无击穿现象，串入交流 220V 不会破坏绝缘。因此，该电缆 233B 芯串入交流后绝缘即刻破坏，说明原电缆绝缘存在薄弱点。

3. Ⅰ、Ⅱ段直流混连原因

YJ#1 线第一套保护采用Ⅱ段直流，第二套保护采用Ⅰ段直流，操作电源两段直流都用，合闸回路采用Ⅰ段直流。跳闸时，送变电公司调试人员利用系统直流进行第一套保护带开关传动试验，造成Ⅰ、Ⅱ段直流混连。交流电源窜入直流系统示意图如图 10-22 所示。

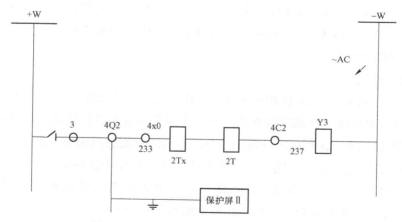

图 10-22 交流电源窜入直流系统示意图

五、整改措施

（1）应吸取事故教训，对变电站新设备调试现场加强管控。施工单位在调试新设备时，使用与运行直流参数匹配的调试直流电源，严禁使用变电站运行直流电源进行调试，以免影响运行直流电源的安全。

（2）立即更换同型号断路器的行程开关，确保交、直流回路可靠隔离。

（3）应及时更换 42W—125 电缆，并查明 233B 芯接地原因，防止再次发生类似故障。

（4）加强变电站直流系统的管理，严禁设计、安装、调试时发生两套直流乱用、混连，以及交流串入直流的现象。及时落实《国家电网公司十八项重大反事故措施》要求，变电站直流系统绝缘监测装置增加交流串直流的故障监测及报警功能。

（5）加强变电站二次回路管理，保护定检时必须进行二次回路绝缘测试。对经长电缆跳闸的回路，应加大出口继电器的动作功率，防止电缆分布电容导致出口继电器误动。

第六节　电压回路多点接地造成保护误动作案例

2002 年 2 月 17 日 6 时 26 分 53 秒，某网 220kV CF 线发生 B 相瞬时接地故障，故障点距 CD 厂 5km 处（线路全长 85km）。CD 厂 CF 线保护误跳三相断路器（该线路使用单相重合闸），重合闸未动作。

一、事故当时有关情况

CF 线配置两套 WXB—11 型微机保护，其中有一套微机保护带高频保护。

1. 保护动作情况

FC 侧 23ms 高频零序保护停信（GBIOTX），138ms 高频零序出口动作（GBIOCK），B 相断路器跳闸，B 相重合良好；CD 厂侧 21ms 接地距离 I 段出口动作（1ZKJCK），30ms 零序电流 I 段出口动作（I01CK），71ms 高频闭锁零序停信（GBIOTX），141ms 高频闭锁零序保护出口动作（GBIOCK）。

2. 故障录波情况

（1）故障后 220kV 二母线 B 相电压异常。由于故障点距 CD 厂很近，在故障后 B 相电压本应很低，但本次故障中 B 相电压在故障后一个周波内有尖波且在将近一个周波后 B 相电压很大，出现削波现象；B 相电压异常随着故障点故障电流的消失而恢复。

（2）各电流通道均出现有规则的向下的尖波，且与 B 相电压异常同时产生和消失。

（3）从开关量录波结果可看出，故障后 25ms 保护发出 B 相跳闸命令（对应接地距离 I 段动作），145ms 发三相跳闸命令（对应高频闭锁零序动作）。

（4）CD 厂故障后 86ms 时 B 相开关跳闸，178ms 时 A、C 相断路器跳开；FC 变电站故障后 175ms B 相断路器跳开。

（5）CD 厂 $3U_0$ 电压未录上。

（6）当时 CD 厂 220kV 母线固定接线方式：CF 线、1 号主变压器在 II 号母线；长平线、水长线、2 号主变压器在 I 号母线；一号机、二号机停止运行。故障时，220kV II 号母线 TV

二次侧 B 相熔丝熔断。

二、存在的疑点

从微机保护打印报告及故障录波结果来看，FC 侧保护动作正确，CD 侧保护存在以下疑点：

（1）在系统发生单相接地故障时，高频零序保护本应在 30ms 之内出口动作，而本次故障中高频零序保护直到 141ms 才出口跳闸，从而导致了 CD 厂三相跳闸。

（2）在 CD 厂出口处发生 B 相单相接地故障时，B 相电压应很低，而本次故障中 B 相电压很高，甚至发生削波现象，且 B 相电压异常随着故障点故障电流的消失而恢复。

（3）故障时 220kV Ⅱ 号母线 TV 二次侧 B 相熔丝熔断。

（4）在 B 相电压发生削波时各电流通道均出现有规则的向下的尖波。

（5）录波器中Ⅱ号母线 TV $3U_0$ 电压未录上，而在微机保护采样报告中 $3U_0$ 电压均正常。

三、保护检查情况及分析

（1）对 CF 线两套微机保护分别做了模拟故障当时的故障电流及阻抗的保护动作试验，正方向故障时，两套保护装置动作均正确，重合闸经 1000ms 后出口动作；反方向故障时，两套保护均不动作。试验说明 CF 线两套微机保护无问题。

（2）对于 CD 厂侧微机保护，因为故障前三相电压正常，所以故障后微机保护采用自产 $3U_0$ 电压。由于故障后 B 相电压出现异常，因此保护用自产 $3U_0$ 电压不正确，使保护不能正确判断，造成高频零序保护不能瞬时动作。故障后 71ms 时高频闭锁零序停信，而此刻微机保护程序为防止功率倒向时保护误动作而加入 60ms 延时，致使 CD 侧保护经较长时间才出口三相跳闸。

（3）对 CD 厂 220kV TV 二次回路接地情况进行检查，发现只在保护室信号转接屏处有接地点；同时，从录波图中可看出故障后 A、C 相电压未发生偏移，也说明不存在有多个接地点问题。

（4）对录波器进行试验，在 B 相电压通道施加 250V 电压时，录波图 B 相电压发生削波现象，同时各电流通道均出现规则的向下的尖波，施加的电压越大，情况越严重，与故障时的录波图一致。

（5）在断开 220kV Ⅱ 号母线 TV 二次回路中性点接地点的条件下，测量全回路的绝缘电阻为零，经过对每个分支回路的查线及测量，发现 220kV 系统Ⅱ号母线 TV 二次侧 B 相电压 B621 与 6.3kV 系统 TV 二次侧 A 相电压 A612 通过电测表时钟装置在关口电测表处存在混电回路，混电回路如图 10-23 所示。

经过现场实际测量，正常运行时 220kV TV 二次电压与 6.3kV 侧 TV 二次电压之间大小与相位关系如图 10-24 和图 10-25 所示。

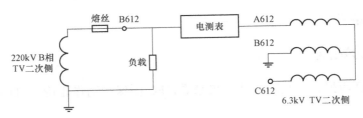

图 10-23　混电回路

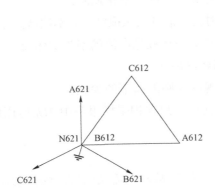

图 10-24　正常运行时实际测量电压

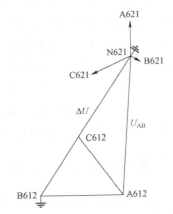

图 10-25　电测表回路引入干扰电压相量示意图

在系统正常运行时，220kV 侧电压 B621 与 6.3kV 侧电压 A612 之间电压为 57V，由于电测表阻抗呈高阻，因此系统正常运行时无法发现混电现象。在此次故障中，CF 线出口发生单相接地故障，零序电流达 6300A，同时 CD 厂接地网电阻又偏大（0.83Ω，规程要求≤0.5Ω），在 6.3kV 与 220kV TV 二次侧两接地点处将产生较大的电位差ΔU，通过电测表回路将此电压引入到 220kV 母线 B 相 TV 二次回路中，相量示意图如图 10-25 所示。6.3kV 系统通过两个 Yd-11 结线变压器与 T 电厂 220kV 系统相连结（见图 10-25），因此认为 CF 线出口故障对 6.3kV 系统电压影响不大（6.3kV TV 为仪表用电压，保护不用）。由于 TV 二次绕组内阻较小，使 TV 二次侧 B 相熔丝熔断（录波图中 B 相电压故障后约 20ms）。当 TV 二次侧 B 相熔丝熔断后，ΔU_{AB} 电压加到 B 相 TV 二次负载上，使 B621 电压变大且有杂波出现，造成 B 相电压异常。

将电测表按正确方法接线，在断开 220kV Ⅱ 母线 TV 二次回路中性点接地点的条件下，测量全回路的绝缘电阻无问题。图 10-26 证明了是 220kV TV 二次侧 B 相电压与 6.3kV TV 二次侧 A 相电压经电测表混电造成故障后 B 相电压异常。

（6）故障后故障录波器电压通道中未录

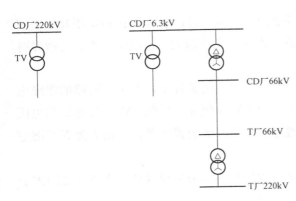

图 10-26　CD 厂电压回路示意图

取 $3U_0$ 电压，经反复试验及查线，确认故障录波器装置及其二次接线均良好，具体原因待进一步检查。

四、结论

（1）CF 线两套微机保护装置工作正常。

（2）220kV TV 二次侧 B 相电压与 6.3kV TV 二次侧 A 相电压经电测表混电，在系统发生单相接地故障时，使微机保护用的电压回路出现异常，导致高频闭锁零序保护在单相故障时误跳三相。

五、吸取教训

（1）对电测表电压回路按正确接线进行接线。

（2）应明确其他专业在与保护有关联回路作业时的相关规定，避免产生寄生回路而影响保护正确动作。

（3）应对 CD 厂接地网进行改造，使接地网的接地电阻值满足规程要求。

第七节 一次系统谐振过电压导致发电机组断路器跳闸案例

一、事故概况

2013 年 9 月 25 日 3 时 22 分，某网 500kV D 电厂进行 BB#1 线投运操作——合#2 机组 500kV 侧 50331、50332 隔离开关，其顺序为先合 50332 隔离开关，后合 50331 隔离开关。6 时 6 分合 50331 隔离开关时，5032 断路器跳闸，检查#2 发变组保护 C 屏、D 屏"主变过激磁高定值"动作造成#2 发变组 5032 断路器跳闸。

当时电厂 500kV 系统情况：5031、5032 在合位，Ⅰ母、BB#2 线带电运行，启备变压器在Ⅰ母运行，#2 主变压器经 5032 断路器直接输出至 BB#2 线；Ⅱ号母线不带电，5033 在断位，50332 隔离开关在合位；第一串设备停运；BB#1 线不带电。一次系统第二、三串断路器接线如图 10-27 所示。

二、设备检查情况

1. 一次设备

现场检查一次设备，50331、50332 隔离开关及 5032 断路器无异常，其他设备未见异常。

2. 二次回路检查

#2 发变组保护 C 屏、D 屏主变压器过励磁电压回路分别取自#2 主变压器出口 CVT 第 1 组、第 3 组二次绕组，且对二次电压回路检查接线正确，二次回路电缆绝缘电阻大于 10MΩ。

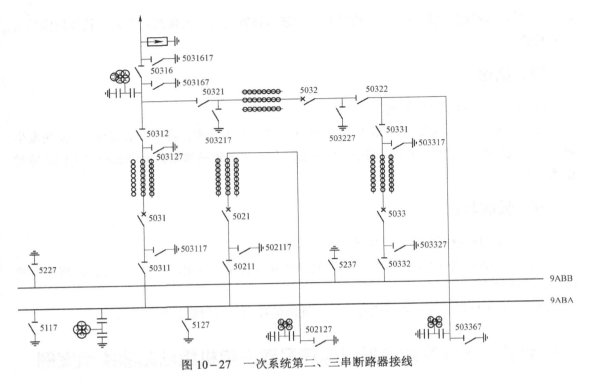

图 10-27　一次系统第二、三串断路器接线

3. 保护配置及动作情况

2 号发变组保护配置双套保护，各保护的测量、逻辑和逻辑出口回路独立。两套主变压器过励磁保护分别装设在 C、D 屏中。

保护动作后，对动作情况进行了检查。保护 C、D 屏中装置没有动作报告，保护 E 屏管理机也没有动作报告，但是在故障录波器中却记录了保护动作波形。主变压器高压侧电压波形如图 10-28 所示。

4. 故障录波器动作情况

电厂#2 发变组故障录波器启动正常，500kV 变电站内故障录波器未启动，因#2 机组当时负荷为 400MW，电流突变量定值设定 0.12A，故障时未达到其设定值，因此没有启动。

故障录波器录制的#2 主变压器高压侧三相电压波形如图 10-29～图 10-31 所示。

三、原因分析

1. #2 主变压器过励磁保护

主变压器过励磁保护取自主变压器高压侧电压信号，测量谐波电压值，其值达到设定值时，发出报警、跳闸等信号。此次 5033 断路器跳闸，是#2 主变压器过励磁保护动作发出的信号，检查保护面板，跳闸灯亮，保护主变压器过励磁高定值动作指示灯亮。说明回路出现谐波电压。

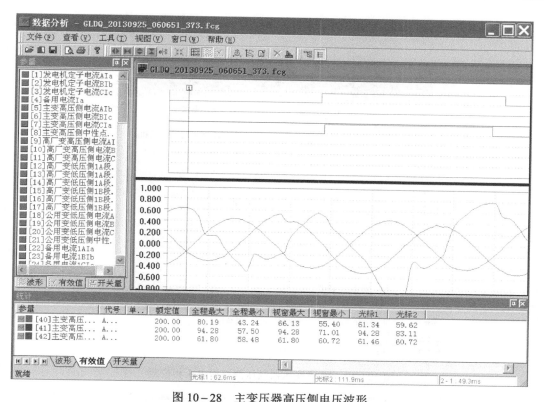

图 10-28　主变压器高压侧电压波形

注：开关量为保护 D、C 屏动作波形；模拟量波形：红 A 相，浅蓝 B 相电压，绿 C 相。

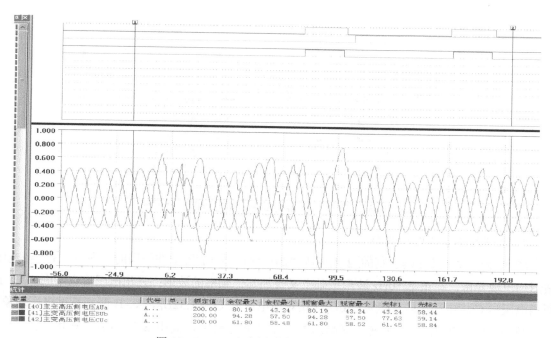

图 10-29　#2 主变压器高压侧三相电压波形

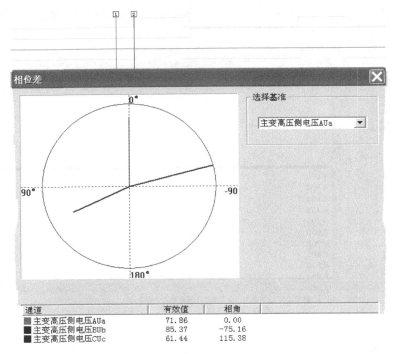

图 10-30　#2 主变压器高压侧三相电压相位差

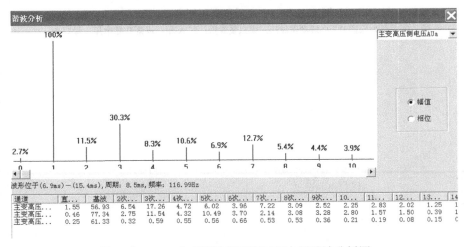

图 10-31　#2 主变压器高压侧三相电压谐波分析图

2. 故障录波器的电压波形

#2 发变组故障录波器录制的#2 主变压器高压侧的电压波形,在一段时间段 A、B 两相电压波形均出现异常,在正常 50Hz 波形基础上又叠加其他频率的波形;三相电压值也不同,A、B 两相电压与 C 相电压比较,$U_A = 1.30 U_C$(相对地电压)、$U_B = 1.52 U_C$,A、B 两相有过电压现象。

故障录波器给出了#2 主变压器高压侧电压谐波分析图,其中 3 次谐波分量可达到 29% 以上,4 次、5 次、7 次谐波分量达到 7% 以上,2 次谐波分量达到 14% 以上。

相关标准要求，系统电压波形中总谐波分量（与基波分量比较）应小于 3%。

3. 一次系统操作回路

在执行"合#2 机组 500kV 侧 50331、50332 刀闸"指令时，电厂 500kV 系统情况，Ⅰ母、BB#2 线带电，启备变在Ⅰ母线上，#2 主变压器经 5032 断路器直接输出至 BB#2 线；Ⅱ母不带电，与 50332 隔离开关连接，在 50331 隔离开关"合闸"前，50332 隔离开关已与Ⅱ母连接。50331 隔离开关"合闸"，相当于进行隔离开关带空母线"合闸"操作。虽然 50331 和 50332 隔离开关之间的 5033 断路器处于分开状态，但 5033 断口有均压电容并联，即 50331 隔离开关与Ⅱ母通过 5033 断口均压电容连接。

这种操作可能会出现过电压和谐振的异常现象。当出现过电压时，可以用避雷器进行限制，对系统危害不大；当系统中的电感（带铁芯的）和电容元件进行操作或发生故障时，电感和电容元件形成振荡回路，在一定频率的电源作用下会产生谐振现象。

根据故障录波器录制的电压波形及谐波分析，此次 50331 隔离开关"合闸"操作，可能发生了谐振现象。其原因是一次系统操作回路有#2 主变压器、断路器断口均压电容、空载Ⅱ母线的对地电容及其他杂散对地电容等，构成电感和电容振荡回路，持续时间为 180ms。

四、结论

D 电厂#2 机组跳闸事件的主要原因是 50331 隔离开关的"合闸"，发生一次系统谐振过电压，导致#2 主变压器过励磁保护动作，#2 发变组 5032 断路器跳闸。

五、整改措施

1. 改变操作顺序

在相同一次系统回路下，改变原来的合闸顺序，改为先合 50331 隔离开关、后合 50332 隔离开关，可能会降低谐振事件发生的概率。其理由是：

（1）先合 50331 隔离开关，50331 隔离开关至 5033 段导线及 5033 的断口电容带电。

（2）后合 50332 隔离开关，50332 隔离开关至 5033 段导线通过 5033 的断口电容带电，其电压值比正常相对地电压值低。

（3）50331 和 50332 隔离开关与 5033 连接导线段的对地杂散电容，会因为导线带电而有所改变。

上述三种状况中两个参数有变化：一是合闸瞬间的电压有变化；二是一次系统参数对地杂散电容有变化。这样可以破坏产生谐振的条件。

2. 改变一次系统参数

改变参数即改变电容、电感。改变电感参数的方法有两个：一是在主变压器中性点加装电抗器，正常运行时，将中性点电抗器短路接地，进行操作时将中性点电抗器投入；二是母线上加装电抗器，母线空载时将电抗器投入，正常运行时将电抗器断开。改变电容即在母线上加装电容器，其运行方式与母线加装电抗器相同。

第十一章 安全稳定自动装置

第一节 安全稳定自动装置的概念

安全稳定自动装置是指用于防止电力系统稳定破坏、防止电力系统事故扩大、防止电网崩溃及大面积停电，以及恢复电力系统正常运行的各种自动装置的总称。主要包括稳定控制装置、失步解列装置、低频减负荷装置、低压减负荷装置、过频切机装置、备用电源自投装置、水电厂低频自启装置、输电线路的自动重合闸等。

一、安全稳定自动装置的构成

一般说来，安全稳定自动装置主要由以下四部分构成：

（1）启动部分：检测系统中的事故扰动情况，如功率/电流突变量等启动条件。

（2）检测部分：判断电网故障类型，检测系统频率、电压等异常情况，判别系统振荡。

（3）决策部分：确定控制对象和控制量，如切机/切负荷、回降/提升直流输电功率（可按挡位控制）、投/切电容器/电抗器等。

（4）执行部分：实现控制措施执行的出口控制逻辑，并传动到控制对象的执行机构中。

以 CSS—100BE 装置为例，介绍一下安全稳定自动装置的硬件构成。该装置根据功能不同分为主控单元、I/O 单元、通信单元三个部分。

主控单元主要由策略处理模件、管理模件、开入模件、开出及信号模件等组成。策略处理模件主要负责和 I/O 单元、通信单元的通信处理，双机配置时双机数据交换处理，控制决策等；管理模件负责键盘管理、数据画面显示和外部系统的通信、故障录波和动作报告的存储、事件记录等、GPS 对时处理等；开入模件用来接入各功能压板、断路器位置、保护跳闸接点等开关量输入信号；开出及信号模件主要负责控制命令或信号的输出。主控单元功能框图如图 11－1 所示。

I/O 单元是装置与外部直接接口、采样分析、出口输出的单元。通过光纤与主控单元连接，主要完成数据的采集、计算、单元故障判断以及与主控单元的通信功能。I/O 单元功能框图如图 11－2 所示。

通信单元把主控单元通过光纤接口传送来的数据转换为 8 路 E1/64K 同向接口数据，以便接入 SDH 光传输设备或者 PCM 脉码调制复接设备，通过数字通信网络传输到对侧，如

图 11-3 所示。

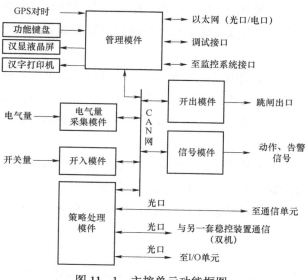

图 11-1　主控单元功能框图

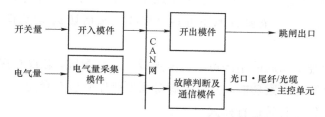

图 11-2　I/O 单元功能逻辑图

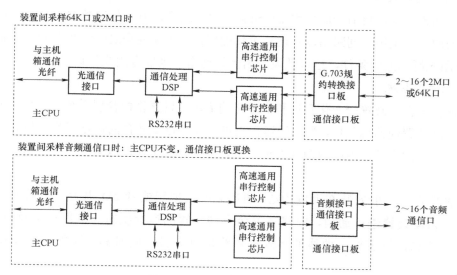

图 11-3　通信单元功能逻辑图

二、安全稳定控制系统的构成

安全稳定控制系统由控制主站、控制子站、执行站及站间通道组成；一般在调度中心还设有安全稳定控制管理系统，对安全稳定控制系统进行监视和管理。

1. 控制主站

控制主站一般安装在枢纽变电站，与各控制子站进行信息交换，收集全网信息，自动识别电网运行方式，综合判断系统故障和控制决策，向控制子站发送控制命令。控制主站装置应为双套配置，根据控制方案的不同，两套装置可以采用并列运行、主辅运行等运行模式。

2. 控制子站

控制子站一般安装在重要的变电站或电厂，监视本站出线及主变压器等设备运行状态，将信息上送主站；接收控制主站下发的控制命令及其他重要信息，进行本站就地控制，向有关执行站发送控制命令。控制子站装置应为双套配置，两套装置可以采用并列运行、主辅运行等运行模式。

3. 执行站

执行站一般安装在需要执行切机或切负荷控制措施的电厂及变电站，将本站控制量上送至上一级子站或主站，接收上一级子站或主站下发的控制命令，并按要求选择被控对象，进行输出控制，根据需要就地还可具有出线过负荷切机/切负荷、低频低压切负荷等功能。

根据控制策略及控制措施的不同可单套配置或者双套配置。若仅有接收远方命令功能时可单套配置；若具有策略搜索功能，并且控制量需要排序时应双套配置。双套配置的执行站可以采并列运行、主辅运行等运行模式。

4. 站间通道及接口

以光纤通道为主，目前一般采用 2Mbit/s 复用光纤通信方式传送数据和命令。双套安全自动装置的通道应采用不同路由以实现双重化配置，双重化通道之间应相互独立。若不具备 2Mbit/s 复用光纤的通信条件，也可敷设专用光纤通道，采取专用光纤通信的方式。

5. 稳控管理系统

为适应安全自动装置统一化管理和信息化的需求，设置稳控管理系统。该系统主要用于电网安全自动装置的信息监控，为一线运行人员对安全自动装置的运行行为分析和现代化运行管理提供必要的支持，为电网调度人员安全、准确、迅速处理电网事故提供信息支持与辅助决策。

稳控管理系统一般安装在调度中心，通过调度数据网或者 2M 电力专用通道与辖区电网中各安全自动装置进行通信，收集各安全自动装置的运行状态、事件记录及数据记录、装置的异常信息，以表格、曲线的形式提供给运行人员，同时具备下发控制策略表、定值等功能。

第二节　常见安全自动装置的基本原理

常见的安全稳定自动装置一般用于终止异步运行状态的控制、限制频率异常降低或升高的控制、限制电压异常降低或升高的控制、限制过负荷的控制等。实际电网中采用了针对上述需求的各类产品。

（1）为保证预想故障下的系统稳定性而采取的紧急控制装置，如 CSS—100BE 型分布式稳定控制装置。

（2）在发生极端严重故障导致系统稳定破坏的情况下，为防止全系统崩溃，需要配置失步解列装置，如 CSC—391 型失步解列装置。

（3）在系统故障或解列控制时，系统接线的完整性可能被破坏，有功和无功功率的平衡状态也可能被打破。为防止系统频率大幅偏离正常范围，需要配置频率紧急控制装置，如 CSS—100BE/FV 型频率电压紧急控制装置。

（4）限制过负荷装置，如 CSS—100BE 型分布式稳定控制装置。

（5）简单或复杂系统备自投，有时还应兼有解决备用电源投入后稳定问题的功能。

一、分布式安全自动装置的原理

分布式安全自动装置应能够适应电网暂态稳定控制、频率稳定与电压稳定控制、系统主变压器或线路过负荷控制等需要。目前，广泛采用安全稳定控制装置实现区域性安全稳定控制，例如 CSS—100BE 装置、RCS—990 装置。下文以 CSS—100BE 型分布式稳定控制装置为例，从量测回路异常判别、运行状态及运行方式判别、故障判别三方面介绍分布式安全自动装置的工作原理。

1. 量测回路异常判别

量测回路异常判别主要包括 TA 和 TV 断线判据。

TA 断线判据：一般是根据 $3I_0$ 的大小来判断的。当装置判断出 TA 断线后，装置发信号报警。

TV 断线判据：一般是根据 $3U_0$ 的大小来判断的。当装置判断出 TV 断线后，装置发信号报警。

2. 运行状态及运行方式判别

（1）线路、主变压器及机组的投/停运行状态判据：

1）采用有功功率值与断路器位置相结合的方法，判断线路、主变压器、机组的投/停运行状态，其中元件的电压作为辅助判据。

2）采用有功功率值和电流判别线路的投/停运行状态。

3）对联络线，如采用 1）和 2）的方法还不能准确判断投运和停运（包括检修）（如对侧断路器跳闸），直接影响系统运行方式判别和控制策略的，在装置上宜采用投运压板或切换把手的方法，进行人工设置投停。

对于输送潮流可能很小的线路宜采用 1）判据；对于一般送电线路可以采用 2）判据，而不需接进断路器位置信号；对于重要的联络线，宜采用 3）判据；对于机组投停的判断，宜采用 2）判据。对于主变压器，宜采用 1）判据来判断，并应结合考虑主变压器高、中压侧的断路器位置信号来综合判断。

必要时可以通过无功和两侧装置协调配合来进行辅助判断，以进一步提高对元件投退判断的准确性和可靠性。

（2）直流极的投停判据：

1）根据直流系统提供的直流极运行状态来判别。根据直流极系统提供的直流极1、极2当前输送功率信号（一般为 $-10\mathrm{V}\sim+10\mathrm{V}$ 或 $4\sim20\mathrm{mA}$），和直流极1、极2闭锁信号来综合判断。

2）根据换流变压器的运行状态进行判断。用采集的换流变压器一次侧交流电压电流信号计算出来的有功功率值完全可以代表直流极的功率，并可以用功率判别直流极的投退。

（3）电网的运行方式及判别：电网的基本运行方式，比如冬大、冬小、夏大、夏小及特殊方式等均可以通过硬压板或软压板进行人工设置，安控装置优先确认人工设置的运行方式。在正常条件下安控装置根据测量的电气量、开关量自动判断线路、主变压器和机组的投停状态，自动判别系统的运行方式。一旦系统运行方式改变，安控装置能在 5s 内识别新的运行方式。如果通道暂时中断，方式又发生了变化，可由当地运行人员用适当干预的方法提供运行方式信息，以保证控制装置对运行方式识别的正确性。通过方式压板的人工投退来决定运行方式时，在出线出现跳闸故障时，方式自动切换成新的运行方式，以自动适应电网相继故障的情况。投入的方式压板和电网的实际运行方式进行实时校核，防止投入的方式压板和电网的实时运行方式不一致。当电网的运行方式和装置投入的运行方式压板不一致，立即发异常信号，闭锁装置，防止电网发生故障时而造成装置误动。

3. 故障判别

（1）装置的启动判据。为了在电网各种事故情况下装置能可靠启动并进入事故判别状态，而在正常运行情况下装置不会频繁误动，装置采用以下几种启动判据：

1）电流突变量启动：$\Delta I \geqslant \Delta I_s$（$\Delta I_s$ 为电流瞬时值突变量启动定值）。

2）功率突变量启动：$\Delta P \geqslant \Delta P_s$（$\Delta P_s$ 为功率突变量启动定值）。

3）过电流启动：$I \geqslant I_s$（I_s 为过电流启动定值）。

4）频率变化率启动：$|\mathrm{d}f/\mathrm{d}t| \geqslant (\mathrm{d}f/\mathrm{d}t)_s$ [$(\mathrm{d}f/\mathrm{d}t)_s$ 为频率变化率启动定值]。

5）过频或低频启动：$f \geqslant f_{hs}$ 或 $f \leqslant f_{is}$（f_{hs} 和 f_{is} 分别为过频、低频启动定值）。

6）电压变化率启动：$|\mathrm{d}U/\mathrm{d}t| \geqslant (\mathrm{d}U/\mathrm{d}t)_s$ [$(\mathrm{d}U/\mathrm{d}t)_s$ 为电压变化率启动定值]。

7）低电压启动：$U \leqslant U_{is}$（U_{is} 为低电压启动定值）。

8）相位角启动：作为失步振荡时 ΔP 启动的后备启动。

以上启动判据为"或"逻辑关系，其中任一判据满足都可以使装置进入启动状态。

（2）借助保护跳闸接点判断线路故障的判据。装置启动后，根据接入的分相跳闸信号及三相电压与三相电流的变化，能正确区分各种故障状态。

1）单相瞬时接地故障。突变量启动，至少有一相电流增加，至少有一相电压降低，有一相跳闸信号，并在一定时间内查不到其他跳闸信号，满足以上条件则判为单相瞬时故障。

2）单相永久性故障。突变量启动，至少有一相电流增加，至少有一相电压降低，有两相跳闸信号，两相跳闸信号之间的时间大于重合闸时间，满足以上条件则判为单相永久性故障。

3）转换性故障。在判断出单相瞬时接地故障后，接着在小于重合闸周期的时间内又出现三相跳闸信号，则判为单相转相间故障。

4）两相短路故障。突变量启动，至少有两相电流增加，至少有两相电压降低，有两相跳闸信号，两相跳闸信号之间的时间小于重合闸时间，满足以上条件则判为两相故障。

5）三相短路故障。装置启动后同时出现三相跳闸信号或三相断路器位置接点变化，且三相电压均突然降低、电流突然增加。

6）保护误动引起跳闸。在装置启动前收到跳闸信号或者断路器位置接点变化信号，且三相电压都在正常运行范围内、电流无突然增加但却出现突然降低至投运值以下。

7）双回线路故障的判别。

a. 同杆架设双回线路故障的判别：

a）同名相瞬时故障。装置启动，两回线路分别判出单相瞬时故障，两回线路发生单相瞬时故障时的跳闸相相同。

b）同名相永久性故障。装置启动，两回线路发生同名相瞬时故障，两回线路分别判断出单相永久性故障。

c）异名相瞬时故障。装置启动，两回线路分别判出单相瞬时故障，两回线路发生单相瞬时故障时的跳闸相不同。

d）异名相永久性故障。装置启动，两回线路发生异名相瞬时故障，两回线路分别判出单向永久性故障。

b. 非同杆架设的双回线路故障的判别：在一个启动周期内，分别判出两回线路故障。

8）主变压器故障不需要区分是单相还是三相故障，判别方法同线路。

（3）不借助保护跳闸接点判断线路故障的判据。判断故障的前提条件是，必须等断路器完全跳开后才能作出判断。

1）短路故障跳闸。突变量启动，故障前功率大于 P_{s1}，故障后功率小于定值 P_{s2}，至少有一相电流增加，至少有一相电压降低，断路器位置接点变化，满足以上条件则判为短路故障跳闸。

2）传统的线路无故障跳闸的判断。突变量启动，$P_{-0.2s} \geqslant P_{s1}$（事故前 0.2s 时的功率大于功率定值 P_{s1}），$P_t < P_{s2}$（事故后的功率小于功率定值 P_{s2}），有两相电流满足 $I < I_{s1}$（I_{s1} 为线

路投运电流定值），$\left|\Delta I\right|=\left|I_k-I_{k-0.02s}\right|\geqslant\Delta I_s$（电流有效值在 20ms 前后之差大于定值 ΔI_s），有两相电压满足 $U>U_{nls}$（U_{nls} 为定值），$t\geqslant t_{TS}$（t_{TS} 为满足上述条件后的延时定值，一般取 0～60s），同时满足以上条件，则判为无故障跳闸。

3）基于本地电气量的无故障跳闸新判据。

a. 扰动前 200ms 的线路功率 $\left|P_{-0.2s}\right|\geqslant$ 定值 P_{s1}。

b. 扰动中前后 20ms 的线路电流有效值变化量 $\left|\Delta I\right|=\left|I_k-I_{k-0.02s}\right|\geqslant$ 定值 ΔI_s。

c. 扰动后有两相电流有效值 $I\leqslant2\%I_n$（I_n 为线路额定电流）。

d. 扰动后线路功率 $\left|P_t\right|<$ 定值 P_{s2}。

e. 扰动后有两相电流有效值 $I\leqslant$ 定值 I_{s1}（I_{s1} 稍大于线路的充电电流）。

f. 扰动后测量阻抗及功率因数等于线路开路时的数值。

装置启动后同时满足条件 a、b、c、d 四个条件，经延时 T_{s1} 后则判为本侧无故障跳闸。装置启动后同时满足 a、b、d、e、f 五个条件，经延时 T_{s1} 后则判为对侧无故障跳闸。

4）线路过负荷判据。采用电流或功率作为线路过负荷的判断量，并用过电流或功率的倍数进行定时限或反定时限判断，线路过负荷一般使用电流来判断，功率和功率方向可以作为辅助判据。分别设置过负荷告警、过负荷启动和过负荷动作轮。

过负荷各动作轮次同时独立判断，没有先后关系，与过负荷启动组成"与"逻辑才能动作出口。基本框图如图 11-4 所示。图中，I 表示电流值；P 表示有功功率值；t 表示延时计数器；I_{gj} 表示过负荷告警电流值；P_{gj} 表示过负荷告警功率值；I_{qs} 和 P_{qs} 分别为启动电流值和启动功率值；t_{gj} 为告警整定延时；t_{qs} 为启动整定延时；I_{gl1} 和 P_{gz1} 分别为过负荷第一轮动作的电流值和功率值，I_{gl1} 和 P_{gz1} 以此类推；t_{s1} 为过负荷第一轮动作整定延时，t_{s2} 以此类推。

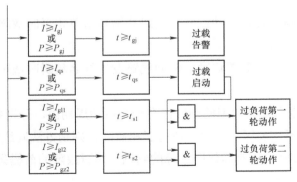

图 11-4　过负荷判据基本框图

5）母线相间故障判据。

a. 母线电压突然降低，且正序电压变化率 $\left|dU_1/dt\right|\geqslant\left(dU_1/dt\right)_s$。

b. 母线正序电压 $U_1\leqslant U_{1s}$（判断相间故障，U_{1s} 可取 $55\%U_N$）。

c. 查到有母差动作信号。

6）直流双极故障检测判据。根据直流系统提供的信号辅以交流侧电气量的变化进行判别。直流系统提供以下信号：

a. 直流极 1、极 2 投退信号。

b. 直流极 1、极 2ESOF 信号。

c. 直流极 1、极 2 闭锁信号。

d. 直流极 1、极 2 当前最大可输送功率值。

装置收到直流极 1、极 2ESOF 信号或直流极 1、极 2 闭锁信号，同时换流变压器交流测电气量的变化满足定值则判为直流双极故障。

7）机组失磁判断。

a. 突变量启动。

b. $-Q_t \geqslant Q_{s1}$。

c. $U \leqslant U_{s3}$。

d. $t \geqslant t_{sc}$。

二、频率电压紧急控制装置的原理

目前国内应用比较多的是 CSS—100BE/FV 型频率电压紧急控制装置、RCS—994 型频率电压紧急控制装置等。下面以 CSS－100BE/FV 为例，详细介绍频率电压紧急控制装置的工作原理。

1. 电压、频率的测量方法

装置对输入的两段母线交流电压进行采样，一个工频周期采样不小于 24 点。分别对两组电压进行计算，得到两组电压有效值进行判断。加速切电压变化率和频率变化率均采用 100ms 的周期（数据窗）连续进行计算，闭锁低压功能电压变化率采用 40ms 的周期（数据窗）进行连续计算。

2. 两段母线电压频率的切换方法

两段母线电压示意图如图 11－5 所示。

（1）母联闭合时的切换方法。

当母联闭合时，认为两段母线电压为一个系统，因此该系统的频率值应该相同，切除负荷或机组也应该统一处理。两组母线电压均正常时，I 母线、II 母线必须满足动作条件，才能动作出口。当一组母线电压消失或 TV 断线时装置自动选用另一组母线电压进行判断，装置仍能正常运行，但延时发出该母线电压消失或 TV 断线的告警信号。当两组母线电压均不正常时，装置闭锁出口，延时发出装置闭锁警告信号。

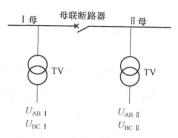

图 11－5 两段母线电压示意图

（2）母联断路器打开时的切换方法。

当母联断路器打开时，认为两段母线电压为两个系统。此时两个系统的频率值可能不同，切除负荷或机组应该分别处理母线所带的出线负荷或机组。

两组母线电压均正常时，装置对Ⅰ母线、Ⅱ母线电压、频率分别进行判断，如果满足动作条件，则切除该段母线所带出口，判断的电压、频率取同一母线的电压、频率。当一组母线电压消失或 TV 断线时，则该段母线所对应的出口回路则闭锁。而另一组母线电压则正常判断，装置仍能运行，但延时发出该母线电压消失或 TV 断线的告警信号。当两组母线电压均不正常时，装置闭锁出口，并延时发出装置闭锁告警信号。

3. 低频动作原理

低频动作原理过程逻辑如图 11-6 所示，图中：U 为判断所使用的电压有效值，f 为判断所使用的频率，df/dt 为计算出的频率变化率，U_N 表示额定电压值，K_2 表示判断母线电压过低的定值，f_{qls} 为低频启动定值，t_{fqls} 为低频启动延时定值，$f_{ls1} \sim f_{ls5}$ 和 $f_{le1} \sim f_{le3}$ 为低频动作整定值，$t_{fls1} \sim t_{fls5}$ 和 $t_{fle1} \sim t_{fle3}$ 为对应延时定值，df_{ls1} 和 df_{ls2} 为频率下降需要加速切除负荷的变化率整定值，df_{ls3} 表示频率下降速率过大的整定值。

（1）低频自动减负荷的判别式如下：

$f \leqslant f_{qls}$、$t \geqslant t_{fqls}$	低频启动
$f \leqslant f_{ls1}$、$t \geqslant t_{fls1}$	低频第一轮动作
若 $df_{ls1} \leqslant -df/dt < df_{ls2}$、$t \geqslant t_{fld1}$	低频切第一轮，加速切第二轮
若 $df_{ls2} \leqslant -df/dt < df_{ls3}$、$t \geqslant t_{fld2}$	低频切第一轮，加速切第二、三轮
$f \leqslant f_{ls2}$、$t \geqslant t_{fls2}$	低频第二轮动作
$f \leqslant f_{ls3}$、$t \geqslant t_{fls3}$	低频第三轮动作
$f \leqslant f_{ls4}$、$t \geqslant t_{fls4}$	低频第四轮动作
$f \leqslant f_{ls5}$、$t \geqslant t_{fls5}$	低频第五轮动作

以上五轮按箭头顺序动作。三轮长延时特殊轮其动作逻辑为：

$f \leqslant f_{qls}$、$t \geqslant t_{fqls}$	低频启动
$f \leqslant f_{le1}$、$t \geqslant t_{fle1}$	低频特殊第一轮动作
$f \leqslant f_{le2}$、$t \geqslant t_{fle2}$	低频特殊第二轮动作
$f \leqslant f_{le3}$、$t \geqslant t_{fle3}$	低频特殊第三轮动作

（2）异常情况时防止装置低频误动的闭锁措施。为防止负荷反馈、高次谐波、电压回路接触不良等异常信号引起装置低频误动作，可以采取以下闭锁措施：

1）低电压闭锁，当 $U \leqslant K_2 U_N$ 时，不进行低频判断，闭锁出口。

2）df/dt 闭锁，当 $-df/dt \geqslant df_{ls3}$ 时，不进行低频判断，闭锁出口，df/dt 闭锁后直到频率再恢复至启动频率值以上时才自动解除闭锁。

3）频率差闭锁，当各相频率差超过 0.2Hz 时，不进行低频判断，闭锁出口。

4）频率值异常闭锁，当 $f < 45\,\text{Hz}$ 或 $f > 55\,\text{Hz}$ 时，认为测量频率值异常。某些地区小电网事故时频率可能超出此范围，可将频率异常范围改为 $f < 40\,\text{Hz}$ 或 $f > 60\,\text{Hz}$。

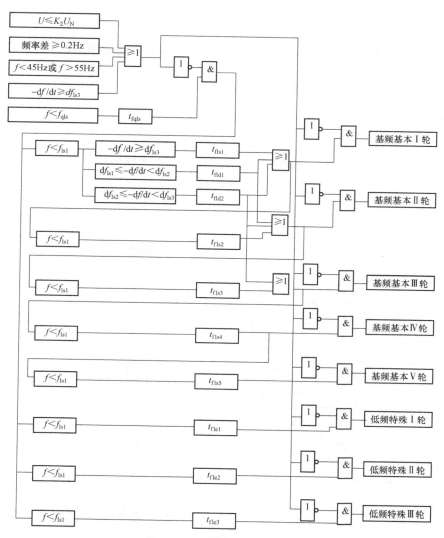

图 11-6　低频动作过程图

4. 低压动作原理

低压动作原理过程逻辑如图 11-7 所示，图中：U 为判断所使用的电压有效值，$\mathrm{d}U/\mathrm{d}t$ 为计算出的电压有效值变化率；U_N 表示额定电压值；K_2 表示判断母线电压过低的定值；K_3 表示母线电压不平衡的值；U_{qls} 为低压启动定值；t_{ulqs} 为低压启动延时定值；$U_{ls1} \sim U_{ls5}$ 和 $U_{le1} \sim U_{le3}$ 分别为低电压动作整定值；$t_{uls1} \sim t_{uls5}$ 和 $t_{ule1} \sim t_{ule3}$ 分别为对应整定延时定值；$\mathrm{d}U_{ls1}$ 和 $\mathrm{d}U_{ls2}$ 为电压下降需要加速切除负荷的变化率整定值；$\mathrm{d}U_{ls3}$ 表示电压下降速率过大的整定值，用于躲短路故障。

（1）低压自动减负荷的判别式如下：

$$U \leqslant U_{qls}, \quad t \geqslant t_{uqls} \qquad\qquad 低压启动$$

$$U \leqslant U_{ls1}, \quad t \geqslant t_{uls1} \qquad\qquad 低压第一轮动$$

若 $dU_{ls1} \leqslant -dU/dt < dU_{ls2}$，$t \geqslant t_{uld1}$　　　低压切第一轮，加速切第二轮

若 $dU_{ls2} \leqslant -dU/dt < dU_{ls3}$，$t \geqslant t_{uld2}$　　　低压切第一轮，加速切第二、三轮

$U \leqslant U_{ls2}$，$t \geqslant t_{uls2}$　　　低压第二轮动作

$U \leqslant U_{ls3}$，$t \geqslant t_{uls3}$　　　低压第三轮动作

$U \leqslant U_{ls4}$，$t \geqslant t_{uls4}$　　　低压第四轮动作

$U \leqslant U_{ls5}$，$t \geqslant t_{uls5}$　　　低压第五轮动作

以上五轮按箭头顺序动作。三轮长延时特殊轮其动作逻辑为：

$U \leqslant U_{qls}$，$t \geqslant t_{uqls}$　　　低压启动

$U \leqslant U_{le1}$，$t \geqslant t_{ule1}$　　　低压特殊第一轮动作

$U \leqslant U_{le2}$，$t \geqslant t_{ule2}$　　　低压特殊第二轮动作

$U \leqslant U_{le3}$，$t \geqslant t_{ule3}$　　　低压特殊第三轮动作

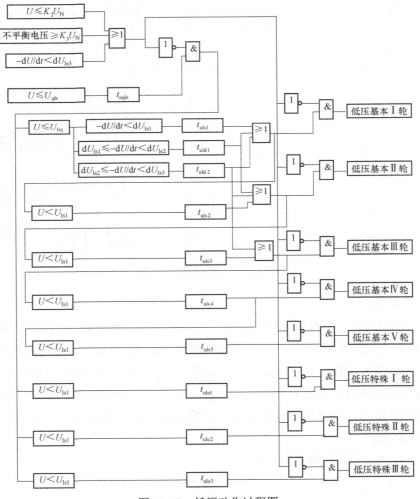

图 11-7　低压动作过程图

（2）短路故障与低电压切负荷的自动配合。短路故障闭锁及系统短路故障切除后立即允许低电压切负荷。当系统发生短路故障时，母线电压迅速降低，电压降低的速率大于等于设定的 dU/dt 闭锁定值 dU_{ls3}。此时装置立即闭锁，不再进行低电压判断。当保护动作切除故障元件后，装置安装处的电压迅速回升，即使恢复不到正常的数值，但大于 K_1U_N（K_1 为故障切除后电压恢复定值），则装置立即解除闭锁，允许装置快速切除相应数量的负荷，使电压恢复。装置不需要与保护 Ⅱ、Ⅲ 段的动作时间相配合，但需要用户设定"等待短路故障切除的时间（t_{vs6}）"，一般应大于后备保护的动作时间。若后备保护最长时间为 4s，则 t_{vs6} 可以设为 4.5～5s。超过 t_{vs6} 以后电压还没回升到 K_1 以上，装置将闭锁出口，并发出异常告警信号。短路故障时母线电压的变化过程如图 11-8 所示。图中，U_N 为额定电压；K_1 表示故障切除后电压恢复定值，该定值应大于相邻线路三相短路时的残压值，该值一般建议为 70%～80%；U_{qls} 为低压启动值；t_k 为短路故障发生时刻；t_T 为短路故障切除时刻。

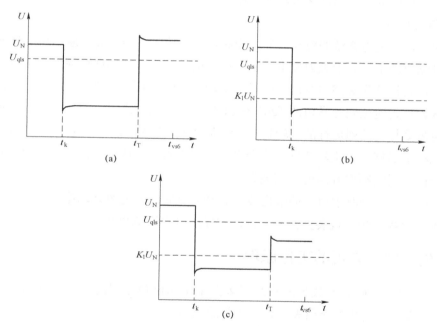

图 11-8 短路故障时母线电压变化过程示意图
（a）短路切除后电压恢复正常（不动作）；（b）电压没有回升（告警）；
（c）短路切除后电压仍低（在 t_T 后允许动作）

（3）异常情况下防止装置低压误动的闭锁措施。为防止负荷反馈、TV 断线、电压回路接触不良等异常情况引起装置低压误动作，可以采取以下闭锁措施：

1）低电压闭锁，当 $U \leqslant K_2U_N$ 时，不进行低压判断，闭锁出口。

2）电压突变闭锁，当 $-dU/dt \geqslant dU_{ls3}$ 时，不进行低压判断，闭锁出口。

3）TV 断线闭锁，当同一段母线的各线电压差的最大值或计算出的零序电压大于 K_3U_N，则判断为 TV 断线。该母线不进行低压判断，延时发 TV 断线告警信号。

5. 低频低压减负荷的轮次

低频减负荷一般采用基本轮加特殊轮的形式。基本轮为快速或带短延时动作，按动作值分为多级，防止频率下降严重；特殊轮为带较长延时动作，但动作频率高，主要是防止频率的悬浮状态。

如果地区电网中发生严重故障或解列后有功缺额较大，电压可能严重下降不能恢复（比频率下降得快），此时应该补充配置低压解列或低压减负荷控制措施。低压减负荷一般也应该采用基本轮加特殊轮的形式。基本轮为快速或带短延时动作，按动作值分为多级，防止电压下降严重；特殊轮为带较长延时动作，但动作值高，主要是防止电压的悬浮状态。

低频低压解列和切负荷装置一般应用在与主网联系的带地区负荷的电厂和地区电网中，为保证厂用电和重要负荷的安全，在严重故障时解列联络线及连锁切负荷。低频紧急控制也可以用于发电机的低频自启动和调相转发电等情况。

6. 过频切机控制

一般说来，当电力系统的负荷突然减少时，系统的频率会升高，原动机的调速器将发挥作用以减少输出功率。对于火力发电，由于汽轮机的转速受其物理特性影响不可能太高，否则超速危急保安器动作关闭主汽门。但对于水轮机，由于其调速器动作缓慢，在调速器动作之前可能水轮机超速达到正常值的 120%～140%。在水电占比很大的系统中，当水轮机转速升高后，会带动与之并列运行的汽轮机产生危险超速，即使此时汽轮机关闭主汽门，发电机变为同步电动机运行，其旋转速度一样会提高，也很危险。因此为防止发生这种危险情况，需要安装专门的限制频率升高的控制装置。

此外，如果可以预测水电厂的输出线路断开后具有危险的剩余功率，则可以安装线路跳闸联切装置，而将过频切机装置作为后备，这样能可靠避免事故的扩大。

三、失步解列装置的工作原理

目前，国内厂家研制的失步解列装置多数采用相位角原理的失步解列判据，以下结合 CSC—391 型失步解列装置介绍失步解列装置的原理。

1. 电气量的计算原理

有功功率的计算公式为：

$$P = \frac{1}{N}\sum_{k=1}^{N}(u_a i_a + u_b i_b + u_c i_c)_k$$

无功功率的计算公式为：

$$Q = \frac{1}{N}\sum_{k=1}^{N}\left[u_a\left(k-\frac{N}{4}\right)i_a + u_b\left(k-\frac{N}{4}\right)i_b + u_c\left(k-\frac{N}{4}\right)i_c\right]_k$$

根据有功及无功功率相角的计算公式：

$$\varphi = \arctan \frac{Q}{P}$$

式中：N 为每个周波的采样点数；u_a、u_b、u_c 为 a、b、c 三相电压的瞬时采样值；$u_a\left(k-\dfrac{N}{4}\right)$、$u_b\left(k-\dfrac{N}{4}\right)$、$u_c\left(k-\dfrac{N}{4}\right)$ 为 a、b、c 三相电压 1/4 周波前的瞬时采样值；i_a、i_b、i_c 为 a、b、c 三相电流的瞬时采样值。

2. 启动原理

装置设有硬件闭锁回路，在电力系统发生扰动时，装置根据功率变化量启动或相位角变化启动，可解除闭锁，启动元件动作后开放出口继电器回路的正电源。此时，软件各功能模块的启动是相互独立的。这种方式既保证了在各种事故情况下装置能可靠启动进入事故判别状态，又保证了在正常运行情况下装置运行的可靠性。

3. 失步振荡的判断

首先把 4 个象限内的相位角 φ 划分为 6 个区：$\varphi_1 \sim \varphi_2$ 之间为 I 区，$\varphi_2 \sim 90°$ 之间为 II 区，$90° \sim \varphi_3$ 之间为 III 区，$\varphi_3 \sim \varphi_4$ 之间为 IV 区，$\varphi_4 \sim 270°$ 之间为 V 区，$270° \sim \varphi_1$ 之间为 VI 区。系统正常情况下一般运行在 I 区和 IV 区。根据失步振荡过程相位角的变化规律，把 I—II—III—IV 作为正方向判断区，如图 11-9（a）所示；把 IV—V—VI—I 作为反方向判断区，如图 11-9（b）所示；把 I—IV 作为振荡中心附近的判断区，如图 11-9（c）所示。

判断振荡中心在正方向：正常运行在 I 区时（送端），从 I 区开始按顺序经过 II 区、III 区、IV 区，则认为经过了一个振荡周期；正常运行在 IV 区时（受端），从 IV 区开始按顺序经过 III 区、II 区、I 区，也认为经历了一个振荡周期。

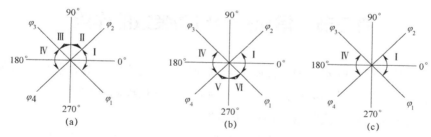

图 11-9　相位角 φ 判断区划分

（a）正方向判断区；（b）反方向判断区；（c）振荡中心判断区

判断振荡中心在反方向：正常运行在 I 区时，从 I 区开始按顺序经过 VI 区、V 区、IV 区，则认为经过了一个振荡周期；正常运行在 IV 区时，从 IV 区开始按顺序经过 V 区、VI 区、I 区，也认为经历了一个振荡周期。

判断振荡中心就在解列装置安装处附近：

（1）电压包络线的最小值必须出现很低数值（检测到电压有效值低于 $20\% U_N$）。

（2）正常运行在 I 区时，从 I 区开始突变到IV区（或跨越II、III中的一个区），再回到 I 区，作为一个失步振荡周期。

（3）正常运行在IV区时，从IV区开始突变到 I 区（或跨越III、II中的一个区），再回到 IV区，作为一个失步振荡周期。

同时满足（1）、（2）或（1）、（3）时，判断出现失步振荡，且振荡中心就在安装处附近。

4. 动作区范围的判断

对于失步振荡解列装置来说，其动作区是指系统发生失步振荡时，振荡中心落在该区域范围内装置应能动作。换言之，振荡中心不在预定的动作范围内时，装置应该不动作。确定动作范围时，需要考虑的因素是：

（1）是否与同一系统内的其他解列装置相配合，如有其他解列装置，则应划分各装置的动作范围。

（2）一般应考虑动作区为本线路全长及相邻线路的一部分。

通常采用振荡时电压包络线的最低值来确定动作区的范围。振荡中心包络线的最低电压值为零，离振荡中心越远，包络线的最低电压值也就越高。对于一个具体的系统来说，振荡中心确定了，系统各点的最低电压值是可以计算出来的。假定振荡中心落在动作区的边界上时可以求出解列装置安装处的最低电压值，考虑到运行方式的某些变化后，乘以一定的可靠系数，可以确定出最低电压的定值 U_{LS}。当检测到包络线的最低电压小于 U_{LS} 定值时，可以判断出振荡中心在动作区范围之内。包络线最低电压出现在 1/2 振荡周期时刻，这个电压的检测在先，失步振荡周期的判断在后，检测包络线的最低电压值不会影响失步振荡周期的判断。

第三节　常见安全自动装置的作用

控制策略表是复杂电网安全稳定控制所采取的最常用的方法。电力系统实际运行时，安全自动装置采集并确定实时的运行方式和系统潮流等，一旦检测到故障，就立即从控制决策表中找出相应的控制措施及控制量，进行相应的动作。

以下以 CSS—100BE 型分布式安全稳定控制装置为例，介绍利用控制策略表实现控制决策的方法。CSS—100BE 装置既可以采用通过离线计算制定的控制策略表，也可以与 WARMAP 系统等连接，使用在线决策的策略表。图 11-10 是 CSS—100BE 装置实现控制的示意图。

离线计算后的控制策略表是由运行方式人员根据电网的拓扑结构，按电网稳定的要求，通过大量的离线计算、归纳整理形成的，然后由研制装置的软件人员把控制策略表编成便于微机存放和查找的数据格式，存储在装置的存储器内。控制策略表一般按运行方式分成若干张大表，再按故障元件及故障类型分成若干张小表，每张小表中根据送电潮流、开机方式等分档放置相应的控制措施。

目前普遍采用的是分层分区控制原则方案，再根据电网的特点，确定采用如下控制方式：① 集中决策控制、集中执行；② 集中决策控制、分散执行；③ 区域型集中方式判断、分散策略控制、分散执行；④ 人工方式识别，分散策略控制、分散执行。

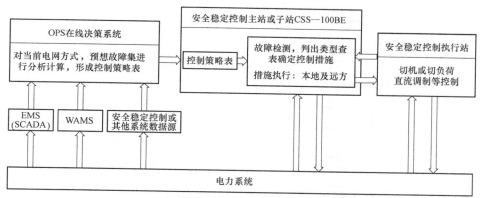

图 11-10　CSS—100BE 装置自适应安全稳定控制示意图

对自动识别的整个区域电网运行方式的安控系统，宜设一个主站，主站负责收集区域电网的运行信息，集中进行电网运行方式的判别，并且把运行方式的信息分发到各子站，在系统发生故障时由各站按照本站的控制策略表进行事故处理，在本站采取控制措施，或发命令到有关各站进行远方控制。

安全自动装置的功能流程如图 11-11 所示，系统发生事故后装置查表的过程如图 11-12所示。

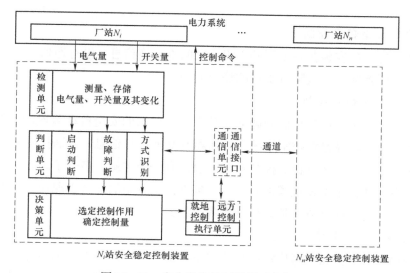

图 11-11　安全稳定控制装置功能框图

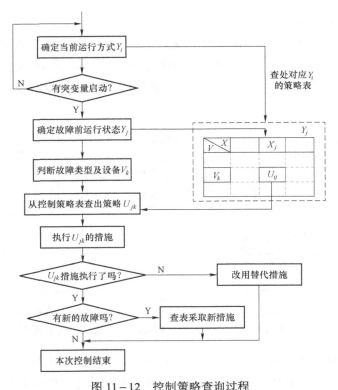

图 11-12　控制策略查询过程

第四节　常见安全自动装置的保护范围

电力系统的安全自动装置的保护控制范围是根据实际电网运行需要进行配置的，分为以下三种情况。

1. 局部电网安全稳定控制

安全自动装置单独安装在各个厂站，相互之间不交换信息，没有通信联系，解决的是本厂站母线、主变压器或出线故障时出现的稳定问题。

2. 区域电网安全稳定控制

为解决一个区域电网内的稳定问题而安装在多个厂站的安全自动装置，经通道和通信接口设备联系在一起，组成稳定控制系统，站间相互交换运行信息，传送控制命令，可以在较大范围内实施稳定控制。区域稳定控制系统一般设有一个主站、多个子站和执行站。主站一般设在枢纽变电站或处于枢纽位置的发电厂，负责汇总各站的运行工况信息，识别区域电网的运行方式，并将有关运行方式信息传送到各子站。

3. 大区互联电网安全稳定控制

按分层分区原则，互联电网稳定控制装置主要负责与联络线有关的紧急控制，必要时需交换相关区域电网内的某些重要信息。一般分为分散决策方式和集中决策方式。

分散决策方式是指各站都存放有自己的控制策略表，当本地出线及站内设备发生故障时，根据故障类型、事故前的运行方式作出决策，在本站执行就地控制（包括远切本站所属的终端站的机组或负荷），也可将控制命令上传给主站，在主站或其他子站执行。由于各站均通过自身的控制策略表进行安全稳定控制，故称这种方式为分散决策方式。这种方式简单可靠、动作快，应用普遍。

集中决策方式是指控制策略表只存放在主站装置内，各子站的故障信息要上传到主站，由主站集中决策。控制命令在主站及有关子站执行，集中决策方式下的控制系统只有一个"大脑"进行决策判断，因此对通信的速度和可靠性比分散决策方式要求更高，技术的难度相对也较大。集中决策方式应用较少。

第五节　电网特殊运行方式对安全自动装置的影响

安全自动装置实现方式简单概括为：根据收集的电网运行信息，进行电网运行方式的判别，然后按照策略表进行事故处理，发送控制命令和采取控制措施。

最初，安全自动装置采用手动切换的方法以匹配电网运行方式。其原理为：当电网运行方式发生变化时，运行人员需要手动切换安全自动装置配置的"运行方式拨轮"，将装置的控制策略表及定值切换至相应运行方式。这种做法一方面增加了运行人员的工作量，并在一定程度上增加了人为误操作的风险；另一方面，在一次系统已经切换至新的运行方式，而运行人员尚未来得及切换装置的"运行方式拨轮"时，如果此时电力系统发生故障，则安全自动装置还会按照之前的运行方式执行控制策略，有导致安全自动装置动作行为不正确的风险。

因此，从简化运行人员工作量，提高装置运行可靠性方面考虑，安全自动装置开始逐步采用运行方式自动识别切换方法。该方法的原理为：安全自动装置通过实时采集相关线路、主变压器、机组的电气量、断路器辅助接点信息，综合判断元件的投停状态，按照预置的规则，自动匹配当前的运行方式，并在运行方式发生变化时，自动将当前控制策略表及定值切换至新的运行方式。这样，调度人员只需依据预置的各种运行方式，制定相应定值表，一次性固化到装置中。在装置运行的过程中，则无需根据运行方式的改变再去人为设置装置，从而一方面大大简化了运行人员的工作，另一方面实现了装置对运行方式的"无缝"切换，避免了上述一次系统实际运行方式与装置所设置运行方式不一致的问题，保证了装置的正确动作。

但是，受采集信息有限等条件制约，安全自动装置存在不能有效识别一些电网特殊运行方式的情况，进而安全自动装置在特殊电网运行方式下存在不正确动作的可能。为避免上述情况的发生，安全自动装置在功能设计时，通常会增设特殊方式功能压板。当特殊方式功能压板投入时，安全自动装置不再根据元件状态进行运行方式的识别，而是自动识别为电网特殊运行方式。其工作原理为：当电网运行在安全自动装置不能识别的运行方式（即特殊运行方式）时，运行人员手动投入对应特殊方式压板，此时，安全自动装置强制将当前控制策略表及定值切换至特殊运行方式。

第十二章 特高压电网继电保护特点及配置

第一节 特高压电网的特点

特高压电网包括特高压交流输电和特高压直流输电两种形式。我国目前交流特高压电压等级为 1000kV，直流特高压电压等级不低于 ±800kV。本章节主要介绍特高压交流电网有关特点、保护配置和继电保护装置特点等内容。

一、交流特高压输电技术发展的现状

国外特高压输电技术从 20 世纪 60 年代中期开始，美、意、日、苏等国先后对特高压交流输电和特高压直流输电开展了研究和建设。苏联从 1985 年 8 月至今共建成一条长 2350km 的 1150kV 输电线路及 4 座 1150kV 变电站，和一条长为 907km 的 1150kV 输电线路及 3 座 1150kV 变电站，1985～1990 年按系统额定电压 1150kV 运行了 5 年。日本关于特高压的基础研究始于 1974 年，日本中央电力研究所于 1980 年在赤诚建立了长 600m 的双回路 1000kV 试验线路。日本 1988 年开始建设 1000kV 输变电工程，1999 年建成两条总长为 430km 的输电线路和 1 座 1000kV 变电站。此外还建成 1 座 1100kV 变电站，所有的 1000kV 线路和变电站从建成后都一直降压为 800kV 电压等级运行。在美国，邦威尔电力局和美国电力公司先后建立过 1100kV 的特高压输电线路约 500km，用于研究和试验。另外，意大利、巴西、印度等国家也在特高压交直流输电方面进行了研究，20 世纪 80 年代曾一度形成特高压输电技术研究的热潮。

国外的相关研究与实践为我国特高压输电技术的发展提供了丰富的经验。我国对于特高压输电技术的研究开始于 20 世纪 80 年代，在过去的 30 多年里，科研机构在特高压领域做了大量工作，特高压技术研究已进入实用化阶段，取得了一批重要科技成果。2006 年 8 月 9 日，国家发展与改革委员会正式核准特高压交流试验示范工程。我国首个 1000kV 交流特高压试验示范工程，线路全长约 653.8km，起于山西省长治变电站，经河南省南阳开关站，止于湖北省荆门变电站，连接华北、华中两大电网，于 2009 年建成投运。随着这条试验示范工程的建成投产，我国已全面掌握 1000kV 交流输电系统的关键技术，为最终实现自主规划、科研、系统设计、工程设计、设备制造、施工调试和运行维护打下坚实的基础。截至 2018 年 3 月，我国已建成"八交十三直"特高压输电工程，其中国家电网公司建成"八交十直"

特高压输电工程,南方电网公司建成"三直"特高压输电工程。2020年前还将建设"三交一直"特高压输电工程。

二、交流特高压系统的电气特征

1. 特高压输电线路的电气特征

(1)为了提高传输能力,减小其电压损耗和能量损耗,特高压输电线路必须减小单位电阻,减小漏电导,增大分布电容,因此特高压输电线路的分布电容会产生较大的电容电流。

(2)为了增大输送功率和减少损耗,1000kV特高压输电杆塔和线路具有很大的空间结构尺寸,其分布电容是500kV线路的3倍左右,在故障、空载合闸、区外故障切除和重合闸等暂态过程中分布电容引起的暂态电流中含有相当多的高频分量,分布电容和并联电抗器谐振导致较高比例的分次谐波含量,对反映工频电气量的继电保护会产生负面影响。

另外,对于1000kV特高压输电线路,故障电流中除了含有一衰减直流分量外,还存在非整次高频分量,其大小与短路发生时刻有关,而频率比超高压输电系统产生的高频分量更加接近工频。

(3)采用并联电抗器导致短路电流中含有较大成分的非周期分量。线路时间常数大,导致短路电流中的非周期分量衰减缓慢。各电压等级衰减时间常数如表12-1所示。

表12-1 各电压等级衰减时间常数

电压等级(kV)	$\omega L/R$	衰减时间常数(ms)
220	3~3.5	9.5~11
500	10~13	31.8~41.4
750	20	~63.7
1000	35	~111.5

(4)特高压输电线路高阻接地故障时允许过渡电阻值较大。过渡电阻值是按照线路保护能够反映故障一次电流为1kA以上故障的原则求得,各电压等级允许的过渡电阻值如表12-2所示。

表12-2 各电压等级允许的过渡电阻值

电压等级(kV)	220	330	500	750	1000
过渡电阻(Ω)	100	150	300	400~500	500~600

(5)特高压输电线路的输电距离较长,呈现出明显的分布参数特性,当故障发生在离保护安装处较远位置的时候,距离继电器的测量阻抗有可能不与故障距离成线性正比关系,但并联高压电抗器的接入使得测量阻抗趋于线性化。距离继电器的测量阻抗如图12-1所示。

(6)由于并联电抗器只能补偿线路稳态电容电流,特高压输电线路在空载合闸、区外故障及切除、重合闸等暂态过程中,暂态电容电流将增加数倍。图12-2为我国首条

1000kV特高压交流试验示范工程——长治—南阳—荆门线路中长治变电站侧空载合闸时的电流情况。

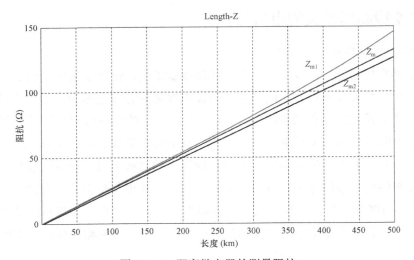

图 12-1　距离继电器的测量阻抗

Z_m—线性化计算的测量阻抗；Z_{m1}—没有高压并联电抗器时的实际测量阻抗；Z_{m2}—经高压
并联电抗器补偿时的实际测量阻抗（高压并联电抗器补偿度50%）

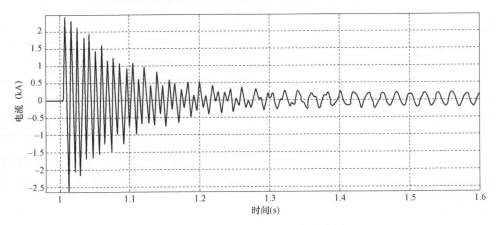

图 12-2　长治变电站侧空合电流图

（7）1000kV交流电力系统暂态过电压和操作过电压与750kV或500kV电力系统相比有很大提高，除采用并联电抗器、断路器带电阻合闸、安装避雷器等措施外，继电保护装置还应增设过电压保护。

2. 特高压主变压器的电气特征

特高压主变压器由主体变和调压补偿变压器组成。特高压主体变压器保护配置和原理与常规500kV变压器基本没有区别。特高压主变压器调压方式较特殊，是在主体变压器中性点单独增加调压补偿变压器进行变磁通调压。此种调压方式在调节主变压器中压侧电压的同时会影响低压侧电压，为了保持调节过程中低压侧电压的稳定，需要通过增加低压补偿绕组，引入负反馈电压达到稳定低压侧电压的目的。这种调压方式是典型的通过小容量变压器调节大容量变压器的方式，当大容量变压器的电压发生较小变化时，小容量变压器的电压将发生很大变化。

　　在这种连接方式下，调压变压器和补偿变压器占整个变压器的匝数相对较少，两者匝间的电压相对于主变压器来说也很小，当调压变压器或者补偿变压器发生轻微匝间故障时，折算到整个变压器来说会更加轻微，变压器差动保护很难在这种情况下动作。由于调压变压器和补偿变压器为三相分相变压器，在运行时由于 TA 变比和挡位不同，各侧电流大小不同。调压补偿变压器差动保护需要通过平衡系数、极性转换等方法进行补偿，消除电流大小差异。因此，调压补偿变压器差动保护主要是为防止主体变压器保护对调压补偿变压器匝间故障灵敏度不足而专门配置的。特高压变压器及保护接线情况如图 12-3 所示。

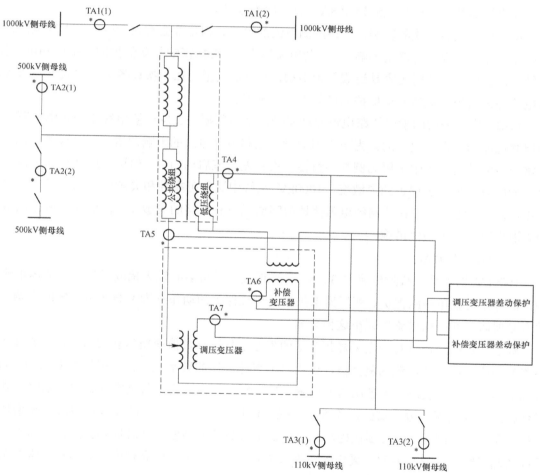

图 12-3　特高压变压器及保护接线示意图

三、特高压故障特点及对继电保护的影响

1000kV 输电系统中采用多分裂架空输电线路，输电线路的分布电容比 750kV 或 500kV

257

系统进一步加大，单相故障切除时潜供电流和操作过电压等也比 750kV 或 500kV 严重；短路容量增大，运行稳定问题更加突出，要求继电保护的速动性和可靠性进一步提高。

1. 分布电容的影响

为了使 1000kV 输电线路达到最佳运行状态和提高传输能力，应尽可能减少输电线路单位长度的电阻和电感，减少漏电导，增大电容。1000kV 输电线路采用八分裂导线。与 500kV 输电线路相比，八分裂导线的等效直径增大、阻抗下降、阻抗角增大、传输功率增大、相对相以及相对地之间的分布电容增大、线路的电容电流也增大。根据晋东南—南阳—荆门试验示范线路的数据及电力科学研究院提供的动模实验方案，经理论计算，全长 653.8km 线路产生的电容电流为 1644A，约占线路自然电流的 64%（该 1000kV 系统的自然电流约为 2564A）。带并联电抗器补偿的电容电流为 388A（补偿度为 0.75）。

由于分布电容电流的影响，线路两侧电流的幅值、相角都会有很大改变。电容电流，对某些差动原理的保护有严重影响。在负荷电流较小时，直接影响差动保护的灵敏度和可靠性，在经大过渡电阻接地时更容易造成保护拒动，所以需要采用在一次设备装设并联电抗器等电容电流补偿措施来提高差动保护的可靠性和灵敏度。

目前，广泛采用的输电线路电流差动保护的基本判据是在忽略输电线路分布电容所产生的电容电流的前提下提出的。为防止因测量误差和电容电流的影响而引起差动保护误动作，通常在电流差动保护中采用比例制动特性并设置差电流启动门槛。但这一措施在提高保护安全性的同时也牺牲了保护的灵敏度，1000kV 系统中这种可靠性和灵敏度之间的矛盾将更为突出，为保证差动保护在线路经电阻接地故障情况下有足够的灵敏度，需要在电流差动保护中采取电容电流的补偿措施。

2. 谐波分量的影响

1000kV 输电系统故障电流中 3、5、7 次谐波分量可能有较大幅度增加，而故障电流中的谐波分量对输电线路保护、变压器保护甚至母线保护的动作行为都会产生一定的影响，因而有必要研究并采取措施以减小这种影响。

数字式保护是通过对一定采样频率下的离散信号进行数值变换后获得与被保护设备（或线路）相应的电压或电流的测量值，国内目前普遍采用的数字式保护的采样频率约为 600～1200 次/s，对于 3 次及以上各次谐波的测量精度较低，在采用短数据窗的计算方法时（数字式保护通常都采用短数据窗的计算方法以提高保护的动作速度），谐波分量将进一步增加保护的测量误差。因此，有必要在提高数字式保护模数转换精度的同时提高其采样频率以获得更高的测量精度。研究表明，采样频率为 5000 次/s 甚至更高的高精度模数转换技术在国产数字式保护中的应用已经基本成熟。

国产变压器差动保护为防止励磁涌流时保护误动作，通常利用励磁涌流中含有大量的谐波分量进行制动。1000kV 输电系统中，谐波分量的变化可能使励磁涌流的特征不如 750kV 或 500kV 电力系统中明显。研究表明，采用磁通制动原理可以有效减小谐波分量变化带来的影响，使变压器保护快速切除区内故障。

3. 故障后非周期分量的影响

1000kV 输电系统故障后非周期分量衰减常数的增大对数字式保护的直接影响不会增大，但是远距离输电时非周期分量衰减常数的增大容易导致 TA 暂态饱和，对输电线路电流差动保护、母线保护差动、变压器差动保护等都会产生间接影响，因此需要相应提高 1000kV 输电系统各种差动保护的抗 TA 饱和性能。例如，对于母线差动保护，应防止区外故障 3ms 以后发生 TA 饱和时引起差动保护误动作。

4. 潜供电流的影响

据统计，超高压、特高压输电线路故障 90% 以上都是单相接地故障，而其中大部分都是"瞬时性"故障，为提高系统的稳定性和供电的可靠性，减少对系统和发电机的冲击，特高压输电系统都采用单相重合闸。但是特高压输电系统由于采用八分裂导线，相间电容增大，单相跳闸后潜供电流较大，对于 1000kV 输电系统潜供电弧熄弧时间更达到了 0.7s 甚至更长，大大降低了单相重合闸的成功率。因此降低特高压线路潜供电流影响，使潜供电弧快速熄弧，就成了保证特高压系统稳定安全运行的重要问题，是实施特高压输电需要研究的重点技术问题之一。

5. 暂态过电压和操作过电压的影响

1000kV 输电系统暂态过电压和操作过电压与 750kV 或 500kV 电力系统相比有很大提高，除采用并联电抗器、断路器带电阻合闸、安装避雷器等措施外，保护装置应增设过电压保护。过电压保护既可测量保护安装处的电压，也可通过光纤通道得到线路对侧的电压，并均可作用于跳闸。当本侧断路器已断开而线路仍然过电压时，可通过光纤差动保护发送远方跳闸信号跳线路对侧断路器。

6. 过渡电阻对线路保护的影响

在 1000kV 特高压输电线路中，允许过渡电阻高达 500Ω。由于 1000kV 特高压输电线路一般较长，在线路末端故障经 500Ω 电阻接地时，零序电压很小，就会出现在末端故障经大电阻短路时，零序电流较大，而零序电压很小甚至为零的情况。由于零序电压很低，无法根据电压区分正常状态和接地故障，此时零序方向保护无法进行准确判别，从而使零序方向保护拒动。以纵联方向、纵联距离原理为主保护的线路保护对高阻接地故障采用纵联零序原理时，应考虑长线末端故障经 500Ω 大过渡电阻短路时零序电压很小、不能判别方向的情况。

第二节 交流特高压继电保护的配置

一、输电线路保护

2009 年初，我国首条 1000kV 特高压交流试验示范工程——长治（晋东南）—南阳—荆门线路正式投入运行，华北和华中电网正式联网运行，为实现华北和华中电网能源互济提供了有力支撑。图 12-4 为长治—南阳—荆门特高压示范工程示意图。

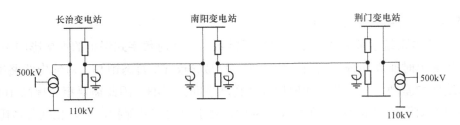

图 12-4　长治—南阳—荆门特高压示范工程示意图

为提高特高压交流试验示范工程输电能力和特高压交流电网稳定运行水平，并为后期特高压输电线路建设提供参考示范，特高压交流示范工程进行了扩建，并于 2011 年 11 月投入运行。扩建工程中，在长治—南阳线路两侧各增设 20% 补偿度的串联补偿电容器，在南阳—荆门线路南阳侧增设 40% 补偿度的串联补偿电容器。南阳开关站扩建为变电站，增加 2 台变压器。同期长治变电站增加 1 台主变压器，荆门变电站增加 1 台主变压器。一次系统图如图 12-5 所示。

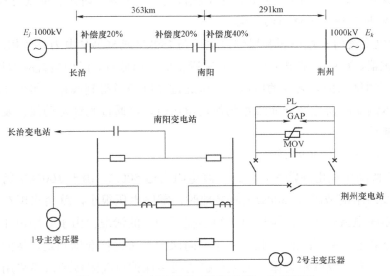

图 12-5　特高压示范工程扩建后一次系统图

长治（晋东南）—南阳和南阳—荆门的线路保护采用两套主保护，分别由光纤差动和光纤距离保护装置构成。第一套主保护采用分相电流差动保护，第二套主保护采用光纤距离保护，两条线路交叉配套实现双重化。每套主保护配置两个 2Mbit/s 的通信接口，每套主保护装置的每个 2M 光通信接口能收、发一个联跳（用于实现联跳三相功能）命令和一个远跳命令（用于实现过电压保护、失灵保护和电抗器保护动作后，经对侧线路保护的远方跳闸就地判别装置跳闸的功能）。

长治（晋东南）—南阳线路和荆门—南阳线路共用南阳开关站的两个开关，因此在光纤差动和光纤纵联距离保护中增加了联跳三相功能，不同于超高压线路中的远跳。纵联标识码是电网中地址的唯一性标志，采用纵联标识码后，光纤差动和光纤纵联距离保护中的通信方式定值设定将不同于超高压线路保护的通信方式定值设定。特高压输电线路经高阻接地故障电流较小，因此将线路保护反映高阻接地的能力降低到 800A，并且增加了零序反时限保护。

长治（晋东南）—南阳—荆门特高压交流 1000kV 试验示范工程由于一次结构及参数的新特点，造成了二次保护配置及功能上的一些变化。线路保护针对特高压的新问题，增加了线路保护联跳三相功能，用零序反时限功能应对高阻接地故障，纵联标识码功能增加了线路保护的可靠性。不同厂家的两套保护在实现特高压二次技术条件的过程中虽然不完全相同，但结果都满足技术条件的要求。特高压示范工程保护配置情况如表 12-3 所示。

表 12-3　　　　　　　　　　　　特高压示范工程保护配置

保护名称		长治变电站	南阳开关站		荆门变电站
线路保护	第一套	南瑞继保 RCS—931G—U	南瑞继保 RCS—931G—U	四方继保 CSC—103A	四方继保 CSC—103A
	第二套	四方继保 CSC—101AS	四方继保 CSC—101AS	南瑞继保 RCS—902CF—U	南瑞继保 RCS—902CF—U
断路器保护	—	南瑞继保 RCS—921A	南瑞继保 RCS—921A		南瑞继保 RCS—921A
过电压及远跳判别装置	第一套	南瑞继保 RCS—925A	南瑞继保 RCS—925A		南瑞继保 RCS—925A
	第二套	四方继保 CSC—125	四方继保 CSC—125		四方继保 CSC—125
变压器保护	第一套（主变压器保护、调压补偿变保护、非电量保护）	南瑞继保 RCS—978HB/ RCS—978C3/ RCS—974FG	（一期无主变压器）		国电南自 SGT756/SGT756T/ FST— BT500
	第二套（主变压器保护、调压补偿变保护）	国电南自 SGT756/SGT756T	（一期无主变压器）		南瑞继保 RCS—978HB/ RCS—978C3
电抗器保护	第一套（全部）	许继电气 WKB—801A/ WKB—802A	许继电气 WKB—801A/WKB—802A		许继电气 WKB—801A/ WKB—802A
	第二套（不含非电量）	长园深瑞 PRS—747	长园深瑞 PRS—747		长园深瑞 PRS—747

二、交流特高压系统继电保护典型配置方案

对特高压线路，要求配置全线速动主保护及完备的后备保护，线路保护配置双重化的线路纵联电流差动保护，每套纵联电流差动保护应包含完整的主保护和后备保护功能。特高压线路保护与普通线路保护配置并无差异，保护功能的区别是：同杆并架线路时，取消重合于故障的零序后加速保护，保留零序手合加速的功能。

断路器保护按断路器配置，实现断路器失灵保护和自动重合闸功能；每个断路器配置一个操作箱，完成保护的跳合闸操作。对于 3/2 接线，当出线带隔离开关时，需配置短引线保护。

当线路较长，为防止过电压，线路两侧需配置过电压保护装置；需配置远方故障启动装置，提高远方启动远跳的可靠性。每个断路器配置一个操作箱，完成保护的跳合闸操作。

三、变压器保护

根据 1000kV 变压器总体结构，1000kV 主变压器由变压器主体（不带调压的自耦变压器）

和调压变压器（含低压电压补偿器）两部分组成，结构简单，绝缘可靠性容易得到保证。但这种连接方式情况下，调压变压器和补偿变压器占整个变压器的匝数相对较少，两者匝对匝间的电压相对于主变压器来说也很小，当调压变压器或者补偿变压器发生轻微匝间故障情况下，折算到整个变压器来说会更加轻微，保护范围为整个变压器的变压器差动保护很难在这种情况下动作。对于这种主变压器＋调压变压器＋补偿变压器的变压器连接方式，必须为调压变压器和补偿变压器单独配置差动保护以提高其区内故障匝间故障时的灵敏度。此外，由于单独配置的调压变压器和补偿变压器的差动保护主要是用来提高小故障情况下的灵敏度，所以无需为其配置差动速断保护。特高压变压器保护配置如图 12-6 所示。

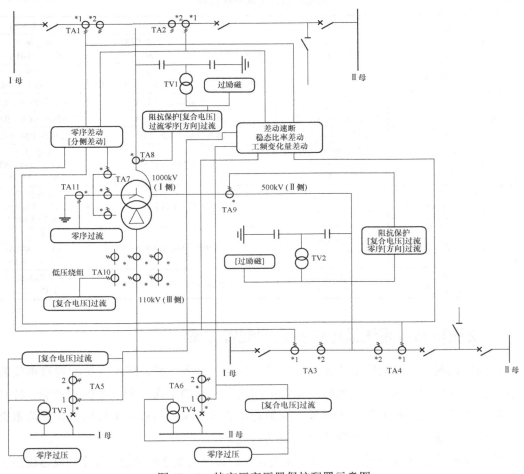

图 12-6　特高压变压器保护配置示意图

1000kV 电压等级的变压器采用自耦变压器，在差动保护中需要配置分侧（零序）电流差动保护，还可以根据实际情况配置分相差动保护和低压侧小区差动保护，以满足靠近变压器中性点发生接地故障时快速动作的要求。保护配置中需要增加过励磁保护。为了提高后备保护的灵敏度和选择性要求，一般在后备保护中配置阻抗保护。

特高压变压器保护应配置双重化的主、后备保护一体化电气量主体变压器保护和一套非电量保护，并应独立配置双重化的电气量调压补偿变压器保护和一套非电量保护。主变压器和调压变压器、补偿变压器保护采用独立的保护装置。

四、母线保护

特高压系统采用 3/2 断路器接线方式，其母线保护配置与传统 500kV 系统保护配置基本相同，每段母线应配置两套母线保护，每套母线保护应具有边断路器失灵经母线保护跳闸功能。特高压母线保护配置如图 12-7 所示。

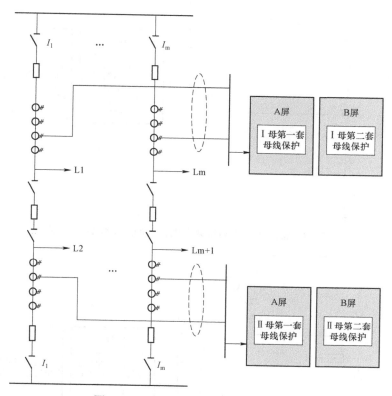

图 12-7　特高压母线保护配置示意图

特高压系统对于母线保护的影响主要在 TA 饱和。由于特高压交流系统短路容量的增加及时间常数的增大，TA 饱和的问题会更加突出。因此要求母线保护动作速度快，抗 TA 饱和性能优异，灵敏度高，受故障接地电阻以及负荷的影响小。

五、高压电抗器保护

特高压电抗器保护配置双重化的主保护和后备保护一体的高抗电气量保护和一套非电量保护。特高压线路高压并联电抗器的保护配置如图 12-8 所示，特高压母线高压并联电抗器的保护配置如图 12-9 所示。

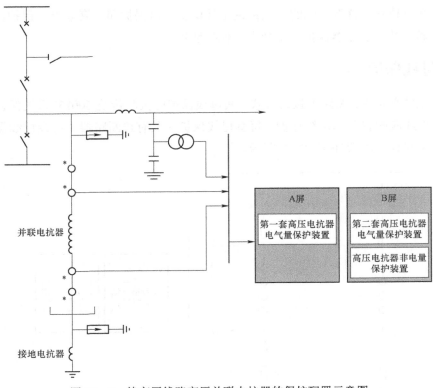

图 12 - 8　特高压线路高压并联电抗器的保护配置示意图

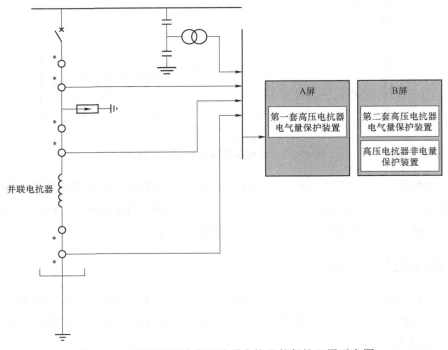

图 12 - 9　特高压母线高压并联电抗器的保护配置示意图

第三节 交流特高压继电保护的特点

一、交流特高压线路保护的基本特点

特高压输电线继电保护同样要满足继电保护"四性"（速动性、灵敏性、选择性、可靠性）的要求，与一般高压和超高压线路相比，特高压保护装置要有更高的独立性、更大的冗余度。保护配置应能保证被保护线路上发生任何故障时，都有一套无延时的快速保护，能从线路两端同时快速切除故障，避免发生过电压、系统稳定破坏或设备损坏等事故。与一般高压与超高压输电线不同，特高压输电线继电保护的任务，首先是保证不产生危及设备和绝缘子的过电压，其次是保证系统稳定。因为特高压输电线路的绝缘子短时间能承受的过电压裕度较小，在过电压使线路绝缘子绝缘性能降低甚至击穿时，更换绝缘子停电造成的经济损失可能远大于系统稳定破坏造成的损失。为了保证过电压不超过允许值，特高压输电线允许一端投入、另一端断开的时间远小于两端保护相继动作切除故障的时间。因此，特高压输电线路上发生任何故障时必须以最短时间从两端同时切除故障。

特高压输电线路要求有两套能快速切除各种故障的主保护，另有一套能通过通道传送跳闸信号或允许跳闸信号的后备保护，以保证在任何故障情况下两端切断的时间差约为 40～50ms（准确数字应通过过电压计算确定），其中考虑两端保护动作的时间差约 20ms，以及两端断路器断开时间之差约 20ms。两套主保护必须从电流互感器和电压互感器的交流输入、直流电源、保护屏到跳闸绕组完全独立。

二、交流特高压变压器保护的基本特点

在特高压输电系统发生故障的情况下，由于长线路分布电容的充放电效应，可能使短路电流中出现较大的谐波分量。同时，又由于分布电容的影响，使得变压器在内部故障情况下，差动保护可能受到故障电流中谐波电流的影响而导致保护动作速度下降。并且，故障越严重，电压突变越大，电容的充放电现象越明显，对差动保护的影响就越大。变压器保护由于励磁涌流识别、TA 饱和识别等判断的存在，对谐波分量较为敏感。因此，特高压变压器保护一般采用受谐波影响较小的差动保护。

另外，由于有载调压在调档状态下，有载调压保护装置无法获知当前挡位信息，挡位变化后由于调压变压器变比变化会引起差流。特别是在中间挡位向其他挡位调挡或其他挡位向中间挡位调整时，由于中间挡位调压变压器星侧（低压绕组）电流不计入差动保护，在调压变压器无法获知调挡信息的情况下发生区外故障时容易导致调压变压器差动保护误动。从防止保护误动的角度出发，对于涉及 0 挡及其周边挡位和极性转换的调挡时需人工操作退出调压变压器差动保护，即有载调压差动保护调挡过程中只考虑不涉及 0 挡且不改变极性的调挡。

为简化运行操作，有载调压过程中不进行保护装置切换定值区操作，与无载调压一致，

仅在调挡结束后将定值区切换至当前运行挡位。由于保护无法获知调挡过程中当前运行挡位，如快速调多挡的情况，需要设计一个不灵敏段差动保护，此不灵敏差动保护可以躲开所有不改变极性调挡中发生的区外故障，且对区内故障有一定灵敏度。所以，为防止有载调压调挡状态下调压变压器差动保护误动，保护应增加有载调挡硬压板和调压变压器不灵敏段差动保护。在正常情况下，灵敏段差动保护通过定值区设定的不同额定电流比值匹配运行挡位变比。在有载调挡前投入有载调挡压板，自动切换至不灵敏段差动保护；调挡结束后，切换完定值区后需退出有载调挡压板。

第四节　特高压交直流系统保护

一、特高压交直流系统保护建设背景

随着特高压交直流电网快速发展，国网公司系统资源优化配置能力显著提高。过渡期电网"强直弱交"矛盾突出，新能源占比进一步提升，电网安全运行面临较大风险。为确保过渡期大电网安全，有效解决故障对系统的冲击全局化、新能源大量并网引起的电网调节能力严重下降、电力电子化的电网复杂稳定问题，国家电力调度控制中心组织科研单位及区域调度控制中心，共同开展了高可靠性、高安全性的保护控制技术研究，组织构建特高压交直流系统保护（以下简称系统保护）。

系统保护以有效控制大电网安全运行风险为目标，是多目标控制、多资源统筹和多时间尺度协调的高可靠性、高安全性大电网综合防御体系。

二、特高压交直流系统保护总体功能

系统保护依托先进的信息通信技术，实现对电网的多频段、高精度全景状态感知；基于故障诊断和系统实时响应特征，实现多场景、全过程的实时智能决策；整合广泛分布于全网的多种控制资源，实现有序、分层的一体化协调控制。

三、特高压交直流系统保护的内涵

系统保护通过在目标、时间和空间三个维度上进行拓展，全方位感知系统状态，实施立体协调控制，提升电网稳定裕度。

在目标维度上，主要抑制冲击、阻断连锁反应，防止系统崩溃。

在时间维度上，在构建合理的一次网架和预防控制基础上，针对不同稳定形态的时间尺度特征和各类控制资源的时效性，通过毫秒级、秒级、秒级以上的协调控制，实现系统动态过程的全覆盖。

在空间维度上，针对扰动冲击的高强度和大范围，匹配并整合不同地域、不同电压等级的控制资源，实现就地快速动作、区域紧急控制、大区协调控制等大范围立体协同控制。

四、特高压交直流系统保护的功能要求

系统保护应具备实时性、安全性、可靠性及可扩展性。系统保护利用独立的高速专网保障信息交互的实时性，利用物理隔离和逻辑隔离保障防御系统的安全性，利用多源信息互校和冗余配置保障策略执行的可靠性，利用统一规约和标准化设计保障功能的可扩展性。

五、特高压交直流系统保护与三道防线的关系

传统交流电网三道防线中，由预防控制和继电保护构成第一道防线，由切机、切负荷等紧急控制构成第二道防线，由失步解列、低频低压减负荷等构成第三道防线。三道防线有效保障了电网的安全稳定运行。系统保护以传统交流电网三道防线为基础，通过巩固第一道防线、加强第二道防线和拓展第三道防线，优化控制策略决策模式，在运行实践中不断扩展原有三道防线的内涵和措施，形成特高压交直流电网新的综合防御体系。

在巩固第一道防线方面，通过提高设备本体可靠性，优化控制保护系统，完善设备涉网性能，降低故障发生概率；通过研究应用交流保护新技术，进一步提升交流保护性能，快速可靠隔离故障；应用电力电子新技术，实施大功率电气制动，抑制扰动冲击；应用虚拟化同步技术，模拟交流电网自愈特性，增强交直流混联电网抵御故障的能力。

在加强第二道防线方面，协同大范围、多电压等级源网荷各类控制资源和新型控制手段（包括大容量快速电气制动、全网优化切机、多直流协调控制、大容量储能快速调控、负荷控制、抽水蓄能、调相机快速控制等），针对离线决策模式的缺陷，在保证不影响离线决策方案可靠性的前提下，研究适应电网运行方式多变的控制策略决策模式，实现基于事件触发和响应驱动的主动紧急控制，阻断系统连锁反应，防止系统失稳。

在拓展第三道防线方面，拓展控制资源（包括主动解列阻断连锁故障、全网低频低压减负荷协调配置防止频率和电压崩溃、全网切机优化控制提升频率恢复特性等），通过基于电气量越限检测的就地分散控制，阻止事故蔓延，减少负荷损失，防止系统崩溃。

六、特高压交直流系统保护设计应遵循的主要原则

系统保护设计至少应遵循以下四项原则：

（1）系统保护应适应电网运行特性，针对不同区域电网进行差异化设计。

（2）系统保护应巩固、加强和拓展三道防线，重点针对冲击能量大、波及范围广的全局性故障，合理提高防御标准。

（3）系统保护应统筹协调集中与分散的控制模式、区域与局部的控制范围、多重与单一的控制对象。

（4）系统保护应独立构建专用通信网络，保障控制的高速、稳定、安全、可靠。

七、特高压交直流系统保护建设需解决的重点问题

系统保护建设是一个复杂的系统性工程，涵盖系统分析、智能控制、计算机及通信等多个专业领域，要适应多种运行场景，协调各种控制资源，整合多类先进技术，需重点解决系统特性认知、控制措施协同、系统集成等方面的问题。

在系统特性认知方面，"强直弱交"系统结构下，交直流相互影响，送受端相互作用不断加剧，各区域电网呈现出不同特性，对不同特性的准确认识和把握是构建系统保护基础性工作，也是电网安全运行控制的难点。新能源大量并网，直流输电、FATAS 技术广泛应用，电动汽车、电铁负荷快速发展，系统电力电子化特征日益突出，深刻改变了同步电网的运行特性，大幅增加了对电网机理认知的难度。

在控制措施协同方面，针对新形态下电网紧急控制，要具备千万千瓦级暂态能量控制能力，具备毫秒级快速反应能力，具备大范围多资源、多目标协调能力。需要整合多类控制资源，综合考虑多种约束条件，衔接多时间尺度动态过程，优化多目标控制。

在系统集成方面，系统保护是基于广域信息采集、故障快速诊断与隔离、多资源协同等功能构建的紧急控制系统，技术集成度高，需要统合系统分析、自动控制、信息通信、智能决策等多种技术手段；系统性强，需要支撑多目标、多资源、多时间尺度、多约束条件的综合协调控制；网络特点突出，需要大范围信息交互、多层次策略分解的一体化软硬件系统架构。

八、特高压交直流系统保护的关键支撑技术

系统保护的目的是基于安全、可靠、高速的信息通信技术，应用基础理论研究结果，充分利用各种先进适用控制技术，在故障发生发展的全过程，努力弱化交直流故障大扰动冲击，实现主动紧急控制和柔性暂态控制。因此，需重点研究四类技术：故障快速隔离与冲击抑制，多资源协同的主动紧急控制，基于异常工况识别的柔性化暂态控制，安全可靠的系统保护通信。

在故障快速隔离与冲击抑制技术方面，基于交直流耦合故障特征，综合考虑系统稳定要求，截断交直流系统交互影响，提升直流本体抗扰动能力，弱化交流故障导致的直流功率扰动。开展交流故障冲击抑制技术研究，提取交流故障、直流换相失败、电网潮流等特征，研究抑制交流元件故障大扰动冲击的技术，降低交流电网扰动导致的直流换相失败风险。需攻关的关键技术包括失灵保护加速、自适应重合闸、主变压器励磁涌流抑制等。

在多资源协同的主动紧急控制方面，针对特高压交直流电网新形态下的故障特征及传播特征，通过源网荷协同及多时间尺度协调，实现主动、有序的紧急控制，降低大范围连锁故障蔓延风险。需攻关的关键技术包括精准负荷控制、多直流协调控制、主动解列控制等。

在柔性化暂态控制方面，研究识别特定的扰动和故障特征，采用柔性化的暂态控制技术，抑制电网有功和无功波动，提升抵御直流换相失败或闭锁、新能源大规模脱网的能力。需攻

关的关键技术包括基于电力电子的大容量电气制动技术、直流本体换相失败抑制技术、大容量储能快速调控技术等。

在安全可靠的系统保护通信方面，需开展的技术研究包括通信网的通信技术体制及网络架构、网络可靠性及业务质量监测评估技术、信息服务模型及安全防护技术、测试及仿真技术、面向电力系统保护通信集中控制的软件定义广域网（SD—WAN）关键技术、面向电力系统三道防线的支撑通信技术、电力系统保护通信专网集中控制技术等。

九、特高压交直流系统保护的主要控制措施

第一道防线采取的主要措施包括站域失灵加速，重合闸优化，直流控保优化，调速器优化，多频振荡监测，网源协调监视。在电源侧可扩展扭振监测及抑制、风机参数优化、新能源无功预控等措施；在电网侧可扩展过负荷自适应、励磁涌流抑制、直流阻尼控制等措施；在负荷侧可扩展负荷实测建模等措施。

第二道防线采取的主要措施包括直流快速控制、全网优化切机、抽水蓄能机组切泵、调相机控制、柔性交流输电系统控制。在电源测可扩展火电机组快关气门、水电快调导叶、精益切风机、过压切汇集线等措施；在电网侧可扩展主动解列、低容低抗快速控制；在负荷侧可扩展精准负荷控制等措施。

第三道防线采取的主要措施包括低频减负荷优化、低压减负荷优化、失步解列优化。在电源侧可扩展高频切机优化、次同步切机等措施；在电网侧可扩展多级断面快解等措施；在负荷侧可扩展精准低频减负荷、精准低压减负荷等措施。

参 考 文 献

［1］ 高翔. 数字化变电站应用技术. 北京：中国电力出版社，2008.

［2］ 国家电力调度通信中心. 国家电网公司继电保护培训教材（上下册）. 北京：中国电力出版社，2009.

［3］ 李九虎，郑玉平，古世东，等. 电子式互感器在数字化变电站的应用. 电力系统自动化，2007，31（7）：94-98.

［4］ 曹团结，尹项根，张哲，等. 电子式互感器数据同步的研究. 电力系统及其自动化学报，2007，19（2）：108-113.

［5］ 曹团结，黄国方. 智能变电站继电保护技术与应用. 北京. 中国电力出版社，2013.

［6］ 朱声石. 高压电网继电保护原理与技术. 2 版. 北京：中国电力出版社，1995.

［7］ 水利电力部西北设计院. 电力工程电气设计手册. 电气一次部分. 北京：水利电力出版社，1989.12.

［8］ 赵畹君. 高压直流输电工程技术. 北京：中国电力出版社，2011.3.

［9］ 杨力. 特高压输电技术. 北京：中国水利水电出版社，2011.05.